现代化进程中的乡村孝文化

XIANDAIHUA JINCHENGZHONG DE XIANGCUN XIAOWENHUA

汪倩倩　著

中国社会出版社

国家一级出版社·全国百佳图书出版单位

图书在版编目（CIP）数据

现代化进程中的乡村孝文化 ／ 汪倩倩著 .—北京：
中国社会出版社，2022.4
ISBN 978-7-5087-6741-3

Ⅰ.①现… Ⅱ.①汪… Ⅲ.①孝—文化研究—中国
Ⅳ.①B823.1

中国版本图书馆 CIP 数据核字 (2022) 第 054761 号

出 版 人：浦善新		终 审 人：李新涛	
责任编辑：陈　琛		策划编辑：郭晋慧	
责任校对：张　迟		封面设计：王　涛	

出版发行：中国社会出版社	地　　址：北京市西城区二龙路甲 33 号
邮政编码：100032	编 辑 部：(010)58124823
网　　址：shcbs.mca.gov.cn	发 行 部：(010)58124864；58124848
经　　销：新华书店	

印刷装订：中国电影出版社印刷厂	开　　本：170 mm×240 mm　1/16
印　　张：16.75	字　　数：249 千字
版　　次：2022 年 4 月第 1 版	印　　次：2022 年 4 月第 1 次印刷
定　　价：68.00 元	

中国社会出版社微信公众号　　　　　中国社会出版社天猫旗舰店

目　录

第一章

绪　论

第一节　缘起与价值

一、研究的缘起

钱穆先生指出："中国文化是'孝的文化'。"[①] 梁漱溟认为"孝"在中国文化里作用至大，地位至高；谈中国文化而忽视孝，即非于中国文化真有所知。[②] 黑格尔在谈到中国特性的时候指出："中国纯粹建筑在这一种道德结合上，国家的特性便是客观的'家庭孝敬'。"中国作为世界文明的发源地之一，在漫长的历史长河中形成了独树一帜的传统文化，在世界历史舞台上散发着璀璨光芒。孝文化被认为是中国传统文化之精髓，是中国文化最显著的特色之一。

孝文化内含亲亲、尊尊、长长之意，是中国文化对外扩展与延伸的逻辑起点，是传统文化的首要精神。古人围绕着孝，进行了大量的文化创造，涉及伦理、宗教、政治、哲学、文学、法律、教育、艺术等诸多领域，客观上形成了一种孝的文化。孝文化在我国历史上发挥着不可替代的作用，尤其是在政治领域，历代封建统治者都将孝文化作为治国之略，标榜"孝

---

① 钱穆.中国文化导论［M］.北京：中国青年出版社，1989：59.
② 梁漱溟.中国文化要义［M］.上海：上海人民出版社，2011：278.

治天下"，用以维护封建专制统治。

诚如马克思所言："随着经济基础的变更，全部庞大的上层建筑也或慢或快地发生变革。"① 历史的车轮滚滚向前，现代化作为人类历史上最剧烈、最深远并且显然是无可避免的一场社会变革，以一种不可阻挡之势而来。在现代化浪潮的侵袭下，孝文化日渐式微，甚至一度处在被否定和被批判的地位，被认为是阻碍中国现代化的绊脚石，关于孝文化的研究也几乎中断。

直到 20 世纪 80 年代，随着传统文化的复兴，孝文化引起了人们的关注。在学术研究方面，在这一时期，学者们主要从史学与伦理学角度对孝文化进行阐述与研究，产生了一批重要的理论性成果。但总体而言，这一时期，孝文化的研究视角、研究方法还较为单一，研究的广度与深度还有所欠缺。

随着改革开放的不断深入，我国综合国力的提升与民族自信和中国话语权的增强，传统文化受到了前所未有的重视与关注。特别是党的十八大以来，习近平总书记在全国宣传思想工作会议等重要会议上多次就优秀传统文化的历史地位、传承发展等问题进行了重要论述。他充分肯定了中华优秀传统文化的历史地位及价值，将优秀传统文化提升为"民族的基因""民族文化血脉""民族的精神命脉"，② 提出推动中华优秀传统文化的创造性转化与创新性发展，为新时代传承发展传统文化提供了根本遵循。2017年 1 月，中共中央办公厅、国务院办公厅联合印发了《关于实施中华优秀传统文化传承发展工程的意见》（以下简称《意见》）。在该《意见》中将优秀传统文化的传承置于国家战略高度，并对优秀传统文化的传承发展作出了一系列重大部署。在政策的推动下，全国上下掀起了一股"国学热""传统文化热"，《中国诗词大会》《中国成语大会》《国家宝藏》等传统文化节目备受追捧，全国各地也纷纷开展了内容丰富、形式多样的优秀传统文化复兴活动。弘扬传承优秀传统文化也成为当前学者们研究的热点课题，研究成果大幅增长。孝文化的研究开始向纵深方向迈进，学者们围绕孝文化

---

① 马克思恩格斯文集：第 2 卷［M］.北京：人民出版社，2009：592.
② 薛庆超.习近平与中华优秀传统文化［J］.行政管理改革，2017（12）.

的理论与实践形成了一批具有影响力的高水平研究成果。

乡村是孝文化的滥觞之地。费孝通曾指出："中国人的生活是靠土地，传统的中国文化是土地里长出来的。"[①] 我国自古以来就是一个以农为本的社会，乡村构成了传统社会的主体，生成了孝文化的底色和品性。我国乡村主要是由血缘关系缔结而成的宗族社会，血缘宗族制度的建立与延续需要一种道德的向心力，孝便通过经纬纵横的联结方式，将宗族成员组织起来，从而构成了一个有秩序的血缘共同体。结成血缘共同体的乡村逐渐成为一道难以入侵的文化屏障，尽管在历史上也曾遭受到各种政治力量和社会变迁的冲击，却一直未能彻底改变它，从而保证了孝文化传承的稳定性与连续性。

然而，随着乡村社会被裹挟到现代化进程后，乡村社会经历了"千年未有之变局"，孝文化走向了衰落与解构。特别是市场经济的建立，使传统乡村社会结构遭到了解构，血缘伦理秩序逐渐瓦解，市场经济不仅在器物层面，而且在制度、观念（灵魂）和逻辑层面改造及重塑了乡村社会。对物质生活的过度追求冲淡了传统乡村社会富有情感性的生活，利益成为当前乡村社会的主导话语，乡村传统文化成为落后、土气、保守的代名词，人们对孝文化的认同感日益降低，孝文化呈现出碎片化和边缘化的现实样态。

在现代化背景下，乡村社会虽已发生了深刻变化，但孝文化对于乡村秩序的维护、乡风文明的塑造以及缓解当前乡村养老危机等问题仍然具有重要的作用。因此，探索乡村孝文化的传承路径成为一个重要的现实课题。故而，本书以乡村孝文化为研究对象，从逻辑与历史相统一的原则出发，在乡村现代化的大背景中，通过丰富翔实的案例清晰展现出乡村孝文化传承的机制与路径。在此基础上，从整体上建构起现代化语境中乡村孝文化的传承与发展框架。

---

① 费孝通. 文化与文化自觉［M］. 北京：群言出版社，2010：12.

二、研究的价值

党的十九大报告指出："深入挖掘中华优秀传统文化蕴含的思想观念、人文精神、道德规范，结合时代要求继承创新，让中华文化展现出永久魅力和时代风采。"[①] 在我国长达两千多年的封建社会中，孝文化始终发挥着不可替代的作用，它不仅是传统道德伦理的基石，而且是封建统治者的治国之策。在现代社会中，孝文化赖以生存的土壤已不复存在，其地位与功能也不可与昔日同日而语，但当前开展孝文化研究仍然具有重要的理论价值与实践价值。

第一，本书以马克思主义理论为指导，立足我国现代化大背景，深入考察孝文化的起源与兴盛、变革与发展，明晰孝文化历史演变过程，深入挖掘孝文化传承与发展的内生机理，建构起现代化语境下孝文化研究的理论体系。在研究视角上采取宏观与微观相结合的方法，对宏大选题进行了微观处理，以典型个案解释宏大议题，避免了论述上的"空洞抽象"；同时在个案的选择上，突出了不同个案实践逻辑的差异性，避免了论点上的"以偏概全"，从而为孝文化研究提供了新视角与新路径，丰富了孝文化现有的理论研究成果。

第二，随着老龄化社会的到来，未富先老的中国如何解决老人的养老问题，是当前亟待解决的一个重大社会问题。与城市相比，乡村老龄化问题更加突出与严峻，一方面，随着城镇化进程加快，大量乡村的青壮年劳动力进城务工，乡村的空巢老人、留守老人逐渐增多，乡村养老问题越来越突出；另一方面，现行的乡村社会保障制度尚不健全，保障水平还比较低，家庭养老仍然是乡村老人选择的主要养老方式，子女是家庭养老的主要承担者。因此，当前弘扬和传承孝文化，确立孝文化在家庭伦理中的地位与作用，使其成为家庭养老的重要行为准则，对于缓解乡村养老危机具有重要的现实意义。

---

① 习近平：决胜全面建成小康社会 夺取新时代中国特色社会主义伟大胜利——在中国共产党第十九次全国代表大会上的报告（2017 年 10 月 18 日）［M］.北京：人民出版社，2017.

第三，党的十九大报告提出了乡村振兴战略。乡村振兴战略是一项系统性工程，其中乡村文化振兴是乡村振兴的铸魂工程，是推动乡村振兴的内在动力。长期以来，孝文化不仅为村民的生活赋予意义与价值，同时为村民们提供了保障生活意义和精神价值的社会秩序。因此，本书认为孝文化是乡村文化振兴的重要抓手，是培育文明乡风、良好家风、淳朴民风的重要切入点。通过孝文化的传承，赋予乡村生活以幸福感、意义感、价值感，激发起村民们对乡村社会的归属感与认同感，为乡村振兴提供强大的精神动力与支撑。

第二节　国内研究综述

孝文化作为我国传统文化的核心，自古以来备受人们推崇，关于孝文化的研究成果可谓汗牛充栋。虽然中华人民共和国成立后的一段时期，关于孝文化的研究几乎中断，但近年来，随着国学热的兴起，学者们对孝文化研究投入了极大热情，研究成果日益丰硕。总体来看，孝文化研究呈现出一种波浪式前进与螺旋式上升的态势。概括而言，学者们主要从以下几个方面展开讨论。

第一，关于孝的起源的研究。学界关于孝的起源的研究包括两个方面的内容。一是关于孝的起源时间的研究。关于孝的起源时间问题学术界尚未达成共识。康学伟认为孝的起源须具备两个条件：基于血缘关系的亲亲之情与个体婚姻制度的建立。基于这两个条件，他认为孝最早产生于父系氏族公社时期，是"父系氏族公社时代的产物"[①]。章太炎以"《孝经》皆取夏法"为据，认为孝起源于夏朝。杨荣国认为孝产生于殷商时期，"在殷

---

① 康学伟.先秦孝道研究［M］.长春：吉林人民出版社，2000.

代，有了孝的实施当然也就说明那时确有了孝的思想的产生"。① 持有此观点的还有李奇、李裕民等学者。郑慧生认为孝产生于周朝，"孝道滥觞于西周"②。肖群忠（2001）认为，最初的祭祖是以功德为准，而非血统，直到周初祭祖孝才有了教化之意。据此，他认为孝形成于周朝初期。虽然学者们观念不一，但可以确定的是，孝在奴隶社会已经形成。在周朝初期，孝已具有教化之意，即"尊祖敬宗""保族宜家"之意，被人们广泛接受。二是关于孝的起源条件的研究。曹方林指出，孝的产生与血缘关系、情感基础、心理因素、报恩思想、社会结构、经济条件等因素有着密切的关系。③ 朱岚认为，孝是农业文明的道德结晶，是血缘宗法的直接产物，是祖先崇拜的观念反映。④ 陈功指出，血缘关系是孝产生的情感基础；个体家庭的形成以及与此相联系的家庭中权利与义务关系的出现是孝产生的社会基础；农耕经济是孝观念产生的经济基础；家国一体的宗法社会结构是孝产生的政治基础。⑤

第二，关于孝文化内涵的研究。孝文化是一个处在不断变化中的概念。东汉学者许慎在《说文解字》中将孝归为"善事父母"。⑥《礼记·祭统》中云："孝者，畜也。顺于道，不逆于伦，是之谓畜。"也就是说，孝养父母，顺从父母，不悖于人伦就是孝。墨家认为，"孝，利亲也"，"以亲为芬，而能能利亲，不必得"。⑦墨子认为，孝就是子女力所能及地"利亲"，不求回报。清代学者王念孙通过考证，认为孝是美德的通称，曰："孝者，美德之通称。"⑧从对古书典籍的梳理来看，古人对孝的理解也在不断拓展与泛化，从而形成了后来的"泛孝主义"。

---

① 杨荣国. 中国古代思想史［M］. 北京：人民出版社，1973.

② 郑慧生. 商代"孝"道质疑［J］. 史学月刊，1986（5）：10-12.

③ 曹方林. 论孝的起源及其发展［J］. 成都师专学报，2000（3）：37.

④ 朱岚. 论传统孝道的文化生态根源［J］. 西北民族学院学报（哲学社会科学版），2001（1）：99-110.

⑤ 陈功. 社会变迁中养老和孝观念研究［M］. 北京：中国社会出版社，2009：55-56.

⑥《说文解字》卷八上《老部》.

⑦《墨子·经上》第四十.

⑧ 王念孙. 读书杂志［M］. 南京：江苏古籍出版社，1985年影印版：170.

近年来，随着国学热的兴起，学者们从不同角度对孝文化的内涵展开了充分的讨论，形成了对孝文化的不同理解。陈功将孝的内涵归纳为三方面内容：（1）家庭观念中的孝，包括养亲、敬亲、无违、传宗接代、惜身、显亲、丧亲及祭亲；（2）社会层面的孝，观念包括孝悌；（3）国家层面的孝，观念是孝治。① 朱岚将孝的内涵归纳为善事父母、追孝养孝、对君王天子的孝、继承先祖德业、立身扬名五个层面。② 何日取认为，孝是一种社会角色，它的内涵包括物质维度（赡养）、身体维度（照顾）、地位维度（尊敬）、权力维度（顺谏）、情感维度（爱护）、扩展维度（慰藉）、象征维度（丧祭）七方面内容。③ 肖波将孝的内涵划分为基本内涵和延伸内涵两个层面，基本内涵包括归亲延亲、养亲敬亲、疗亲侍亲、顺亲谏亲、继亲尊亲、葬亲祭亲等内容；延伸内涵包括孝悌、孝忠、孝廉三方面内容。④

总体来看，随着时代的变迁，孝文化的内涵始终处在发展变化之中，从家庭伦理扩展到社会伦理、政治伦理。当前学者们主要从国家、社会、家庭三个层面来理解孝文化的内涵。也有部分学者指出，孝本是家庭伦理，是调节家庭亲子关系的伦理道德规范，在现代化语境中，孝文化应回归到养老本位，仅限于家庭范围内讨论其现代内涵。⑤

第三，关于孝文化价值的研究。从查阅的文献来看，学者们对于孝文化的价值持两种态度。

一种是否定态度。在五四时期，一批进步知识青年对孝文化进行了猛烈的批判，认为孝文化严重压抑和剥夺了人性的自由，培养了奴隶的性格，阻碍了中国社会的发展进步。吴虞在《家族制度为专制主义之根据论》和《说孝》两篇文章中对孝进行了深刻的批判，他指出："'孝悌'二字为两千年来专制政治与家族制度联结之根干，其流毒诚不减于洪水猛兽矣。"⑥ 同时

① 陈功.社会变迁中的养老和孝观念研究［M］.北京：中国社会出版社，2009：61-63.
② 朱岚.中国传统孝道思想发展史［M］.北京：国家行政学院出版社，2011：2-3.
③ 何日取.近代以来中国人孝观念的嬗变［D］.南京：南京大学，2013.
④ 肖波.中国孝文化概念［M］.北京：人民出版社，2012：62-91.
⑤ 计志宏.对中国传统孝文化的辩证思考［J］.创新，2010（4）：128-130.
⑥ 吴虞.吴虞文录（卷上）［M］.上海：上海亚东图书馆，1927：132.

他还从孝的具体义项方面揭示了孝的虚伪性与危害性，如从"三年无改于父之道"中指出孝行的虚伪性，"以沽一时的称誉"；从"父母在，不远游"中指出孝文化对于社会发展的阻碍。陈独秀指出，孝的危害在于，"一曰损害个人独立自尊之人格；一曰窒碍个人意志之自由；一曰剥夺个人法律上平等之权利；一曰养成依赖性，戕贼个人之生产力"。①鲁迅认为孝是封建统治者愚民的手段，他在《我们现在怎样做父亲》一文中指出："汉有举孝，唐有孝悌力田科，清末也还有孝廉方正，都能换到官做。父恩谕之于先，皇恩施之于后，然而割股的人物，究属寥寥。足可证明中国的旧学说旧手段，实在从古以来，并无良效，无非使坏人增长些虚伪，好人无端的多受些人我都无利益的苦痛罢了。"②

另一种是肯定态度。"文化大革命"结束后，学者们对待孝文化的态度也逐步回归了理性，对孝文化的价值持有积极的肯定态度，认为其有效促进了家庭的和睦团结，维护了社会稳定与国家统一，对于中国社会的民族性格和民族精神也产生了积极而深远的影响。③同时，学者们认为孝文化在现代社会仍然具有重要的价值功能。肖波指出，孝文化不仅在理论学术上具有重大意义，它更是关系着国计民生的实际问题。促进亲子、家庭、代际与社会和谐，推动社会道德精神文明建设，解决已步入老龄化社会的养老问题，都需要大力弘扬孝文化。④潘剑锋等认为："传统孝道作为养老伦理规范，对当前我国在构筑农村养老的思想基础、提高农村养老的内在动力、家庭养老资源的合理调配以及保障农村老年人的合法权益等方面有着十分重要的作用。"⑤

第四，关于孝文化重构的研究。"破"与"立"是相统一的，如果对孝文化的批判是"破"的过程，那么孝文化的重构便是"立"的过程。在

---

① 陈独秀．陈独秀文章选编（上）［M］．上海：上海人民出版社，1984：98．

② 鲁迅．鲁迅全集［M］．第3卷．北京：人民文学出版社，1981：12．

③ 肖波．中国孝文化概论［M］．北京：人民出版社，2012：213．

④ 同上，2012：2．

⑤ 潘剑锋，刘峰．论传统孝道中养老思想及其对当前中国农村养老的启示［J］．江淮论坛，2015（3）：20．

现代化语境中，如何实现孝文化的创造性转化与创新性发展，成为学术界研究的热点。在这一问题上，学者们的观点是较为一致的，认为传统孝文化内容庞杂，优劣并存，需要用科学理性的态度对孝文化进行改造与重建，使孝文化更适应时代要求，符合时代精神。关颖认为，新孝文化要体现义务性、感情性、自律性、互益性等特点。① 肖波提出，孝文化的重构需要坚持三个原则：一是坚持继承和批判相结合，取其精华，弃其糟粕；二是坚持继承和创新相结合，根据时代要求与时俱进，不断注入新内容；三是坚持德治和法治相结合，培育人们的道德意识和法制观念，使孝文化的新理念成为法治社会先进文化的重要组成部分。② 王红指出，孝文化的重构标准应以社会主义方向为基本导向，以马克思主义理论为指导理论，以现实需求为基本准则，辩证地看待孝道的封建性与人民性，从而达到传统与现代之间选择的平衡性。③ 冯洁立足乡村场域，探讨了孝文化的重构问题，他试图从"私人领域""近邻领域""公共领域"三个层面构建一种"现代新型农村孝文化"，提出在"私人领域"，引导建立代际平等、尊重、互帮互助、彼此又有独立精神空间和物理空间的纵向代际重构；在"近邻领域"，构建网格化的近邻共同构建的乡村会馆，让老人与自己熟悉的人一起生活；在"公共领域"，在加快城乡一体化发展的同时尊重乡土文明。④

第五，关于孝文化传承路径的研究。关于孝文化的传承路径，学者们从不同的视角展开了讨论。肖波指出，孝文化建设要与文化强国战略相结合；与道德建设相结合；与老龄产业发展相结合。⑤ 曹海涛指出，新媒体具有丰富生动性、虚实转化性和拓展创新性等特点，在孝文化传承中具有强

---

① 关颖. 建立现代社会新孝道的思考［J］. 理论与现代化，1992（8）：26–28.
② 肖波. 中国孝文化概论［M］. 北京：人民出版社，2012：225.
③ 王红. 儒家孝道教育［D］. 南京：河海大学，2017.
④ 冯洁. "社会现代化"进程中"农村孝文化"的"重构"——以山东S村为个案［D］. 济南：山东大学，2017.
⑤ 肖波. 中国孝文化概论［M］. 北京：人民出版社，2012：256–261.

大优势。① 伍婷婷等指出，孝文化更多地表现为一种本土文化资源，挖掘其社会效益和经济效益，将其创造性地转化为法律制度的保护对象、经济发展的产业模式和社会治理的多元形式等，都是孝文化在现代语境中可持续发展的路径。②

近年来，随着城镇化进程的快速推进，乡村孝文化受到了严重冲击和削弱，因此，当前学者们对乡村孝文化的传承发展给予更多的关注与讨论。郭秀娟通过个案研究，运用文化生态学和场域理论从社会结构、经济体制、教育制度和文化价值四个方面分析影响农村孝文化变迁的自然环境和社会环境因素，并探讨孝文化在现代农村社会传承的机制。③ 任超以金华市下宅村为实践调研点，开展了经验研究，建构起乡村场域内孝文化有效传承的具体框架，探讨村落中的民居、戏曲、村民日常生活行为对孝文化的反映与承载，清晰地展示出乡村孝文化传承延续的路径。④ 孙志勇认为，乡村孝文化的传承应运用系统思维的方式，重点突出，统筹兼顾。对传统乡村孝文化的传承，一方面，要全力营造一个家庭、学校和社会良好浓厚的孝文化氛围；另一方面，要从制度建设的角度，加强对孝文化的制度支撑。浓厚的文化氛围、良好的社会风气，再加上制度的规导支撑，是进行当代乡村孝文化建设的有效路径。⑤ 闫路霞从女性孝德的独特视角探讨了农村孝文化传承。她认为，农村城镇化进程中，大量农村男性劳动力流入城市，加上传统社会性别分工的影响，农村女性成为家庭生活的实际承担者和主要照顾者，是农村老人生活的直接照料者。因此，农村女性是当前农村孝文化传承的主要承担者。⑥

---

① 曹海涛.论新媒体语境下的孝文化传播——以大学生群体为例 [J].今传媒，2016（2）：18–19.

② 伍婷婷，伍佳佳.孝的传承与转化：本土文化资源的可持续发展路径 [J].青岛农业大学学报（社会科学版），2011（2）：73.

③ 郭秀娟.孝文化在当代农村社会的传承——以山东省临沂市 D 村研究为例 [D].北京：中国青年政治学院，2012.

④ 任超.中国农村孝文化传承研究 [D].北京：中国农业大学，2015.

⑤ 孙志勇.当代中国乡村孝文化建设研究 [D].石家庄：河北师范大学，2017.

⑥ 闫路霞.农村女性孝德现状探析 [D].天津：天津师范大学，2014.

我国港台地区的学者们也对孝文化开展了系统、深入的研究，港台地区的学术研究相对比较平稳，从 20 世纪 50 年代至今，孝文化一直是学术界研究的热点，涌现出了谢幼伟、徐复观、叶光辉、黄光国、杨国枢等一批优秀学者，产出了一批高质量的研究成果。20 世纪 60 年代末，我国台湾地区开展了"中华文化复兴运动"。在此运动中，孝文化作为一项重要内容受到推崇。70 年代，台湾地区设立了"教孝月"，在广大民众中倡导孝文化。台湾学术界对孝文化展开了大量研究。针对近代以来学界对于孝文化的质疑与批判，谢幼伟给出了积极的回应，他在《孝与中国文化》一文中充分肯定了孝文化的价值，指出谈中国文化而忽视孝，即非于中国文化真有所知，中国文化在某一意义上可谓孝的文化。孝在中国文化上作用至大，地位至高。他从道德、宗教、政治、文化等方面阐述了孝对中国社会的深刻影响。他认为，源于内发之爱的孝不仅在我国社会，在任何社会都有存在之价值，缺乏内发之爱的社会必定是冷酷无情的社会。徐复观指出，"孝是经过中国历史上许多人的思虑、反省所提出的人生行为的一个重要规范"，"在消极方面，限制并隔离了专制政治的毒素，成为中华民族所能一直延续并保存下来的最基本的力量。在积极方面，可能在政治上为人类启示出一条新的道路，也即是最合理的民主政治的道路"。

20 世纪 80 年代以后，港台地区学者开始转向从社会科学领域开展孝文化研究。杨国枢用社会心理学的观点，将孝道看作社会态度与社会行为的组合，提出了有关孝道的理论与解释框架，并以此框架为基础，比较了新旧孝道的不同特征。他指出传统社会中的旧孝道具有延展性、角色性、他律性、独益性、划一性的特征，社会变迁所形成的新孝道具有局限性、感情性、自律性、互益性、多样性等特点[①]。叶光辉和杨国枢从社会态度取向和认知发展取向角度对孝的概念进行操作化设计，编制了孝知、孝感、孝意、孝行等标准化孝道测量工具，深入探讨了孝道认知结构的特征、形态

---

① 杨国枢 . 现代社会的新孝道 // 叶光辉，杨国枢 . 中国人的孝道［M］. 重庆：重庆大学出版社，2009：24-45.

与发展，孝道认知结构与孝道行为的关系以及孝道认知结构的影响因素。[①]
黄坚厚对台湾青少年的孝道态度进行了测量，研究发现：传统孝道与现代
人际关系及行为发展的观念并没有态度抵触，虽然青少年在现实生活中受
到西方思想的影响，但仍然认同对父母尽孝是必要的。香港城市大学关锐
煊教授团队（2001）在北京、南京、上海、广州、厦门、西安、香港七个
城市（地区），抽取 60 岁以上老人、30～59 岁中年人、15～29 岁青年人
三类样本，开展中国的代际关系、孝道概念、安老三方面的调查。陈伟文
等以 308 名香港华人青少年为研究对象，探讨孝道与亲子关系品质的关系。
研究发现，孝道对香港家庭的母子关系质量产生了积极影响，孝顺的孩子
与母亲关系更融洽。[②]

　　综上所述，孝文化的研究成果颇为丰硕，早期学者们对孝文化的研究
主要从伦理学、史学学科视角展开，着重强调孝道的哲学本质、起源演变、
伦理价值等方面的内容。当前，孝文化研究呈现出多学科研究视角，除伦
理学、史学研究视角之外，学者们还从社会学、教育学、法学、经济学学
科视角展开研究，特别是学界对孝文化的研究打破了单一学科研究的局限
性，将人文学科研究与社会科学研究融合在一起，呈现出交叉研究趋势。
从研究方法来看，国外以及港台等学者主要采取定量研究方法开展研究，
而国内学者多以质性研究为主，如刘芳博士（2013）以鲁西南的 H 村作为
田野个案，以社会学的视野研究转型期的孝道与乡村秩序的关联，任超博
士（2015）以下宅村为个案研究农村孝文化的传承。但近年来从查阅的文
献来看，国内部分学者也开始转向了定量研究，如山东师范大学课题组对
山东农村孝文化开展了大规模调查，调查发现："传统孝文化对农村居民社
会地位和个体行为仍存在较大的正面影响，不仅是进行社会评价的重要标
准，也是影响个体行为的重要因素。"[③]北京大学人口研究所选取老中青三

---

　　① 叶光辉，杨国枢 . 中国人的孝道 ［M］. 重庆：重庆大学出版社 .2009：24-25.

　　② Chen, W.W., Wong, Y.L.. What my parents make me believe in learning: The role of filial piety in Hong Kong students motivation and academic achievement ［J］. *International Journal of Psychology*，2014，49（4）：249-256.

　　③ 郭秀娟 . 传统孝观念在当代农村的继承与变迁 ［J］. 石油大学学报，2004（6）：30-34.

代人作为研究样本，调查发现：老中青三代人认为自己周围不孝顺的子女不多；现在的社会比过去更尊重老人，但不同代的人对孝的标准和要求也有所不同。[①] 何日取博士采取分段抽样的方式对山东省青岛市城乡居民的孝观念与行为进行了调查，考察了普通民众孝观念的变迁，调查表明：孝仍是现代中国社会普遍认可的重要道德，但与传统社会相比，孝的内涵及其地位和作用已发生了变化，传统孝道的"顺谏""丧祭"内涵认同度下降，"尊敬""照顾""赡养""爱护""慰藉"内涵认同程度仍非常高。[②]

第三节　研究方案与结构

一、研究思路

本研究沿着"历史溯源—实然描述—理论重构—应然认知—实践探索"的逻辑架构，深入研究乡村孝文化传承。首先，通过对孝文化已有文献的梳理，深入考察孝文化的缘起与历史演进过程，在此基础上归纳出孝文化的内涵、结构与特征（历史溯源）。其次，对孝文化在乡村现代化语境中的现实境遇进行考察，深入剖析其面临的挑战与困局（实然描述）。在此基础上，立足于乡村现代化的宏大背景，以马克思主义理论、中国特色社会主义文化建设理论为基础，以新儒学思想为参照，尝试构建乡村孝文化的理论分析框架（理论重构）。再次，在全国范围内选取典型案例进行实地调研，以"解剖麻雀"的方式，考察孝文化传承的做法与路径，并从学理上提炼具有典型意义的模式（应然认知）。又次，从嵌入与内生两个方面探讨乡村孝文化的作用机制，考察乡村孝文化的作用机理与逻辑。最后，从制

---

① 陈功.社会变迁中的养老和孝观念研究［M］.北京：中国社会出版社，2009：196.

② 何日取.近代以来中国人孝观念的嬗变［D］.南京：南京大学，2013.

度保障、日常生活、乡村精英、乡村教育四个方面探索乡村孝文化的实践路径（实然探索）。

二、研究方法

1. 历史分析法

"在分析任何一个社会问题时，马克思主义理论的绝对要求，就是要把问题提到一定的历史范围之内。"[①] 历史分析法就是以时间为线索，考察事物产生发展的"来龙去脉"，从中发现问题、追寻规律的一种思维方法。对学术研究来说，如果缺少对研究对象的历史分析，必然会导致最后的表述和结论的不彻底性。这就意味着我们要把事物放到具体的历史情境中去展开研究，以史为据去认识与理解问题。孝文化是历史的产物，孕育生长于封建社会特定的生态环境之中，本研究为了力求全面、客观地描述孝文化的本来面目，将孝文化还原到具体的历史时空中，以上下通贯的眼光考察孝文化的产生、条件、内涵、结构功能及其现代重构，从而获得本研究的现实意义。但是在研究过程中，笔者依然面临着"论从史出"抑或是"以论带史"的困惑。重温本研究的初心，旨在通过对传统孝文化的研究为当前我国孝文化的重构提供理论与实践上的借鉴。因此，在行文之中不可避免地烙有社会主义的印记，但这并非意味着本书按照某种权威定论中的只言片语来裁剪孝文化价值的历史事实，因为尊重事物在历史情境中的历史贡献是历史分析法持有的基本态度。

2. 文献研究法

本研究涉及的文献资料较多。首先，为了站在前人的肩膀上开展研究，本研究查阅了国内外相关文献资料，了解前人和他人关于孝文化的研究成果，把握学术界的研究动态与研究趋势。其次，为全面考察孝文化的产生

---

① 列宁选集：第 2 卷［M］.北京：人民出版社，1995：375.

与演进的历史过程，本研究查阅了大量的古书典籍，以先秦时期、西汉时期、唐宋元明清时期以及近现代时期等几个时期的相关文献为重点查阅对象，通过对相关文献的梳理、归纳和分析，了解孝文化的形成与发展过程。最后，为了对传统孝文化进行现代化的理论重构，本研究查阅、整理、归纳了马克思和恩格斯等经典著作的文化理论、社会主义文化建设理论以及新儒家理论。因孝文化的文献资料并非专门系统，而是散落于各类中外文献中。因此，各类文献的查阅、整理、分析并非易事，需要耗费极大的精力。

3. 典型案例法

费孝通认为，"从个别出发是可以接近整体的"。由此，费孝通提出了类型比较法。本研究遵循费老思想，课题组在全国范围内走访了东部、南部、中部、北部7个省份的20多个乡村，概括出孝文化在乡村社会传承的五种模式，即信仰模式、宗族模式、礼俗模式、精英模式、产业模式。需要指出的是，这五个典型案例仅作为五种不同类型提出，而不能作为全中国乡村孝文化建设传承的参照，正如费孝通所指出的，"将一个农村看作全国的典型，用它来代表所有的中国农村，那是错误的"。毕竟中国乡村数量众多，不乏条件相同或相类似的乡村，那么与该村具有相同或相似条件的乡村就可能会构成一种类型，所以可以将该村看作这种类型的典型代表。从这个意义上来说，我们所得出的经验启示就有一定程度的普适性。

4. 访谈法

为了充分占有资料，本研究采用了人类学的田野调查方法，走进中国传统文化主要载体的乡村，运用实地观察、个案访谈等多种社会调查形式，对100多位不同身份的村民进行了结构式与半结构式访谈，力求从乡风民俗、传统习惯、社会交往、社会心理等多个维度全面了解乡村孝文化传承的现状、机理、路径以及孝文化建设给乡村带来的各个方面的影响。同时，我们还利用假期时间，深入村民家中，对村民的日常生活进行了仔细观察、记录，我们从农民的日常生活逻辑中获得了大量翔实并富有生命力的第一手资料。

三、研究框架

本书内容共分 8 章。

第一章　绪论。

主要交代研究背景、研究价值；梳理国内外相关研究的学术史，了解把握国内外学术研究现状与理论成果；阐述研究思路、研究方法以及研究结构等问题。

第二章　历史溯源：孝文化的前世今生。

主要阐述孝文化的起源与历史演变过程以及孝文化的内涵与基本特征。具体而言，本章将孝文化置于社会历史宏观背景中，追溯孝文化的前世今生，展开全景式研究，对孝文化的起源、变迁、内涵、特征等根本性问题进行深入考察分析，从而探究孝文化产生发展的内在机理与逻辑。

第三章　乡村社会：孝文化的孕育空间。

主要研究孝文化在乡村社会的传承以及孝文化的价值功能。具体而言，研究了乡村社会为孝文化传承提供了实体性场所、稳定的生活与实践空间；阐述了孝文化的大小传统，大传统是由封建统治阶级、知识精英所持有的文化传统，小传统是由普通大众所持有的文化传统，二者之间相互融合与勾连，共同塑造着孝文化的整体；阐述了孝文化在乡村社会的价值功能。

第四章　时代困境：乡村现代化进程中孝文化的遭遇与困局。

主要研究乡村社会的现代化进程以及孝文化的现代遭遇、当代挑战与自身困局。具体而言，本章探讨了现代化理论以及乡村社会的现代化进程，提出了乡村现代化与我国现代化在时间脉络上属于同一个过程，先后经历了四个发展时期；分析了孝文化在现代化进程中走向衰落、变异与解构的过程；研究了孝文化当前面临的重大挑战以及自身所面对的困境。

第五章　理论重构：乡村现代化进程中孝文化传承的新思维。

主要研究了孝文化的理论重构。具体而言，本章节研究了马克思、恩格斯等经典著作的文化理论；探讨了党中央几代领导集体的传统文化思想，特别是进入新时代以来，习近平总书记站在新的历史起点上，对我国传统文化的继承与发展问题进行的深入阐述，是当前孝文化重构的重要理论基础。此外，梁漱溟、唐君毅、杜维明等新儒家思想对当前孝文化的理论重构具有重要的借鉴意义，构成了乡村孝文化研究的基本理论背景。

第六章 传承路向：乡村现代化进程中孝文化传承的理想模式。

主要研究当前乡村孝文化传承的理想模式。具体来说，课题组在充分占有研究资料进行深入调研的基础上，采用理想类型法抽象出孝文化传承的五种理想类型。理想类型是由德国社会学家马克斯·韦伯提出的一种研究社会和解释现实的概念工具。这五种理想模式具体包括信仰模式、宗族模式、礼俗模式、精英模式、产业模式。

第七章 嵌入内生：乡村现代化进程中孝文化传承的机制。

主要研究孝文化传承的机制、功能与形态。具体来说，本章节从外部机制与内部机制两个方面探讨了乡村孝文化的传承机理与逻辑；制度嵌入是孝文化传承的外部机制，通过将孝文化吸纳到乡村制度建设中，利用制度规范的导向规制功能，使孝文化形成稳定的秩序性结构；在内部机制方面，从礼俗展演、村规民约规训、话语营造、道德教化等方面揭示乡村孝文化传承的内化机制。

第八章 策略与行动：乡村现代化进程中孝文化的传承路径。

主要研究乡村现代化进程中孝文化的传承路径。具体来说，乡村孝文化的传承是一项系统性工程，既需要国家的顶层策略，也需要顶层策略下的实践行动。为此，在这里我们将国家的顶层策略与乡村的实践行动进行有效衔接，从制度保障、日常生活、乡村精英、乡村教育四个方面深入探讨乡村孝文化的传承路径。

第二章

历史溯源：孝文化的前世今生

孝文化是在中华民族数千年的历史中孕育与发展起来的。它历经了周朝的萌芽与兴盛、汉朝的政治化、宋元明清的极端与专制以及近现代的批判与变革，在不同的历史时期孝文化呈现出了不同的特征。为了更深入地了解孝文化本身，我们将孝文化置于社会历史宏观背景中，展开全景式考察，对孝文化的起源、历史变迁、概念内涵、本质特征等根本性问题进行深入分析，以此探究孝文化产生发展的内在机理与逻辑。

第一节　孝文化的起源与历史演变

当我们对孝文化进行全景式探究时，发现孝文化在中华民族的历史长河中经历了萌芽、形成、发展、成熟、衰落再到重构的复杂变迁过程，呈现出一幅跌宕起伏、波澜壮阔的历史图景。对孝文化的起源与历史演变过程的解读，有助于我们更深入地理解孝文化的本质属性、把握孝文化变迁的内在机理与逻辑。

一、孝文化的起源

关于孝的起源问题，如前所述，学术界目前并没有达成共识。有学者提出孝产生于父系氏族公社时代，有学者认为孝产生于殷代，还有学者认为孝起源于周初。在这里，我们无意对孝文化产生的具体时间进行考证，而是深入探究孝文化起源的内生机理。孝文化被认为是"中华民族最独特的文化现象之一"[①]。那么孝文化为什么起源于中国？孝文化产生的内在机理是什么？从物质生产方式来看，孝文化是农耕经济的智慧结晶；从社会制度来看，孝文化是血缘宗法社会的产物；从社会心理来看，孝文化是祖先崇拜的直接反映。

（一）孝文化是农耕经济的智慧结晶

马克思、恩格斯曾指出："物质生活的生产方式制约着整个社会生活、政治生活和精神生活的过程。不是人们的意识决定人们的存在，相反，是人们的社会存在决定人们的意识。"[②] "一切以往的道德论归根到底都是当时的社会经济状况的产物。"[③] 根据马克思、恩格斯的观点，人类的一切精神产品都是由物质生产条件决定的。这也就意味着孝文化作为人类的精神产品，归根到底是由物质资料的生产方式决定的。在生产力水平极为低下的蒙昧时期，人们过着衣不蔽体、食不果腹、居无定所的生活，缺乏稳定的生活保障，不可能有多余的剩余产品提供给年迈体衰的老年人，也就不可能产生爱老敬老的孝观念，当部落的老人丧失劳动能力，成为纯粹的消耗者时，无形之中便增加了部落的负担。为了减轻负担，一些地方出现了老人被弃养食杀的现象。《史记》中记载了匈奴民族吃老人的现象，"自君王以下，咸食畜肉，……壮者食肥美，老者食其余。贵壮健，贱老弱。"[④] 学者

① 徐复观.中国孝道思想的形成、演变及其在历史中的诸问题//徐复观文集·文化与人生［M］.武汉：湖北人民出版社，2002：53–108.

② 马克思恩格斯选集：第2卷［M］.北京：人民出版社，1995：32.

③ 同上，1995：435.

④ 《史记·匈奴列传》.

黄叔娉在《中国原始社会史话》一书中记录："北京人化石有一个令人注意的事实，即头骨发现得很多，而躯干骨和四肢骨却很少，而且大部分头盖骨都有伤痕。这些伤痕是带有皮肉时受打击所致，是用利刃器物、圆石或棍棒打击产生的。很可能，远古的北京人有食人之风。这种食人之风显然是在食物十分匮乏、饥饿作为死神的使者出现时产生的。人吃人，在现代人看来是极为野蛮、可怕的行为，但在原始人的心目中却是十分自然的事，吃掉丧失劳动能力的老弱病残者，解除他们坐以待毙的恐怖，正是合乎道德的义举。"

到了农业社会，人们结束了采集狩猎的生活，转向了农业生产。农业生产为人们提供了稳定的食物资源，也为供养老人提供了足够的剩余产品，人类形成了"尚齿""养老"的传统。据《礼记·王制》记载："有虞氏养国老于上庠，养庶老于下庠。夏后氏养国老于东序，养庶老于西序。殷人养国老于右学，养庶老于左学。周人养国老于东胶，养庶老于虞庠，虞庠在国之西郊。有虞氏皇而祭，深衣而养老。夏后氏收而祭，燕衣而养老。殷人冔而祭，缟衣而养老。周人冕而祭，玄衣而养老。"[①]

此外，农业生产不同于采集狩猎，主要是靠经验来运作，经验对于农业的收成有着重要的作用。老人在长期的农业生产中积累了丰富的种植经验，他们熟悉自然节气，了解农作物的生长规律，能熟练使用生产工具。在农业生产中，依靠老人的生产经验，可以获得更多的农业收成。因此，老人成为智慧的化身，受到年轻人的尊敬与爱戴，侍奉老人也成为顺理成章之事。

随着家庭成为社会的基本单位，家庭中的老人便自然成为一家之主，决定着包括农业生产在内的大大小小的家庭事宜，晚辈在农业生产中对老人的尊重与服从转化为"孝"。对此，陈敷在《农书》中记载："上自神农之世，斫木为耜，揉木为耒，耒耨之利，以教天下，而民始知有农之事。尧命羲和，以钦授民时，东作西成，使民知耕之勿失其时。舜命后稷，黎

---

① 《礼记·王制》.

民阻饥，播时百谷，使民知种之各得其宜。……承五代之弊，循唐汉之旧，追虞周之盛，列圣相继，惟在务农桑，足衣食，此礼义之所以起，孝弟之所以生，教化之所以成，人情之所以固也。"[①]

（二）孝文化是血缘宗法社会的产物

我国的农业社会是建立在血缘关系基础上的宗法社会。宗法社会源于血缘纽带未充分解体的氏族社会。氏族社会是人类社会早期普遍存在的社会组织，它是以血缘关系缔结而成的天然共同体。当我国进入文明社会时，并没有与氏族制度进行彻底清算，而是带着氏族社会的众多残余进入阶级社会的，氏族社会中原有的宗法制度以及意识形态的残余被留存了下来，这些留存下来的残余作为一种"遗传基因"，成为孕育中国传统文化的独特土壤。这也是孝文化在我国产生的重要根源。西方进入文明社会走的是另一条路径，由家族到私产再到国家，家族关系被私产打破，国家取代了家族，生成了以独立个体与国家发生关系的格局。

血缘宗法制是以血缘关系为基础，以父系家长制为核心，分嫡庶、敬宗族，严格遵循尊卑长幼的伦理准则而建立起来的一套尊卑亲疏的政治制度。按照宗法制度，宗族中分为大宗和小宗。周王既为天子，又为天下之大宗。天子之位，由嫡长子继承，除嫡长子以外的其他嫡子和庶子被封为诸侯。诸侯对于嫡长子而言，是小宗，但在他们的封国内却是大宗，他们的位置同样是由自己的嫡长子继承，其余诸子被分封为卿大夫。卿大夫对诸侯而言是小宗，但在他的采邑内却是大宗。依此类推，从卿大夫到士也是如此，士的嫡长子仍然为士，其余诸子为庶人，整个社会便形成了一个秩序严明、结构分明的组织体系。从特征上来看，血缘宗族制度是集族权与政权于一体的等级制度，大宗不仅享有对宗族内部成员的统治权，还享有政治上的特权，从而奠定了封建社会宗法统治的基础。

宗族制度对孝文化的产生起到了重要的作用，为了保证血缘宗法制度

---

① 《农书·自序》.

的运转与延续，除了要依靠外在的强制力，还需要一种伦理道德的向心力来维持组织体制的运转。以"尊祖""敬宗"为最初内涵的孝通过经纬纵横的联结方式，从伦理道德的层面将各层宗族成员系统地组织起来，宗族成为一个有秩序的血缘共同体。"尊祖"是对祖辈的尊重服从，"敬宗"是对血缘关系的维护。《礼记》中指出："尊祖故敬宗，敬宗所以尊祖祢者也"①，"尊祖故敬宗，敬宗，尊祖之义也"②。"尊祖""敬宗"之间构成了相互支撑的结构，祖是已逝去的先人，宗是祖在世间继续存在的形式，由"祭"祖而后有宗，宗之为宗在于以祭祖为前提。③"祖"与"宗"之间具有绵延性，"以子继父"是二者间的联结点，人虽不能永世长存，但可以通过子的继承获得永生。"父子一体"决定了父辈的财产继承权以男性继承为主，女性的继承权微乎其微。同时，子作为父的继承人，应承担起延续家族香火的责任，这便形成了孝观念的核心内容。

宗族制度的衍生物，如祖庙、祖坟、家谱族谱、祭祀仪式等也成为孝道的物质载体。通过这些载体，家族、宗族内部不断强化着孝道观念，并以制度化的方式予以保障，从而为孝文化的滋生、蔓延提供了良好的人文环境。

（三）孝文化产生的社会心理因素

祖先崇拜是孝文化产生的社会心理因素，如历史学家钱穆指出："儒家的孝道，有其历史上的依据，这根据是在殷商时代几已盛行的崇拜祖先的宗教。"④祖先崇拜是人类早期对生命来源、生命本质的追问，最早表现为生殖器崇拜、图腾崇拜。生殖器崇拜是对生殖的尊崇、敬仰。上古的人们在恶劣的自然环境下，不理解人的生殖和繁衍，却又渴望人丁兴旺，于是就把人的生殖行为加以神秘化、神圣化。学者周予同指出："就我现在的观察，我敢大胆地说，儒家的根本思想出发于'生殖崇拜'；就是说，儒家哲

---

① 《礼记·丧服小记》.
② 《礼记·大传》.
③ 陈赟.尊祖—敬宗—收族：宗法的结构与功能［J］.思想与文化，2014（2）：206-224.
④ 钱穆.中国文化导论［M］.北京：中国青年出版社，1989：10.

学的价值论或伦理学的根本观念是'仁',而本体论或形而上学的根本观念是'生殖崇拜'。因为崇拜生殖,所以主张仁孝;因为主张仁孝,所以探源于生殖崇拜;二者密切的关系,绝对不能隔离。"[①]

随着人类自我意识的提高,先祖们开始逐渐把自身与自然界的其他物种区分开来,由自然崇拜转向对人的自身崇拜,即祖先崇拜。祖先崇拜最早崇拜的对象是氏族的首领、头人,如神农氏、燧人氏以及后来的黄帝,他们都是氏族公社的首领。而后,随着个体家庭的出现,祖先崇拜的对象便转为家族或家庭的祖先。"父权制家庭的神就是祖宗的神灵。因为这种家庭的成员把对自己家长的那种亲属间的眷恋之情转移到祖宗神灵身上。"[②] 祖先崇拜呈现出的是一种基于血缘关系的"亲亲"之情,它是人们心灵情感的归依和寄托,远比一般的神灵崇拜更合乎情理与人性,成为孝文化产生的情感性因素。

二、孝文化的历史演变

孝文化经历了一个漫长的历史演变过程,从商周时期孝观念的萌芽到春秋战国时期孝道伦理的确立,从汉朝的"孝治天下"到宋元明清的异化极端,从近代的否定批判到现代的重建,不同的历史时期孝文化呈现出了不同特点。本部分将对孝文化的历史演进过程作一种整体性的考察,在充分挖掘史料的基础上,概括出孝文化在不同历史发展阶段所呈现的特征,力求对孝文化进行全景性展现。

(一)商周时期:孝观念的萌芽与形成

据现有的文字考证,在殷商甲骨卜辞和商代的金文之中已有关于"孝"

---

① 周予同.孝与生殖器崇拜 // 顾颉刚,等.古史辨(第二册)[M].上海:上海古籍出版社,1982:239.

② 普列汉诺夫哲学著作选集:第3卷 [M].北京:三联书店,1962:396.

的记载，有学者据此推测，孝观念在殷商时期便已形成。当然，有"孝"字并不等于有孝的观念。孝观念是否出现在殷商时期，我们已无从考究，但我们可以确定的是，这一时期孝体现的是一种宗教意义上的诉求，对祖先的崇拜是"孝"的最初表现形式。殷商时期，殷人将祖宗崇拜与天神崇拜合为一体，认为祖先虽已逝去，但他们的灵魂依然存在。在殷人的心中，祖先们是遥不可及、令人惧怕的鬼神，他们既可以降福，也可能会降祸。学者董作宾指出："殷人对祖先的看法是以为他们虽然死了，但精灵依然存在，与活的时候完全一样，地位、权威、享受、情感也是一样。而且增加了另一种神秘的力量，可以降祸于子孙。"① 为此，殷人对祖先多怀有一种敬畏之心，为了表达对祖先的尊崇，祈求祖先的庇佑，他们制定了一整套烦琐的祭祀制度，试图通过虔诚地祭祀得到祖先神灵的指引与庇佑。祭祀是当时重要的社会活动，十万片甲骨文字，大部分是为祭祀占卜用的。有学者考察殷周金文中的"孝"时，列有关于孝的鼎 64 器，其中涉及祭祀祖先的累计 58 器，占到 64 器的 90%。②

尽管殷人通过烦琐的祭祀仪式来表现对祖先的尊崇，但此时的孝并不具有伦理意义，《礼记》曰："殷人尊以神，率民以事神，先鬼而后礼，先罚而后赏，尊而不亲。"③ 这也就意味着，殷人的祭祀行为是一种功利性驱动，而非情感驱动。据此，在殷商时期孝表达的仅仅是一种宗教观念，而没有伦理道德之内涵。

直到西周时期，随着青铜器和手工业的发展，农业生产力水平获得了极大提高，个体家庭逐步摆脱宗族势力的控制走向了独立。个体家庭形成之后进一步强化了家庭财产私有观念，父母与子女的权利义务关系也得到了进一步明确。父母对子女负有养育之责，作为同等反馈，子女也要报答父母的养育之恩。在此基础上，伦理意义上的孝观念得以真正确立。《诗

---

① 董作宾.中国古代文化的认识［M］.台北：水牛出版社，1993：546.
② 李裕民.殷周金文中的"孝"和孔丘"孝道"的反动本质［J］.考古学报，1974（2）：19-28.
③ 《礼记·表记》.

经》曰："父兮生我，母兮鞠我，拊我畜我，长我育我，顾我复我，出入腹我，欲报之德，昊天罔极！"意思是父母生我养我，把我拉扯大，我要好好报答父母，父母的恩情就像天一样浩瀚无边。《尚书·酒诰》曰："妹土，嗣尔股肱，纯其艺黍稷，奔走事厥考厥长。肇牵车牛，远服贾用，孝养厥父母。"周公告诫殷民，要勤于耕作，来往经商，以便服侍兄长、赡养父母。《周礼》中所提到的"三德""三行""六行"中均提到了"孝"。

三德：至德、敏德、孝德。

三行：孝行、友行、顺行。

六行：孝、友、睦、姻、任、恤。

由此可见，在西周时期孝已经成为社会道德规范体系中的重要条目。但总体而言，西周时期的孝观念更多地表达的是一种"追孝""享孝"之意，在周人的铭文之中常见"追孝""享孝"字样。据统计，在《三代吉金文存》《西周金文辞大系图录考释》两书中，除去相重的，涉及"孝"的铭文共 112 则，明确"享孝""追孝"神祖考妣的有 43 条，涉及"享孝于宗室"的共有 10 条，涉及"追孝于前文人"的有 5 条，追孝父母的有两条。另外，只有"享孝""追孝"等简单用语，省略孝之对象的共 34 条。[①] 但周人与殷人不同的是，"殷人尊神，率民以事神，先鬼而后礼，先罚而后赏，尊而不亲。""周人尊礼尚施，事鬼敬神而远之，近人而忠焉，其赏罚用爵列，亲而不尊。"[②] 殷人的祭祀行为是站在被动、功利性的立场上，而周人对祖先的祭祀却饱含着深厚的敬仰、追念等血缘情感，是站在一种积极、主动的立场上去祭祀。周人的铭文中也不乏对祖先的追述和赞美之词，"铭之义，称美而不称恶，此孝子孝孙之心也，唯贤者能之。铭者，论撰其先祖之有德善、功烈、勋劳、庆赏、声名，列于天下，而酌之祭器，自成其名焉，以祀其先祖者也。"[③]

---

① 查昌国.西周"孝"义试探［J］.中国史研究，1993（2）：143-151.

② 《礼记·表记》.

③ 《礼记·祭统》.

（二）春秋战国时期：孝道伦理的形成与丰富

随着周王室的衰败，周天子的统治力量日益衰落，逐渐失去了对诸侯国的控制，中国历史进入了群雄争霸的春秋战国时期，西周时期所建立的一整套国家、宗族制度被大肆破坏，大兴于周的孝观念也随之走向了衰落，不再为社会所重视。据《左传》记载："卫石共子（石买）卒，悼子不哀。孔成子曰：'是谓蹶其本，必不有其宗。'"① 大意是卫国的石共子死了，他的儿子既不哀悼也不伤心，甚至当时还出现了臣弑君、子弑父的现象。子夏言："《春秋》之记臣杀君，子杀父者，以十数矣。"② 足可见当时人们心中孝观念的淡漠。

黑格尔指出："哲学开始于一个现实世界的没落。"③ 面对礼崩乐坏、天下无道的社会，儒家创始人孔子以匡时救世为己任，试图通过道德秩序的重建来矫正混乱的社会秩序，以实现社会的有序运行。孔子提出建立以"仁"为核心的伦理道德体系，"仁"是一个抽象的概念，是各种道德规范的总称。在孔子看来，"仁者爱人"，仁的核心是爱人，而爱人是有先后次序的，先从爱自己的父母兄弟开始，再扩而充之，发展为对他人、对君王乃至对国家之爱。所以，孔子指出："孝悌，仁之本也。"孝是仁的发端，孝是最基本的人性表露，如果一个人连父母都不爱，又怎么会去爱他人、爱国家呢？更不可能会实现仁。仁是孔子道德学说的最高价值目标，是人生的最高境界。而孝是实现仁的根本途径，如周予同先生所言："仁，广大而抽象；孝，狭窄而具体，由狭窄而具体的'孝'入手以渐渐进于广大而抽象的'仁'。"④ 在这里，孔子在理论上论证了"为什么行孝"的问题，将孝观念发展成一个具有伦理意义的道德范畴。仁是一个抽象性概念，是孔子道德学说的最高价值目标，孝作为仁的基点获得了哲学上的提升，在儒

① 《左传·襄公十九年》.

② 《韩非子·外储说右上》.

③ 黑格尔.哲学史讲演录［M］.贺麟，等译.北京：商务印书馆，1981：54.

④ 周予同.孝与生殖器崇拜// 顾颉刚，等.古史辨（第二册）［M］.上海：上海古籍出版社，1982：238.

家思想体系中居于基础性地位。

除了论证"为什么行孝"的问题，孔子对"如何行孝"的问题也提出了具体的规范要求。孔子认为，孝不仅仅是对父母物质上的养，更是发自内心对父母的敬爱，否则和饲养犬马没有什么两样。"今之孝者，是谓能养。至于犬马，皆能有养。不敬，何以别乎？"①在孔子看来，对父母要做到"无违"，子女不能违背父母意愿，父母如有言行不妥之处，子女可以用委婉的语气劝谏，父母如若不听劝谏，子女要一而再、再而三地微谏不倦，而不能生疾怨之心。"事父母几谏，见志不从，又敬不违，劳而不怨。"②在父母生前死后都要做到以礼相待，"生，事之以礼；死，葬之以礼，祭之以礼"③，居丧期间，子女要"食旨不甘，闻乐不乐，居处不安"④。"父在，观其志；父没，观其行。三年无改于父之道，可谓孝矣。"⑤孔子对孝行的阐述虽较为零散，但始终贯穿着仁与礼、爱与敬的精神，形成了一个系统而具体的规范体系。

此外，孔子还将孝与悌联系在了一起，丰富扩展了孝的内涵。悌是敬爱兄长之意，孝与悌相结合便将孝从家庭伦理扩展到社会伦理，孝悌成为调节人际关系与社会关系的普遍伦理道德。"弟子入则孝，出则弟，谨而信，泛爱众，而亲仁。""其为人也孝弟，而好犯上者，鲜矣。"⑥在孔子看来，如果人人都行孝悌之道，社会就不会有犯上作乱的事情发生。

孔子作为儒家思想的开山鼻祖，对孝观念从本质上作了提升和概括。在孔子之前，孝更多指向的是一种宗教意义，并不具有普遍的伦理意义，并且随着春秋时期的礼崩乐坏，孝观念日渐式微。孔子将孝从宗教中解放出来，使其成为一个普遍的伦理道德范畴，孝观念从而获得哲理性提升，发生了质性变化。在孔子的论证之下，西周的孝观念成为一个系统化、抽

---

① 《论语·为政》.
② 《论语·里仁》.
③ 《论语·为政》.
④ 《论语·阳货》.
⑤ 《论语·学而》.
⑥ 同上.

象化、概括化的"道"的形态，即孝道。这就意味着孝从一种观念形态上升为一种理论形态，获得了更高层次的普遍性，这也为后来孝道的政治化提供了可能。此后的儒家学者都是在继承孔子孝道思想的基础上进行完善和丰富，形成了更为系统的孝道理论体系。

在这一时期，继孔子之后，以孟子、荀子为代表的儒家学者对孝道也进行了深入阐述。孟子生活在战国中期，他继承发展了孔子的"仁"学，游说各国、宣扬仁政。他认为，人性本善，这种善性源于人的"四心"，即"恻隐之心""羞恶之心""辞让之心""是非之心"。孟子认为，"四心"是人的仁、义、礼、智四德的发端，"恻隐之心，仁之端也；羞恶之心，义之端也；辞让之心，礼之端也；是非之心，智之端也。"[1]孟子将仁德放于四德的首位。何为"仁"？"亲亲，仁也。"[2]"仁之实，事亲是也。"[3]"仁"的基本含义是"亲亲""事亲"，也即"孝"。孟子以性善论为前提，从"仁德"合乎逻辑地推导出"孝"，对"孝"的由来给出了较为合理的解释，孝不仅是人的自然情感流露，而且是人的自然本性，从而使"孝"具有了更坚实的人性基础，儒家的孝道理论亦更加完善。当然，孟子的性善论将人性的本质归结为善，具有主观唯心主义色彩，这使得以此建立起来的孝道理论经不起严密的推敲。

孟子以亲亲为起点，推己及人，推人及于万物，提出："君子之于物也，爱之而弗仁；于民也，仁之而弗亲。亲亲而仁民，仁民而爱物。"[4]设计出了一条"亲亲→仁民→爱物"逐层递进的路径，使亲亲之孝与仁政结合在一起，使孝获得了广泛的政治意义。孟子认为，"亲亲"作为"推"的基础和开始，是人伦的核心。事亲是人之大事，"事孰为大？事亲为大"，"事亲，事之本也"[5]。对此，他还提出五不孝者："世俗所谓不孝者五：惰其四

---

① 《孟子·公孙丑上》.
② 《孟子·尽心上》.
③ 《孟子·离娄上》.
④ 《孟子·尽心上》.
⑤ 《孟子·离娄上》.

支，不顾父母之养，一不孝也；博弈好饮酒，不顾父母之养，二不孝也；好货财，私妻子，不顾父母之养，三不孝也；从耳目之欲，以为父母戮，四不孝也；好勇斗狠，以危父母，五不孝也。"① 孟子继承了孔子敬养的思想，强调孝是对父母精神上的奉养，"食而弗爱，豕交之也；爱而不敬，兽畜之也。"②

曾子也是儒家孝道伦理的集大成者，他将孝道推于一个至高无上的位置，开创了儒家的孝治派。在曾子那里，孝道是人类社会一切道德的根本准则，囊括了人类生活所有的道德规范，"居处不庄，非孝也；事君不忠，非孝也；莅官不敬，非孝也；朋友不信，非孝也；战陈无勇，非孝也。"③ "断一树，杀一兽，不以其时，非孝也。"④ 曾子将孝道的内涵无限扩充，赋予了孝道更为广阔的意义，成为天地间一个永恒命题。"夫孝者，天下之大经也。夫孝，置之而塞于天地，衡之而衡于四海，施诸后世，而无朝夕，推而放诸东海而准，推而放诸西海而准，推而放诸南海而准，推而放诸北海而准。"⑤

曾子还开了"移孝作忠"的先河，他将孝与忠联系起来，明确提出："事君不忠，非孝也；莅官不敬，非孝也。"⑥ 忠就是孝，不忠就是不孝，忠被纳入了孝道伦理的范畴，孝道具有了明显的政治化伦理色彩，也为后来的"孝治天下"治国纲领的提出提供了理论积淀。

在这一时期，除儒家之外，墨家、法家、道家也分别对孝道伦理进行了论述。墨家学说以"兼爱"为核心，提出不分你我、不避亲疏、无论贵贱、无所差别地爱一切人。⑦ 墨家认为，只有兼爱，天下才能和顺。"君臣相爱则惠忠，父子相爱则慈孝，兄弟相爱则和调，天下之人皆相爱，强不

---

① 《孟子·离娄下》.
② 《孟子·尽心上》.
③ 《大戴礼记·曾子·大孝》.
④ 同上.
⑤ 同上.
⑥ 同上.
⑦ 王长坤，张玲.先秦墨家孝道简论［J］.史学月刊，2007（10）：123.

执弱，众不劫寡，富不侮贫。"① 兼爱是一种无等级、无差别的爱，由兼爱衍生出来的父子之间的人伦关系，与他人之间的爱一样无差。"若使天下兼相爱，爱人若爱其身，犹有不孝者乎？"② 为了实现"兼爱"，墨子提出了"交相利"："义，利也"③，"孝，利亲也"④。在墨子看来，利就是义，孝就是为父母谋得实利，这也使得墨家思想具有浓厚的功利主义色彩。

法家对孝道的诠释多是从利己主义人性观出发，认为人与人之间只存在赤裸裸的金钱关系，所谓的道德在实际的利益面前不堪一击。在法家看来，血缘伦理关系只是一种"哺育"与"赡养"的交换关系。法家代表人物韩非子指出："人为婴儿也，父母养之简，子长而怨。子盛壮成人，其供养薄，父母怒而诮之。子、父，至亲也，而或谯或怨者，皆挟相为而不周于为己也。"⑤ "孝子爱亲，百数之一也。"⑥ 父慈子孝是父子间利益交换的结果，是完全被迫而非自愿的，因此孝子也是百里挑一、凤毛麟角。韩非子接着从人性本恶出发，认为用道德教化的手段推行孝道是徒劳的，只有借助法律才能遏制住人们心中的恶念。"父母之爱不足以教子，必待州部之严刑者，民固骄于爱、听于威矣。"⑦ "天下皆以孝悌忠顺之道为是也，而莫知察孝悌忠顺之道而审行之，是以天下乱。"⑧ 法家对人类道德评价过低，试图用严刑峻法来解决道德领域的问题，似乎走向了极端。最终，秦王朝的转瞬即逝也宣告了法家思想的失败。但从另一角度来看，法家思想也揭露了人们不愿面对的事实，在日常生活中，确实存在着父母生儿育女是以让子女为自己养老送终为目的的，父子之间确实存在着利益交换关系。冯友兰先生曾指出："法家是用一种措施维护个人的独立，这种制度直接破坏了宗

---

① 《墨子·兼爱中》.
② 《墨子·兼爱上》.
③ 《墨子·经上》.
④ 同上.
⑤ 《韩非子·外储说左上》.
⑥ 《韩非子·难二》.
⑦ 《韩非子·五蠹》.
⑧ 《韩非子·忠孝》.

法制度，直接违反了孝的道德。"①

道家对孝道的态度是否定的，道家的核心思想是"无为而治"，认为包括孝道在内的道德都是人为的，是违背自然和人性的，只有摒弃这些人为的道德因素，人类才会回归到自然、淳朴、美好的德行。"大道废，有仁义；智慧出，有大伪；六亲不和，有孝慈"②，"绝圣去智，民利百倍；绝仁弃义，民复孝慈；绝巧弃利，盗贼无有"③。庄子对儒家伦理道德更加排斥，甚至借盗跖之口说出儒家的仁义道德是窃国盗民的理论工具。"夫妄意室中之藏，圣也；入先，勇也；出后，义也；知可否，知也；分均，仁也。五者不备，而能成大盗者，天下未之有也。"④

总体而言，春秋战国时期是中国历史上文化最繁荣的阶段，百家争鸣、百花齐放，诸子百家纷纷提出自己的主张，对孝道都开展了不同角度的阐述，对孝道伦理的形成与发展都起到了积极的推动作用，其中贡献最大的是儒家，以孔子、孟子为代表的儒家学者以匡时救世为己任，大力倡导孝道，并以此构建起儒家的思想体系，为后世的"孝治天下"奠定了坚实的理论基础。

（三）汉朝：孝道的理论化、体系化

汉朝是孝文化发展史上的一个重要阶段。在这一时期，孝道的内涵进一步扩大和丰富，孝道被提升到国家治理层面，渗透到国家政治生活的各个方面。"孝治天下"成为治国纲领，孝文化成为维护着汉朝乃至整个封建社会的专制统治的工具。

汉朝初期，因秦王朝的暴力统治与多年的战争，社会生产力遭到极大破坏，汉高祖刘邦便推崇黄老的无为而治，制定了"休养生息"之国策。到了汉武帝时期，随着江山的稳固、国力的增强，黄老的思想逐渐受到冷

① 冯友兰.三松堂全集：第七卷［M］.郑州：河南人民出版社，1989：704.
② 《老子·十八章》.
③ 《老子·十九章》.
④ 《庄子·外篇·胠箧第十》.

落，董仲舒的儒家学说得到了汉武帝的器重，开展了"罢黜百家，独尊儒术"的思想文化运动。在这一时期，孝文化受到了统治者的极大推崇，并把它作为封建专制统治的思想基石，渗透到国家政治生活、社会生活的方方面面，形成了"孝治天下"的格局。

首先，在理论层面，孝道思想的理论化、体系化形成。孝道的理论化、体系化主要体现在《礼记》《孝经》两部典籍之中。《礼记》是西汉学者编撰的一部关于"礼制"的著作，在著作中既阐述了孝的起源、地位与作用问题，也对如何行孝等微观问题进行了具体论述，礼是对个体具有外在约束力的礼节、仪式、行为规范的总和。借助于礼，孝不再是一个抽象的道德准则，而具有了现实的可操作性，人们的孝行可以做到有章可循、有据可依。"礼，履孝道也。"《礼记》围绕事亲、丧葬、祭祀三个方面对孝行进行了具体的规定，指出："孝子之事亲也，有三道焉；生则养，没则丧，丧毕则祭。……尽此三道者，孝子之行也。"[①] 在事亲方面，作为人子应"冬温而夏清，昏定而晨省"[②]，"父母之所爱亦爱之，父母之所敬亦敬之"，"壹举足而不敢忘父母，壹出言而不敢忘父母"[③]。在丧葬方面，《礼记》对丧葬程序、礼节、装束等方面作了详尽描述。葬礼分为小殓、大殓、殡、葬等环节，葬礼期间，孝子要"水浆不入口""三日不举火""居倚庐，寝苫枕块""寝不脱绖带"，在装束方面根据服丧人与死者的关系，依尊卑亲疏的不同，分为斩衰、齐衰、大功、小功、缌麻五个等级，称为"五服"。在祭祀方面，对"主宾的冠带衣服，所立位置、进退揖让、语辞应答、行礼的程序次序、手足举措，及祭礼所用器物的种类、陈设位置等有极为细致繁杂的规定"。[④]

《孝经》是专论"孝道"之书，共分十八章。《孝经》在总结春秋战国以来儒家孝道思想的基础上，对孝进行了形而上的理论论证，《孝经》篇幅

---

① 《礼记·祭统》.

② 《礼记·曲礼上》.

③ 《礼记·内则》.

④ 陈来.古代宗教与伦理：儒家思想的根源［M］.北京：三联书店，1996：256.

短小，只有短短两千字，却从理论层面上系统论证了"以孝治天下"等一系列问题。孝治是《孝经》的根本宗旨，《孝经》将孝从家庭伦理上升为治国伦理。《孝经》开篇就明确指出孝道是一切道德的根本，其他道德品行皆以孝道为基础。遵循孝道是天经地义之事，无须论证，"夫孝，天之经也，地之义也，民之行也"①。

孝治是《孝经》的根本目的，《孝经》指出："君子之事亲孝，故忠可移于君。事兄悌，故顺可移于长。居家理，故治可移于官。是以行成于内，而名立于后世矣。"意思是君子能孝亲，必能将对父母的孝心移作奉事君王的忠心；他能敬兄，必能将对兄长的恭敬移作奉事上级的服从。他能有条有理地管理家政，必能把治家的经验移于做官，用于办理公务。在这里，《孝经》便巧妙地将孝道伦理运用于政治实践中。《孝经》将孝按照不同等级划分为"天子之孝""诸侯之孝""卿大夫之孝""士人之孝""庶人之孝"五个等级，每个等级都有相应的孝行要求。天子是天下人的表率，"天子之孝"就是要给天下人树立榜样，用孝亲教育感化臣民百姓，"爱敬尽于事亲，而德教加于百姓，刑于四海，盖天子之孝也"②。诸侯乃是一人之下，万人之上，地位尊贵，诸侯之孝就是要安分守己，不犯上作乱，才能守其禄位，保其富贵。"在上不骄，高而不危；制节谨度，满而不溢。高而不危，所以长守贵也。满而不溢，所以长守富也。富贵不离其身，然后能保其社稷，而和其民人，盖诸侯之孝也。"③卿大夫是辅佐天子处理事务的国家高级官吏，他们必须循礼奉法，不能有任何越规逾矩之行。"非先王之法服不敢服，非先王之法言不敢道，非先王之德行不敢行。"④士大夫是介于官吏和普通百姓之间的阶层，士大夫之孝就是要忠诚顺从地奉事君王和上级。"资于事父以事母而爱同，资于事父以事君而敬同。故母取其爱，而君取其敬，兼之者父也。故以孝事君则忠，以敬事长则顺。忠顺不失，以事其上，然

---

① 《孝经·三才》.
② 《孝经·天子章》.
③ 《孝经·诸侯章》.
④ 《孝经·卿大夫章》.

后能保其禄位，而守其祭祀。"①庶人之孝是普通老百姓的孝，表现为侍奉父母，使父母的生活有保障。"用天之道，分地之利，谨身节用，以养父母。此庶人之孝也。"②

《孝经》是先秦孝道思想的集大成者，对孝道伦理进行了体系化、理论化论证，由孝亲引申出孝忠，深化与拓展了孝道的内涵，为后世"孝治天下"的治国策略提供了坚实的理论基础，成为儒家经典之作。

其次，在实践层面，为实现孝治天下，从汉武帝开始，汉代的历任统治者们采取了多种方式推行孝治思想，具体如下。

一是建立"举孝廉"制度。"孝廉"意指孝顺父母、办事廉正。汉武帝时期，设立孝廉为察举考试的科目，要求各郡守从管辖的区域内挑选孝悌清廉者给朝廷，由朝廷统一任用授官。根据《汉书·武帝纪》记载："元光元年，冬十一月，初令郡国举孝、廉各一人"，举孝廉成为当时朝廷官员必须完成的任务，"不举孝，不奉诏，当以不敬论"。另外，根据侯外庐先生的统计，西汉以博士入官者14人，以贤良文学居官者17人，举孝廉入仕者22人；东汉以博士入官者10人，以贤良文学居官者12人，举孝廉入仕者91人。③由此可见，自汉武帝之后，至于东汉，举孝廉已经成为入仕的主流，这对汉朝的政治影响很大，营造了"在家为孝子，出仕做廉吏"的风尚，在社会上起到了移风易俗的社会教化作用。如范高社所言："举孝廉一方面为汉朝统治者选拔优秀人才、扩大政治基础、统一社会思想做出巨大贡献；另一方面也为传统儒学的现实化、普及化奠定了人才条件。在这一制度的运作下，汉代形成了讲究孝行、追求廉洁、保持名节的士林风尚。自此以后，以'孝廉'为本，不仅成为官员应遵守的道德规范和选拔官吏的标准，更是施行仁政、治理国家的要求，对历代王朝统治秩序的稳固具有长效作用。"④

---

① 《孝经·士章》.

② 《孝经·庶人章》.

③ 侯外庐.汉代士大夫与汉代思想的总倾向［J］.史学史研究，1990（4）：3-8.

④ 范高社.中国传统儒家孝廉思想的内涵及现代意蕴［J］.兰州学刊，2014（8）：82.

二是推行三老制度。从历史溯源上来看，三老形成于春秋战国时期，但作为一种制度确立是在汉代。高祖二年以诏令的方式确立了三老制度，"举民年五十以上，有修行，能帅众为善，置以为三老，乡一人。择乡三老一人为县三老，与县令丞尉以事相教，复勿徭戍。以十月赐酒肉。"① 诏书上明确了三老的选拔标准、政治地位以及物质待遇，之后的汉代历任皇帝也都继承了三老制度。三老制度充分体现了汉代尊老孝老的传统。此外，汉代还借助法律来推行孝道，《王杖十简》和《王杖诏书令册》中规定，凡年龄在七十岁以上的老人，除了首谋杀人和伤害人外，其他罪行都不予起诉，不予追究；八十岁以上犯罪的老人因在世之日无多，一律免予追究。

三是推行孝道教育。孝道教育的普及是实现孝治的重要途径。汉朝除了中央设立太学之外，各级地方政府也在郡、县、乡、村设立地方学校。为了推行孝治天下，《孝经》成为儒家学子的必读经书，"汉制使天下诵《孝经》，选吏举孝廉"② 。太学设立《孝经》博士，乡村学校把《孝经》作为主要教材。这样，上自天子、下至老百姓都是孝道教育的对象，极大地推动了孝道教育的普及与推广，使孝治天下有了更为广泛的社会基础。

三、魏晋隋唐时期：孝文化的发展与完善

魏晋时期，群雄争霸，战乱频繁，社会始终处在动荡不安之中。尽管如此，统治者仍然遵循着汉朝"孝治天下"的基本国策。例如，司马昭执政时，公开宣称"公方以孝治天下"③ 。在群雄逐鹿的魏晋时期，统治阶层基本是靠武力篡权得天下，其行为本身就无"忠"可言。但忠与孝本是一体，提倡孝可以为他们提供辩护，掩饰其篡权的不合法性。所以在这一时期历任统治者避讳谈"忠"，而大谈特谈"孝"，孝亲大于忠君。对此，鲁迅先

① 《汉书·高帝纪》.
② 《后汉书》（七），卷六十二.
③ 《晋书》卷三十三《何曾传》.

生有过点评："因为天位从禅让，即巧取豪夺而来，若主张以忠治天下，他们的立脚点便不稳，办事便棘手，立论也难了，所以一定要以孝治天下。"①

即便这一时期统治者对孝道的倡导维护有着沽名钓誉之嫌，对于孝文化的推广与传播还是作出了积极努力。如太始四年（公元前93年）六月，武帝诏曰："士庶有好学笃道、孝弟忠信、清白异行者，举而进之，有不孝敬于父母，不长悌于族党，悖礼弃常，不率法令者，纠而罪之。"②此外，据史料记载，晋元帝、晋孝武帝、梁武帝、梁简文帝、梁孝明帝都曾亲自为《孝经》作过注解。特别是梁武帝亲撰《制旨孝经义》，讲解《孝经》，多次诏令"孝悌力田赐爵一级"。③隋唐是我国封建社会发展的鼎盛时期，在这一时期，封建统治者依然延续了汉代"孝治天下"的治国之策。隋朝重臣苏威指出："唯读《孝经》一卷，足以立身治国，何用多为？"文帝深以为然。④为弘扬孝道，唐玄宗先后两次亲自为《孝经》作注，天宝三载（744年），"诏天下家藏《孝经》一本，精勤教习。"⑤唐德宗即位，下诏曰："王者事父孝，故事天明；事母孝，故事地察。则事天莫先于严父，事地莫盛于尊亲。"⑥

唐朝时期，孝文化发展的重要特点是引礼入法，将孝引入法律条例中，实现孝与法的深度融合。《唐律》是我国封建社会第一部较系统、较完备的法律，它将礼法深度融合在一起。有学者指出，唐律的特点是为伦常立法的礼教法律观，其核心则为尊尊、亲亲、贵贵，即尊君、孝亲、崇官。⑦《唐律》规定："诸祖父母、父母在，而子孙别籍、异财者，徒三年。"⑧家庭财产所有权归父亲，子孙卑幼没有使用家庭财产的权利。"尊长既在，子孙无

① 鲁迅.而已集［M］.北京：人民文学出版社，1973：108.

② 《晋书》卷三《武帝纪》.

③ 《梁书》卷三《武帝纪下》.

④ 《资治通鉴》卷一七五.

⑤ 《旧唐书》卷九《玄宗纪》.

⑥ 刘昫.旧唐书［M］.卷五十二《后妃下》.北京：中华书局，1975：2188.

⑦ 中国唐史研究会.唐史研究会论文集［M］.西安：陕西人民出版社，1983：353.

⑧ 刘俊文.唐律疏议笺解［M］.北京：中华书局，1996：936.

所自专。若卑幼不由尊长，私辄用当家财物者，十匹笞十，十匹加一等，罪止杖一百。"①《唐律》按照"亲亲相隐"原则，规定："诸同居，若大功以上亲及外祖父母、外孙，若孙之妇、夫之兄弟及兄弟妻，有罪相为隐，部曲、奴婢为主隐：皆勿论，即漏露其事及擿语消息亦不坐。其小功以下相隐，减凡人三等。若犯谋叛以上者，不用此律。"② 也就是说，凡是同居或非同居大功以上亲属，如犯有除谋反之外的罪，可以互相包庇隐瞒，法律不予追究。如果是非同居小功以下的亲属，比常人罪减三等。父母对子女婚姻具有绝对的主婚权，《唐律》还规定："诸卑幼在外，尊长后为定婚，而卑幼自娶妻者，已成者，婚如法；未成者，从尊长。违者，杖一百。"③

唐文化是一种开放包容、兼收并蓄的文化。在这一时期，道教、佛教同样获得了较快发展，在它们的教义教规中含有丰富的孝道伦理思想。道教是我国本土宗教，以黄老学说为理论基础，是巫术、神仙方术、民间鬼神信仰相结合的产物。道教兴起于东汉末年，在魏晋时期逐渐兴盛起来，在底层社会拥有着大量的信徒。道教因立足于中国现实社会，注重道德修养，追求高尚的道德境界，与儒教道德教化相辅相成，成为宣扬封建伦理的重要载体。孝道是道教极力推崇的伦理道德，道教教律中指出："孝道慈悲，好生恶杀，食肉饮酒，非孝道也。男女秽慢，非孝道也，胎产尸败，非孝道也。毁伤流血，非孝道也。偷劫盗窃，非孝道也。好习不善，讲论恶事，非孝道也。"④ 道教甚至还将孝道视为教徒修仙成道的必由之路，"欲求仙者，要当以忠孝和顺仁信为本，若德行不修，而但务方术，皆不得长生也。"⑤ "道者当先行孝，而后行道，故名孝道。往昔有人，先行道而后行孝，道无生灭，人有始终；行道，道行未成，欲孝而亲不守。……修自然道，三万六千道要，要以孝道为宗。……至孝修道，修孝道也。道在至者，

---

① 长孙无忌，等.唐律疏议：卷12［M］.北京：中华书局，1983：241.
② 刘俊文.唐律疏议笺解［M］.北京：中华书局，1996：466-467.
③ 长孙无忌，等.唐律疏议：卷14［M］.北京：中华书局，1983：267.
④ 何建明.正统道藏［M］.北京：国家图书馆出版社，2017：1413.
⑤ 王明.抱朴子内篇校释［M］.北京：中华书局，1985：53.

不孝非道也。何以故？孝能慈悲，孝能忍辱，孝能精进，孝能勤苦，孝能降伏一切魔事、财色、酒肉、名闻、荣位、倾夺、争竞、交兵、杀害。至孝之士，泯然无心，守一不动，一切魔事，自然消失。"①

与儒家不同，道教是用宗教神学的方式诠释孝道伦理存在的合理性，它将孝道与修道等同起来，以宗教的教化方式要求人们行孝道，促进了孝道伦理规范的宗教化、世俗化。学者陈少峰指出："儒家伦理在道教这种依附性格以及通俗化的解说倡导之下，大有深入影响下层民众之实际效应，这在六朝时期儒家伦理深入社会这一现实化过程中实起着推波助澜的作用。"②

佛教是一种异域文化，最早于两汉时期由印度传入我国，但早期因其无父无君、违忠背孝，受到人们的诸多批判与抵制。在儒、佛、道的冲突中，佛教为谋求发展，逐渐接受了儒家孝道思想。但佛教在借鉴接受儒教思想的同时，也始终保持着其宗教伦理的特色。佛教的教义强调"报恩""因果报应"，并由此引申出孝道思想。"世间一切善男女，恩重父母如丘山，应当孝敬恒在心，知恩报恩是圣道"；"慈父悲母长养恩，一切男女皆安乐；慈父恩高如山王，悲母恩深如大海。"③除了报恩思想外，佛教还将因果报应的思想引入孝道之中，向人们展现了孝子与不孝子在今生来世中得到必然奖罚的神秘力量，回答了子女孝敬父母的必要性，为现世人们的孝行提供了新的动力和约束机制，如佛教典籍《大乘本生心地观经》中描绘："若有男女背恩不顺，令其父母生怨念心，母发恶言，子即随堕，或在地狱、饿鬼、畜生。世间之疾莫过猛风，怨念之徵复速于彼。一切如来金刚天等及五通仙，不能救护。若善男子、善女人，依悲母教，承顺无违，诸天护念，福乐无尽。如是男女即名尊贵天人种类，或是为度众生，现为男女，饶益父母。"④

① 郑阿财. 敦煌道教孝道文献研究之一——《慈善孝子报恩成道经道要品第四》的成立与流行〔J〕. 杭州大学学报（哲学社会科学版），1998（1）：90–98.

② 陈少峰. 中国伦理学史〔M〕. 北京：北京大学出版社，1996：246.

③《心地观经·大正藏》卷三.

④ 大乘本生心地观经卷二〔M〕. 北京：中华书局，1993：13.

四、宋元明清：孝文化的异化与极端

宋、元、明、清处于我国封建社会的后期发展阶段，从宋朝开始，中国封建社会便从鼎盛走向衰落。在这一时期，北宋张载、二程（程颢和程颐）、朱熹形成的程朱理学成为社会的主导思想。理学家们站在"天理"的高度，论证孝道的普遍性、先验性与永恒性。在理学的论证下，孝文化在理论上呈现出了形而上学的特征，在实践中走向了极端化、愚昧化。

理是宋明理学的最高理念，理存在于万物之中，是万事万物的本源，人伦万物皆同源于"理"。二程认为："凡眼前无非是物，物物皆有理。如火之所以热，水之所以寒，至于君臣父子间皆是理。"①理学的集大成者朱熹把理引入封建伦理道德范畴之中，认为不同等级、不同身份地位的人有着不同的理。人人应当恪守其理，各遵其德，这是理的法则。"万物皆有此理，理皆同出一原。但所居之位不同，则其理之用不一。如为君须仁，为臣须敬，为子须孝，为父须慈。物物各具此理，而物物各异其用，然莫非一理之流行也。"②

理学家们认为，理是先验性存在，先于天地之存在。"未有天地之先，毕竟也只是理。有此理，便有此天地；若无此理，便亦无天地，无人无物，都无该载了！"③理学家们以理的先验性、永恒性来论证孝道的先验性与永恒性。理是先验于万事万物而存在的，忠孝也是为人臣子与生俱来的伦理规范。"未有这事，先有这理。如未有君臣，已先有君臣之理；未有父子，已先有父子之理"，"天教你'父子有亲'，你便用'父子有亲'，天教你'君臣有义'，你便用'君臣有义'。不然，便是违天矣"，"君臣、父子、夫妇、长幼、朋友之常，是皆必有当然之则，而自不容己，所谓理也"。④理是独立于自然界而存在的一种独立精神，亘古不变，

---

① 《二程集·遗书卷十九》.
② 《朱子语类》卷六十三《中庸二》.
③ 《朱子语类》.
④ 同上.

不生不灭。"天理具备，元无少欠，不为尧存，不为桀亡。"①孝道作为天理之必然，具有永恒性，万年不灭。理学家们站在理的高度对孝道的根源以及权威性、合理性进行了形而上学的哲学论证，使得孝道理论得到进一步完善丰富。

随着理学正统地位的巩固，在这一时期，孝文化在实践中走向了极端化、愚昧化。子女对父母之命要无条件地服从，不能有所违背，否则就是不孝。即使是对父母的无理要求，子女都要俯首帖耳，"母虽不慈，子不可以不尽子道，……母生之身而母杀之死者，且不敢怨……孝子之于亲，纵受其虐，不敢疾怨"②，"天下无不是的父母，父有不慈而子不可以不孝"。③甚至"父母即欲以非礼杀子，子不当怨。盖我本无身，因父母而后有，杀之，不过与未生一样"。④孝子们对行孝表现出一种宗教信仰式的狂热，甚至不惜通过自虐自残等行为来表达自己的孝心，割股疗亲等愚孝行为屡见不鲜。父母顽疾染身，久治不愈，孝子割肉啖亲，剖腹探肝作为药饵。学者李飞根据《古今图书集成·明伦汇编闺媛典·闺孝部》的统计，指出："明代622个孝女孝妇中，除少数割胸、膝、肋以及割耳、割乳或断指者外，割股者257人，割臂者30人，割肝者19人，共计306人，占总人数的49%；清代342个孝女孝妇中，割股者233人，割臂者4人，割肝者8人，占总人数的72%。"⑤朱熹还曾称赞："今人割股救亲，其事虽不中节，其心发之甚善，人皆以为美。"⑥可见，愚孝行为在这一时期大行其道，似乎已经成为社会的普遍行为，大家习以为常。只要父母身患顽疾，久治不愈，孝子们不惜割肉孝亲，甚至会做出自焚、自杀等极端行为，以显孝心，祈求父母康复。在统治者的褒奖提倡之下，民间的孝行进一步极端化、畸形化，孝文化被异化到面目全非的地步。明洪武二十七年（1394年），山东日照江

---

① 《二程集·遗书卷二上》.

② 刘岱等编.中国文化新论·宗教礼俗篇：敬天与亲人［M］.北京：三联书店，1992：490.

③ 《琴堂谕俗编·卷上》.

④ 魏禧.日录.

⑤ 李飞.中国古代妇女孝行史考论［J］.中国史研究，1994（3）：73-82.

⑥ 《朱子语类》卷五十九.

伯儿，"母疾，割肋肉以疗，不愈。祷岱岳神，母疾瘳，愿杀子以祀。已果瘳，竟杀其三岁儿。"① 为治疗母亲疾病，孝子不仅自伤，还对其子痛下杀手，令人发指。

虽然后来元朝统治者站在游牧民族文化的角度上，指出了当时孝道的愚昧与不合理，对于割股疗亲的孝行非但不予褒奖，还明文禁止。《元史·刑法志》记载："诸为子行孝，辄以割肝、刲股、埋儿之属为孝者，并禁止之。"但元朝对孝道的改造，也只是起到了暂缓作用，游牧文化不可能从根本上替代农业经济基础上产生的封建文化。最终，随着元朝的灭亡，明朝统治者全盘接收了包括孝道在内的封建道德规范，大力推行孝道。明太祖朱元璋率先垂范，倡导孝行，并以养老之政教民孝，对老人赐以布帛，授以爵位，并让他们议政、御政、评论官员、理民诉讼、宣教民众，以发挥他们的作用。清朝统治者虽为异族君王，但为了维护摇摇欲坠的政权，也大力倡导孝道。顺治皇帝、雍正皇帝亲自为《孝经》作注解，康熙皇帝还颁发"圣谕"，提倡孝道，敕令全国宣讲《孝经》，认为"孝为万事之纲，五常百行皆本诸此"②。

五、近现代：孝文化的批判与重建

历史的车轮滚滚向前，随着 1840 年鸦片战争爆发，中国从一个独立的封建国家逐渐沦为半殖民地半封建国家，西方国家用坚船利炮轰开了古老中国的大门，西方文化也乘势强势袭来。受西方文化影响，社会有识之士开始以文化的视角来审视中国落后的原因，他们认为中国的落后并非器不如人，而是因为文化的落后。他们将批判的目光投向了中国传统文化，试图找到一条救国图存之路。孝文化作为传统文化的代表，首先受到了猛烈批判，康有为、谭嗣同等维新派代表人物最早对孝文化展开了批判，康有

---

① 《明史》卷二百九十六．
② 《御制文选》卷三十一．

为揭露了封建孝道的虚假性，指出："其孝友愈著，则其闺阃之怨愈甚。"谭嗣同提出了"冲决网罗"的口号，指出："上以制其下而不能奉之，则数千年来，三纲五常之惨祸烈毒由是酷焉。"① 谭嗣同认为，三纲五常是压制、束缚人民的工具，他主张君臣平等、父子平等、男女平等；君是民选举产生的，其地位应与民是平等的。谭嗣同对君民关系的论述从根本上动摇了封建统治地位的合法性，君既然是人民选举的，那么人民也有权力废黜他。在父子关系上，谭嗣同认为，父是天生的，子也是天生的，父子之间的地位也应是平等的。同时，谭嗣同对封建制度下男女不平等现象进行了深入的揭露和鞭挞。

接着，在新文化运动中，以陈独秀、吴虞、鲁迅为代表的知识分子对孝文化展开了全面的否定与彻底的批判。陈独秀认为，家族制度下，一家一族之人悉听命于一人，会产生诸多恶果，如："损坏个人独立自尊之人格""窒碍个人意志之自由""剥夺个人法律上平等之权利""养成依赖性，戕贼个人之生产力"。他呼吁要"以个人主义，易家族本位主义"。吴虞专门写了《家族制度为专制主义之根据论》和《说孝》两篇文章，对封建孝道思想进行猛烈批判。他认为孝道的本质就是顺从，目的是扼杀人的主体意识，制造顺民和奴隶。"教一般人恭恭顺顺地听他们一干在上的人愚弄，不要犯上作乱，把中国弄成一个顺民的大工厂。孝字的大作用，便是如此。"② 在吴虞看来，孝文化是封建统治的理论基础，"儒家以孝悌二字为两千年来专制政治与家族制度联结之根干，而不可动摇。"进而指出，"夫孝之义不立，则忠之说无所附；家庭之专制既解，君主之压力亦散；如造穹窿然，去其主石，则主体堕地。"③

鲁迅则借用狂人之口，深刻揭露批判封建礼教的"吃人"本质，发出"救救孩子"的呐喊。他认为，孝道教育下的孩子只是他父母福气的材料，并非将来的"人"的萌芽。鲁迅在《我们现在怎样做父亲》一文中指出：

---

① 周振甫选注. 谭嗣同文选注［M］. 北京：中华书局，1981：188.
② 吴虞. 吴虞集［M］. 成都：四川人民出版社，1985：173.
③ 同上，1985：63.

"此后觉醒的人应该先洗净了东方的古传的谬误思想，对于子女，义务思想需加多，而权力思想大可切实核减，以准备改作幼者本位的道德。""觉醒的父母，完全应该是义务的、利他的、牺牲的……自己背着因袭的重担，肩住了黑暗的闸门，放他们到宽阔光明的地方去，此后幸福的度日，合理的做人。"

新文化运动以一种异常激烈的方式对儒家孝文化进行了彻底的否定与批判。有破便有立，20 世纪 20 年代以来，在我国思想文化领域又兴起了一场新儒学复兴运动，积极反思传统文化之价值，捍卫中国传统文化。方克立先生这样评价新儒家："现代新儒家是在 20 世纪 20 年代产生的以接续儒家'道统'为己任，以服膺宋明儒学为主要特征，力图用儒家学说融合、会通西学以谋求现代化的一个学术思想流派。"①

以梁漱溟、马一浮、冯友兰为代表的新儒家学者对孝文化进行了重新审视。梁漱溟高度肯定了孝文化在中国文化中的地位，指出："中国文化是'孝'的文化，自是没错。"②马一浮认为孝是至德要道，"孝悌之至，通于神明，光于四海，无所不通。即此前一念爱敬，不敢恶慢之心，全体是仁。事亲之道，即事君之道，即事天之道，即治人之道，即立身之道，亦即天地日月四时鬼神之道。唯其无所不通，故曰要道。纯然天理，故曰至德。"③谢幼伟充分肯定了孝的价值："孝是肯定人生的，是肯定社会的，且是社会团结的必要因素"。④

中华人民共和国成立之初，虽然马克思主义理论成为我国的指导思想，但孝文化作为历史文化遗产并没有被完全摒弃。1956—1957 年，《中国青年》杂志、《光明日报》围绕孝多次发表社论，批判了子女不孝行为，"奴役人民的封建'孝道'我们要彻底消灭；人民的尊老养老的优良传统，我

---

① 方克立.现代新儒学与中国现代化［M］.天津：天津人民出版社，1997：4.
② 梁漱溟.中国文化要义［M］.上海：上海人民出版社，2011：278.
③ 马一浮.复性书院讲录［M］.杭州：浙江古籍出版社，2012：130.
④ 谢幼伟.孝与中国社会 // 罗义军主编.理性与生命——当代新儒学文萃［M］.上海：上海书店出版社，1994：502-522.

们要发扬光大。"① 但随着我党"左"倾主义错误逐步升级，特别是 1966—1976 年"文化大革命"期间，孝文化遭到了空前的厄运。儒学典籍作为封建"四旧"（旧思想、旧文化、旧风俗、旧习惯）被焚烧，民间的家谱、族谱以及祠堂被大量破坏，甚至连传统的丧葬祭祀活动、清明等传统节日也被视为封建迷信而遭到禁止。孝一时之间似乎成为禁语，人们谈孝色变，在"亲不亲，阶级分""只有阶级亲，没有宗族亲"的口号下，许多年轻人与自己的父母划清界限，甚至主动揭发批斗自己的父母，父母的权威荡然无存，人伦丧尽。

直到中共十一届三中全会以后，我党进行了拨乱反正工作，清理了"文化大革命"期间的错误思想，孝文化才再度被人们重新认识。人们对孝文化的态度也不再是以批判与否定为主，而是以一种更加理性的态度看待儒家孝文化的历史价值，提出了儒家孝文化的继承发展问题。1986 年，中共十二届六中全会通过的《中共中央关于社会主义精神文明建设指导方针的决议》指出，伟大的中国文明的复兴"不但将创造出高度发达的物质文明，而且将创造出马克思主义为指导的，批判继承历史传统而又充分体现时代精神的，立足本国而又面向世界的，这样一种高度发达的社会主义精神文明"。这里明确表达了历史传统是社会主义精神文明的重要组成部分。1991 年，江泽民在建党七十周年讲话中明确指出："中华民族是有悠久历史和优秀文化的伟大民族。我们的文化建设不能割断历史。对民族传统文化要取其精华、去其糟粕，并结合时代的特点加以发展，推陈出新，使它不断发扬光大。"② 胡锦涛在党的十七大报告中指出，中华文化是中华民族生生不息、团结奋进的不竭动力。要全面认识祖国传统文化，取其精华，去其糟粕，使之与当代社会相适应、与现代文明相协调，保持民族性，体现时代性。

进入新时代以来，随着我国经济实力的增强，人民的民族自信心也

---

① 朱伯昆 . 尊敬和赡养父母是我国人民优良的道德传统 [J]. 中国青年，1956（24）：17.

② 江泽民 . 在庆祝中国共产党成立七十周年大会上的讲话 // 十三大以来重要文献选编（下）[M]. 北京：人民出版社，1993：1627–1660.

在不断增强，传统文化也受到了空前的关注。习近平总书记站在新时代的高度，充分肯定了优秀传统文化的历史地位与重要性，多次强调中华优秀传统文化是"中华民族的基因""民族文化血脉""中华民族的精神命脉"。2017年中共中央办公厅、国务院办公厅联合印发的《关于实施中华优秀传统文化传承发展工程的意见》（以下简称《意见》）中，首次将中华优秀传统文化传承发展纳入国家战略高度，从整体上对中华优秀传统文化的传承发展作出了重大战略部署，对孝文化的现代传承发展具有深远的指导意义。

在政策驱动下，孝文化研究取得了丰硕成果。全国上下兴起了诸多倡孝兴孝的活动。孝文化研究基地、研究机构、教育基地纷纷建立，如中国伦理学会慈孝文化专业委员会、中华孝文化研究中心等，孝文化的研究期刊、孝文化研究网站逐渐增多，孝文化之乡、孝道典型人物评选也在全国各地如火如荼地展开。

正如马歇尔·萨林斯所言："文化在探寻如何去理解它时便随之消失，接着又会以从未想象过的方式重新出来。"[①] 在我国，孝文化的发展历史源远流长，从殷商时期孝观念的形成到先秦儒家孝道的确立，从汉代的"孝治天下"到"文化大革命"时期的批判否定再到新时代的创造性转化、创新性发展。孝文化本源于封建社会特定的经济社会形态，作为文化制度被生产出来以后，又与封建社会的经济、政治、社会捆绑，发展为一种结构性的内生机体。在现代化语境中，孝文化虽已无法成为结构性的内生机体，但仍然能够发挥重要作用。因此，立足于新时代，如何正确认识、定位孝文化，如何实现创造性转化、创新性发展便成为新时代的一个重要课题。

---

① ［美］马歇尔·萨林斯.甜蜜的悲哀［M］.王铭铭，译.北京：三联书店，2000：141.

第二节 孝文化的内涵

钱穆先生指出："中国文化是'孝的文化'。"[①] 在我国，孝已不仅仅是一种伦理道德规范，还包含了诸多意识形态的精神文化现象，客观上形成了一种孝的文化，成为一个具有广泛意义的概念，具有道德、宗教、哲学、政治、教育、艺术等诸多内涵。学者肖群忠将孝文化的内涵区分为狭义与广义。具体而言，孝文化作为一种道德意识，宗教、哲学的形而上价值理想，它们属于狭义的精神文化或道德文化范畴；孝文化的政治性归结、社会性延伸则已属于广义文化的范畴[②]。在这里，为全面深刻地理解孝文化的内涵，本节将采取肖群忠的观点，从基本内涵与延伸内涵两个方面深度阐述孝文化的内涵。

一、孝文化的基本内涵

据相关学者考证，"孝"字最早出现于《尚书》"克谐以孝""同孝厥养父母"。许慎在《说文解字》中指出："孝，善事父母者。从老省、从子，子承老也。"[③] 可见，孝是基于血缘关系而生成的一种反哺与感恩之情。父母辛勤养育了我们，等我们长大后，要报答父母，不忘父母恩情，这是为人子女应尽的责任和义务。《诗经》云："蓼蓼者莪，匪莪伊蒿。哀哀父母，生我劬劳。蓼蓼者莪，匪莪伊蔚。哀哀父母，生我劳瘁。……父兮生我，母兮鞠我。抚我畜我，长我育我，顾我复我，出入腹我。欲报之德。昊天罔极！"孝是子女对父母的一种美德与回报，为了确定这种美德与回报，人们通过一系列的制度规范加以规范才形成了孝文化。可见孝最早属于家庭

---

① 钱穆.中国文化导论［M］.北京：中国青年出版社，1989：59.
② 肖群忠.孝与中国文化［M］.北京：人民出版社，2001：2.
③ 许慎.说文解字［M］.北京：中华书局，1963：173.

伦理范畴，是子女对父母的爱与回报，据此，本研究将孝文化的基本内涵概括为四个方面的内容：养亲、敬亲；安亲、延亲；继亲、显亲；葬亲、祭亲。

（一）养亲、敬亲

养亲即赡养父母，满足父母的基本生活需求，这是孝的最起码要求。为人子女如果连父母的基本物质需求都无法满足，那么孝也就无从谈起。《吕氏春秋》指出："民之本教曰孝，其行孝曰养。"《吕氏春秋》将养亲分为五个方面的内容，即"养体、养目、养耳、养口、养志"。养体是第一层次："修宫室，安床第，节饮食，养体之道也。"父母住得舒适、睡得安稳、饮食得当，这是"养体"的方法。赡养父母要讲究实在，力戒形式上的虚礼，"与其礼有余而养不足，宁养有余而礼不足"，"善养者，不必刍豢也；善供服者，不必锦绣也。以己之所有，尽事其亲，孝之至也。故匹夫勤劳，犹足以顺礼；歠菽饮水，足以致其敬。"[①]奉养父母，不必每顿吃肉，不必穿华丽的丝绸，只要尽己所能就是孝了。平民百姓粗茶淡饭也可以表达对父母的孝敬。

除了物质上的侍奉外，孝亲还需敬亲。子曰："今之孝者，是谓能养。至于犬、马，皆能有养。不敬，何以别乎？"[②]孔子认为，对待父母不仅仅是物质上的养，更是发自内心地对父母的敬，否则和饲养犬马没有什么两样。有一次，孔子的学生子路问孔子："有人于斯，夙兴夜寐，手足胼胝，而面目黧黑，树艺五谷，以事其亲，而无孝子之名者，何也？"有个人早起晚睡，辛勤劳动，奉养父母，为什么没有孝子之名？孔子答："吾意者，身未敬邪！色不顺邪！辞不逊邪！"行为不尊敬、脸色不和顺、言辞不谦逊，这个人是得不到孝子之名的。孔子甚至认为，对父母的"敬"是区分君子和小人的界限。"小人皆能养其亲，君子不敬何以辨。"明代吕维祺在《孝经翼》中指出："爱敬者，孝之实际也。爱而不敬，则爱不至；敬而不爱，则

---

① 《盐铁论·孝养》.
② 《论语·为政》.

敬不真，二者缺一焉，不可也。……夫孝道无方，爱敬而已矣。"

孝是爱和敬的统一，敬亲就是要满足父母的精神需求，对父母要有"和气"，有"愉色"，有"婉容"，让父母感到被爱和尊敬。"孝子之有深爱者，必有和气；有和气者，必有愉色；有愉色者，必有婉容。"① 敬亲就是要让父母"养目""养耳""养志"，"树五色，施五采，列文章，养目之道也；正六律，和五声，杂八音，养耳之道也……和颜色，说（悦）言语，敬进退，养志之道也。"② 用美丽的颜色满足父母眼目的需求，用悦耳的音乐满足父母耳朵的需求，用尊敬的言行对待父母，使父母愉悦，精神得到慰藉。

（二）安亲、延亲

安亲是指让父母安心。如何让父母安心？为人子女首先要爱惜自己的身体和生命，身体是父母所赐，不能使之受到损害。"身体发肤，受之父母，不敢毁伤，孝之始也。"③ 曾子曰："父母全而生之，子全而归之，可谓孝矣。""孝子不登高，不履危，痹亦弗凭，……险途隘巷，不求先焉，以爱其身。"④ 子女是父母生命的延续，为人子女要爱惜自己的身体，尊重生命，这是行孝的前提，如果身体受到损伤或者失去了生命，也就无法行孝了。其次，安亲还要做到不辱亲，子女一言一行都要守礼慎行。孟子指出，人子只有守身才能尽到事亲之道。"事，孰为大？事亲为大；守，孰为大？守身为大。不失其身而能事其亲者，吾闻之矣。"⑤ 守身就是不能陷父母于不义之中。朱子注："守身，持守其身，使不陷于不义也；一失其身，则亏体辱亲，虽日用三牲之养，亦不足以为孝矣。"⑥

延亲是指子女要完成生儿育女、传宗接代、延续香火的义务。孟子

---

① 《礼记·祭义》.

② 《吕氏春秋·孝行》.

③ 《孝经·开宗明义》.

④ 《大戴礼记》.

⑤ 《孟子·离娄上》.

⑥ 《孟子集注》卷7《离娄章句上》.

曰："不孝有三，无后为大。舜不告而娶，为无后也。君子以为犹告也。"①
延续香火是家族最大的事情，"父母生之，续莫大焉"。②《魏书·李孝伯传》
中记载："三千之罪，莫大于不孝，不孝之大，莫大于绝祀。"三千条罪状，
不孝是最大之罪，而最大的不孝就是没有后代，养老送终、祭祀祖先、扬
名显亲都要后继有人。

（三）继亲、显亲

继亲是指继承父业，"继孝于前文人"③。祖先去世后，子女应继承他们的
遗志，完成他们未完成的功业，以显示其孝心。"父在，观其志；父没，观其
行，三年无改于父之道，可谓孝矣。"④孔子曾称赞鲁国士大夫孟庄子之孝行，
"孟庄子之孝也，其他可能也，其不改父之臣与父之政，是难能也。"⑤黄宗羲
言："孝，父之有子，原欲使其继我之志，我之所未尽而子尽之，我之所未为
而子为之。"⑥

除继承父业之外，子女还要成就一番事业，建立非凡的功业，以光
宗耀祖，使父母感到荣耀、受人尊重。"扬名声，显父母。光于前，裕于
后"⑦，"立身行道，扬名于后世，以显父母，孝之终也"⑧。孟子曰："孝子之
至，莫大乎尊亲；尊亲之至，莫大乎以天下养。为天子父，尊之至也；以
天下养，养之至也。"⑨西汉司马谈临终嘱托："扬名于后世，以显父母，此
孝之大者。"⑩

---

① 《孟子·离娄上》.
② 《孝经·圣治章》.
③ 《尚书·文侯之命》.
④ 《论语·学而》.
⑤ 《论语·子张》.
⑥ 孟子师说//黄宗羲全集：第1册［M］.杭州：浙江古籍出版社，1985：98.
⑦ 《论语·为政》.
⑧ 《孝经·开宗明义》.
⑨ 《孟子·万章上》.
⑩ 《史记》卷130《太史公自序第七十》.

（四）葬亲、祭亲

《论语》曰："生，事之以礼，死，葬之以礼，祭之以礼。"① 父母生前，用礼来侍奉他们；父母死后，要以礼葬之。古人重视丧葬祭祀之礼，孟子认为"养生者不足以当大事，惟送死可以当大事"。② "孝子之丧亲也，哭不偯，礼无容，言不文，服美不安，闻乐不乐，食旨不甘，此哀戚之情也。"③ 父母去世，孝子要哭得声嘶力竭没有余声；举止行为失去了平时的端仪，言语无心讲究文采，穿上华美的衣服会感到不安，听到美妙的音乐也不快乐，吃美味的食物不觉得味美，这就是子女失去父母时悲伤的表现。曾子是历史上有名的孝子，传说曾子被困在外地，因思念家中的父母，作出了《梁山歌》。"曾子尝耕泰山之下，遭天霖泽（久雨、积水），雨雪寒冻，旬月（满月）不得归，思其父母，乃作《忧思之歌》。"④ 曾子办理父亲丧事，七天没有喝一口汤水。"执亲之丧也，水浆不入于口者七日。"⑤ 母亲死后，曾子为怀念母亲，终身不再吃生鱼。"母在之日，不知生鱼味，今我美，吐之，终身不食。"⑥

父母死后，子女还要"祭之以礼"。古人非常重视祭祀之礼，认为"祭者，教之本也"。《礼记》中强调"祭如在，祭神如神在"，"吾不与，如不祭"。祭祀是对已逝去的父母和祖先表达一种哀思和尊敬之情，所以子女祭祀时要保持崇敬和哀戚，同时要按照天道四时的运作，祭祀以时。"孝子之祭也，尽其慤而慤焉，尽其信而信焉，尽其敬而敬焉，尽其礼而不过失焉。进退必敬，如亲听命，则或使之也。"

---

① 《论语·为政》.
② 《孟子·离娄下》.
③ 《孝亲·丧亲章》.
④ 《琴操》.
⑤ 《礼记·檀弓下》.
⑥ 《孝子传·宗圣曾子》.

二、孝文化的延伸内涵

在"孝治天下"的封建社会中，孝几乎涵摄了传统社会一切伦理道德的行为规范，孙中山先生不禁感叹道："《孝经》所讲的孝字，几乎无所不包，无所不至。现在世界上最文明的国家，讲到孝字，还没有像中国这么完全。"除了基本内涵，孝文化又延伸出了其他内涵，延伸内涵是孝文化基本内涵的泛化。

（一）孝悌

何为孝悌？孝指向的是亲子关系，悌指向的是兄弟关系。孝悌是孝亲的衍生，用来规范父子、兄弟之间的关系。朱熹曾解释为："善事父母为孝，善事兄长为悌。"[①]兄弟之间要做到长幼有序，兄要关心爱护弟，而弟要尊重、礼让于兄。如父早逝，兄要承担照顾抚养弟妹的责任，弟妹要事兄如父。孟子认为孝悌是人的本性，"人之所不学而能者，其良能也；所不虑而知者，其良知也。孩提之童无不知爱其亲者，及其长也，无不知敬其兄也。"[②]

孝悌关系并非仅局限于家庭血缘关系范围内，子曰："弟子入则孝，出则悌。谨而信，泛爱众，而亲仁。"[③]弟子在家孝顺父母，在外友爱兄弟，孝悌不再是与父母兄弟间的友爱，还包括和朋友同辈之间的友爱。这里，孝便有着博爱、泛爱之内涵。儒家认为孝悌为"仁"之本，"其为人也孝弟，而好犯上者，鲜矣；不好犯上而好作乱者，未之有也。君子务本，本立而道生。孝弟也者，其为仁之本与！"[④]在家里行孝悌之道的人是不会犯上作乱、危害他人及社会的，如果人人都行孝悌之道，那么这个社会无疑是一个和顺安定的社会。这是孔子穷尽一生所追求的理想社会。因此，孔子认

---

① 《四书集注》.
② 《孟子·尽心上》.
③ 《论语·学而》.
④ 同上.

为孝悌是为仁之本，甚至还将孝悌提到政治的高度，"孝乎惟孝，友于兄弟，施于有政。是亦为政，奚其为为政？"① 有人问孔子为什么不为政，孔子说："孝顺父母，友爱兄弟，就是参与政治了，为什么一定要做官才能参与政治呢？"孟子更进一步指出："亲亲，仁也；敬长，义也；无他，达之天下也。"② "人人亲其亲，长其长，而天下平。"③ 在这里，孝悌不仅是一种伦理道德规范，还起到了维护政治稳定的作用。刘宗周指出："'孝'是人最初一念流动处，才达之第二念，便是悌。以孝悌推之，便得刑寡妻、御臣仆之道。自此而九族、而百姓、而昆虫草木，皆即此一本而推之裕如者。此孝所以为百行之原，而万化之本也。尧、舜、禹、汤、文、武尝以孝治天下矣。"④

（二）孝忠

"孝"与"忠"原本是两个不同的道德范畴，"孝"是处理父子关系的行为规范，"忠"是处理君臣关系的行为准则。子曰："君使臣以礼，臣事君以忠。"⑤《说文解字》指出："公家之利，知无不为，忠也。"自汉代以来，封建统治者移孝作忠，将孝与忠结为一体，形成了忠孝一体的伦理同构意识。孝的内涵也被注入了更多意识形态色彩，"孝者，所以事君也"⑥。《孝经》指出："君子之事亲孝，故忠可移于君。事兄悌，故顺可移于长。居家理，故治可移于官。是以行成于内，而名立于后世矣。"⑦ 在家行孝道之人，必能以事亲之"敬""顺"推而用于事君。孝源于血缘关系，忠源于上下级关系。封建统治者从孝亲、孝悌推广至忠君，将孝与忠巧妙地结合在一起，用含情脉脉的血缘关系掩盖不平等的封建等级关系，从而为封建统治者找

---

① 《论语·为政》.

② 《孟子·尽心上》.

③ 《孟子·离娄上》.

④ 吴光主编. 刘宗周全集：第 1 册［M］. 杭州：浙江古籍出版社，2007：287.

⑤ 《论语·八佾》.

⑥ 《孝经·广扬名章》.

⑦ 同上.

寻到了合法统治的人性基础。

封建社会虽提倡忠孝一体，但并不意味着忠孝相等同。《孝经》指出，"始于事亲，中于事君，终于立身。"曾子甚至以忠来论孝，"事君不忠，非孝也"[①]。由此可见，忠是高于孝的，东汉学者马融模仿《孝经》体系撰写了《忠经》，认为忠是社会最高伦理规范，指出："天之所覆，地之所载，人之所履，莫大乎忠。"并论及孝与忠的关系："夫惟孝者，必贵本于忠。忠苟不行，所率犹非其道。是以忠不及之，而失其守，匪惟危身，辱及亲也。故君子行其孝，必先以忠，竭其忠，则福禄至矣。故得尽爱敬之心，则养其亲，施及于人，此之谓保孝行也。"

在实践中，忠高于孝更能够得到充分体现。《后汉书·独行列传·赵苞》记载：赵苞初仕州郡，举孝廉，再迁广陵令。视事三年，政教清明，郡表其状，迁辽西太守。以到官明年，遣使迎母及妻子，垂当到郡，道经柳城……值鲜卑万余人入塞寇钞，苞母及妻子遂为所劫质，载以击郡。苞率步骑二万，与贼对阵。贼出母以示苞，苞悲号谓母曰："为子无状，欲以微禄奉养朝夕，不图为母作祸。昔为母子，今为王臣，义不得顾私恩、毁忠节，唯当万死，无以塞罪。"母遥谓曰："威豪，人各有命，何得相顾，以亏忠义！昔王陵母对汉使伏剑，以固其志，尔其勉之。"苞即时进战，贼悉摧破，其母妻皆为所害。苞殡敛（殓）母毕，自上归葬。灵帝遣使吊慰，封侯。苞葬讫，谓乡人曰："食禄而避难，非忠也；杀母而全义，非孝也。如是，有何面目立于天下！"遂呕血而死。赵苞担任辽西太守的第二年，派人迎接自己的母亲、妻子，结果途中被鲜卑贵族劫获，作为人质，要挟赵苞投降。赵苞的母亲却宁愿舍弃生命，也要训诫儿子为国家尽忠。赵苞在"孝"与"忠"面前，选择了"忠"。

孝忠结合，孝便从家庭伦理拓展为政治伦理，孝文化也刻上了政治的烙印。统治阶级通过"忠"的价值体现，实现了对人们思想的控制，将整个社会成员从思想上统一起来，维护了封建统治秩序的和谐稳定。

---

① 《大戴礼记·曾子大孝》.

综上所述，在家国同构的封建社会中，孝文化的内涵十分丰富。孝文化不仅是一种家庭伦理，还是一种社会伦理、政治伦理，为封建宗法等级制度作辩护，用以维护社会秩序和封建专制统治。在新时代下，孝文化的内涵也需作相应的转化与调整，凡是与新时代精神相悖的东西都应该予以抛弃与转化，通过这种创造性发展与创新性转化，使孝文化获得一种全新的自我发展空间，重新焕发璀璨光彩。

第三节　孝文化的基本特征

中国文明是世界文明的发源地之一，在历史长河中形成了独具特色的文化形态，而孝文化便是这种文化形态的典型代表。孝文化具有独特的文化魅力与人文价值，体现了中国人对人文伦理的独特思考，具有本土性、基础性、综合性、生命性、双重性等特征。

一、本土性

中国人的孝道有其独特的内涵与功能，是中国人的一套主要的本土心理与行为，也是中国社会的一种主要的本土文化现象。[1]孝文化是我国的本土文化，早在东西方文化交流之初，西方学者就用"异文化的隐喻"来显示东西方文化的巨大差异。美国学者阿瑟·亨德森·史密斯指出："讨论中国人的特征，不能不涉及'孝'。而论述中国的孝是很不容易的事，

---

① 杨国枢，叶光辉，黄丽莉.孝道的社会态度与行为：理论与测量 // 叶光辉，杨国枢.中国人的孝道：心理学的分析［M］.重庆：重庆大学出版社，46-101.

这个词在中国与我们所习惯的任何事物都不相同，以致英语不能对它进行准确的翻译。"①

孝文化是一种本土文化现象，这是西方文化所未有的文化现象。在西方的基督教文化中，神伦关系是大于人伦关系的。上帝是人类"在天上的父"，是人类的创造者、养育者，拥有至高无上的地位，爱上帝要大于爱自己的父母。在上帝面前，人人平等，这种平等也充分体现在亲子关系中，在西方，亲子之间是一种平等、独立、友爱的关系，而非一种私有、从属、尊卑关系。孝文化源于我国的宗法血缘社会，是中华民族特有的文化现象之一，并且经过几千年的教育与传承，孝文化已经渗透到中国人的血液之中，深刻影响着中国人的思想和行为，成为中国人特有的社会心理与行为。因此，研究孝文化也是我们正确认识中国社会结构、理解中国人的社会行为、解释一些社会现象与问题的一个重要切入点。

二、基础性

基础性是指孝文化在我国传统文化中的地位。钱穆先生认为中国文化是"孝的文化"②。黑格尔指出："中国纯粹建立在这一道德的结合上，国家的特征便是客观的家庭孝敬。"③肖群忠认为："孝是中国文化向人际与社会历史横向延伸的根据和出发点，因此成为中国文化逻辑之网的纽结和核心。"④孝文化在中国传统文化中的基础性地位由此可见。

中国传统文化历史悠久，博大精深，早在先秦时期，就已出现百家争鸣的繁荣盛景。进入汉代，儒家在诸子百家中脱颖而出，成为传统文化的

---

① ［美］阿瑟·亨德森·史密斯.中国人的性格［M］.吴湘州，王清淮，译.延吉：延边大学出版社，1991：124.

② 钱穆.中国文化导论［M］.北京：中国青年出版社，1989：59.

③ 黑格尔.历史哲学［M］.上海：上海人民出版社，1990：232.

④ 肖群忠.孝与中国文化［M］.北京：人民出版社，2001：148.

主流与核心。儒学建立了以"仁"为核心的思想体系，"仁"是儒家最高道德规范。"人而不仁，如礼何？人而不仁，如乐何？"[①] 孔子认为，仁是礼乐的内在根源，是人的本性。而作为儒家思想体系核心的"仁"从何而来？子曰："君子务本，本立而道生，孝弟也者，其为仁之本与！"[②] 所以，仁是以"孝"为发端，孝是"仁"的前提。这足以证明孝是儒家文化基本精神的代表，是中国传统文化的核心。

　　孝包含着"亲亲""尊尊""长长"的儒家文化精神，被奉为"诸德之本""百行之首"，它将家庭家族内部的代际关系统摄与规范起来，成为传统伦理道德体系的核心。同时，孝道也被无限延伸与拓展，与社会、国家相联结，成为一个普遍性的道德准则，为封建社会秩序的维护贴上了合理的标签。家是国的基础，国是家的放大与延伸。家的原理是伦理，国的原理是政治，家国一体的逻辑导致了"家族血缘的情理上升为国家政治的法则"[③]。孝文化成为封建社会伦理政治的基础。汉宣帝宣称："导民以孝，则天下顺。"[④] 子曰："其为人也孝弟，而好犯上者，鲜矣；不好犯上，而好作乱者，未之有也。"[⑤] 在家孝顺长辈，服从父母，在社会政治生活中，也必然忠诚于君主，成为一个"温良恭俭让"的顺民，不与人争斗，不惹是非。人们在家庭生活、社会政治生活中，处处做到顺从权威，必然会形成良好安定的社会秩序，从而维护巩固封建统治。由此可见，维持了中国几千年的封建统治秩序和伦理关系都是以孝为基点而建立起来的，孝文化在中国传统文化中的基础性地位毋庸置疑。

---

① 《论语·八佾》.

② 《论语·学而》.

③ 肖群忠. 孝与中国文化 [M]. 北京：人民出版社，2001：171.

④ 《汉书·宣帝纪》.

⑤ 《论语·学而》.

三、综合性

综合性是指孝文化广泛渗透于道德、宗教、教育、法律、民俗等各领域，是一种包含着诸多社会意识形式的精神文化现象。

在道德领域，孝被看作伦理道德之本、行为规范之首。"夫孝，德之本也。""不爱其亲而爱他人者，谓之悖德；不敬其亲而敬他人者，谓之悖礼。"① 孝是最根本的德行，提升个人道德修养应从行孝开始，爱父母是个人德行的起点，如果一个人连自己的父母都不爱，怎么可能去爱他人，更谈不上去报效国家了。从爱父母，推广到爱他人，再进一步推广至爱万物爱万民，最终达到仁德兼善天下的目的。

在宗教领域，胡适指出："外国人说我们中国没有宗教。我们中国是有宗教的，我们的宗教就是儒教，儒教的宗教信仰便是一个孝字。"② 钱穆亦曾指出："儒教的孝道，有其历史上的根据，这根据是在殷商时代即已盛行的崇拜祖先的宗教。上古的祖先教，演变成儒教的孝道；在秦汉以后的两千年，儒教的孝道，又维系了这个古老的宗教。"③

孝何以能代替宗教？谢幼伟先生指出，宗教定义至多，然其要素，不外乎三点："一为对超人或超自然势力之崇拜；二为得救之希望；三为情志的慰勉。任何宗教，均不能缺此三要素。"④ 孝之所以能代替宗教，皆因孝具备了以下三个要素。第一个要素，对超人或超自然势力之崇拜。孝之为义，不仅在敬爱生存之父母，且在敬爱已死之父母与祖宗，祖宗崇拜，遂为孝之必然结果。第二个要素，祭拜祖宗也含有希望得救之意。儒家之于祭礼，一方面是慎终追远为主；另一方面是祈求祖宗之灵，加以福佑。第三个要素，情志的慰勉。家族香火的延续，是个人超越死亡、生命获得永生的途径。

---

① 《孝经·圣治章》.

② 肖群忠. 孝与中国文化 [M].北京：人民出版社，2001：151.

③ 钱穆. 中国文化导论 [M].北京：中国青年出版社，1989：10.

④ 谢幼伟. 孝与中国文化 // 罗义俊主编.理性与生命——当代新儒学文萃 [M].上海：上海书店出版社，1994：502-522.

在教育领域，《孝经》开篇就说道："夫孝，德之本也，教之所由生也。"孝是一切教化产生的根源与起点，《三字经》《百家姓》《千字文》《弟子规》等启蒙教育的教材中都有大量的孝道故事。在大学阶段，儒家经典著作中更含有丰富的孝道思想。《孝经》是必修课程，同时科举考试中明确规定，士子不修习《孝经》，不得参加考试。

在法律领域，孝是古代法律制度的核心。早在先秦时期，孝便被融入立法精神之中，"周公制礼，以'亲亲、尊尊'为礼之大本，作为立法和司法的根本原则。其中的亲亲原则，便是以孝道为核心，教人爱其亲属，尤其是父系尊亲，所谓'亲亲父为大'是也。推而广之，礼敬父兄、追思先祖，普遍为时人所推崇，孝道逐渐上升为礼法的最高原则"①。秦汉时期，孝道俨然已成为法律制度的核心价值和指导思想，察举孝廉的选官制、亲属之间的容隐制、存留养亲制、悼毫免刑的恤刑制无不渗透着孝道思想。到了隋唐时期，法律儒家化基本完成，孝道在法律领域的核心地位得到了进一步巩固，在《唐律》中，引用《孝经》"五刑之属三千，而罪莫大于不孝"的内容，将不孝归为"十恶"之一；在刑罚制度中，大力贯彻矜恤老幼原则；在民事家庭制度中，极力强化父权，并以无子、不顺公婆作为丈夫休妻的法定理由；在国家政策上，大肆褒奖、宣扬孝子贤孙事迹。②此后宋元明清各朝代也都继承了唐律的基本精神，孝道在传统法律中的核心地位更因理学的论证和发展而越加根深蒂固。

四、生命性

生命的过程是有机体不断与周围环境进行物质与能量交换的过程。文化和人类一样，也是具有生命力的活的有机体，不断与周遭环境进行着能量的交换。相对于自然生命而言，文化生命的最根本特点就在

---

① 龙大轩. 孝道：中国传统法律的核心价值［J］. 法学研究，2015（3）：177.
② 同上，2015（3）：176.

于它的自我再生产，通过再生产的方式来维持自己的生命力。文化机体和文化环境间的相互作用是文化生命的起点，"文化生命'自我'创造的抽象性机体通过人类的劳动，向现实性的环境转化，进而又在适应不断被更新的环境过程中实现多样性的统一，显示出一条文化生命进化的轨迹"①。

孝文化作为一种生命的有机体，在漫长的历史长河中，它不断与周遭环境相互作用、相互影响并且持续至今，显示着无与伦比的延续性与强大的生命力。孝最初表达的是对祖先的崇拜，是人们对生命来源以及生命本质追寻的外在表现形式。而后，随着个体家庭的形成，孝转化为对父母的敬养，"善事父母者为孝"，孝成为一个伦理道德概念。后来，因封建统治的需要，封建统治者将孝文化与国家治理结合在一起，推行"孝治天下"，孝便超越了亲子关系的边界，向社会与国家的层面拓展，成为政治伦理，随着封建社会后期封建集权统治的加强，孝逐步走向了极端化，蒙上了愚昧落后的积垢。到了近代，随着西方文化传入我国，孝道的愚昧性、保守性开始受到人们的严厉批评。人们认为孝文化是阻碍中国步入现代化的绊脚石。"文化大革命"时期，孝文化被认为是封建社会的毒瘤，遭到了彻底的否定与批判。改革开放之后，人们才开始重新审视孝文化，积极肯定孝文化的历史价值。进入新时代后，随着国家综合国力的增强，优秀传统文化的传承发展被纳入国家战略高度，孝文化由此获得了新的发展。

回顾孝文化的发展历程，其总是不断地进行着吐故纳新与自我扬弃，形成了自我代谢的机制。尽管它的发展历程曲折波澜，遭遇过批判与否定，但却从来没有真正断裂过，直到今天仍然保持着强大的生命力。它深深地扎根于中华民族的文化土壤中，融入了每个中华儿女的血液中，成为中华民族赖以生存与发展的精神力量，构成了中国人独特的社会心理与行为。特别是随着我国老龄化社会的到来，孝文化又一次彰显出强大的生命

---

① 曹昱，萧玲.文化生命初论——基于"文化机体－文化环境"的相互作用［J］.科学技术哲学研究，2016（4）：108.

力与价值，它所包含的爱老敬老的思想为破解当前社会的养老难题提供了解决思路。

五、双重性

儒家孝文化是封建统治阶级维护封建专制统治的精神工具，因此，当我们以现代性的眼光去审视它时，儒家孝文化便是一个杂糅体，精华与糟粕并存、积极与消极同在。孝生发于人们内心的真实情感，它是一种朴实的感恩之爱，展现了子女对父母深厚的情感，是人间真情的自然流露。父母给予了子女生命，抚育子女成长，当父母年老体衰时，子女要赡养父母，不忘父母养育之恩。在现代社会中，家庭仍是社会的基本单位，孝道作为调节家庭关系的重要伦理，仍然具有存在条件，只要有家庭存在，就要处理亲子之间的关系，需要有一套属于自己的运作机制。当前强调孝道的"亲亲"之爱，有利于增强代际间的交流，促进家庭的和谐幸福。特别是在当前老龄化社会中，传承孝文化对于缓解养老危机显得尤为重要。与此同时，孝文化蕴含着中华民族的仁义、感恩、追求和谐的传统伦理精神，成为每一个中华儿女的道德情感追求，是当前我们获得国家认同感、归属感的重要思想源泉。因此，在现代化背景下，儒家孝文化中蕴含的超越时空的普遍伦理精神，对现代社会仍然具有重要价值。不可否认的是，儒家孝文化中也含有不少封建的糟粕，这些内容与现代社会的精神相违背，应予以剔除。例如，封建统治阶级为了维护专制统治，不断将孝文化加以极端化、愚昧化、神秘化，树立了许多有沽名钓誉之嫌的孝道榜样，甚至对某些孝行加以神化，"卧冰求鲤""孝感动天"，以使老百姓成为"愚民""顺民"。愚孝行为大行其道，孝子们对行孝表现出一种宗教信仰式的狂热，不惜做出自虐、自残等行为来表达自己的孝心，割股疗亲等愚孝行为屡见不鲜。孝道的扭曲与异化使孝道完全背离了家庭伦理，将封建家长暴虐、愚昧、自私、无知的丑态暴露无遗，违背了孝道"亲亲之爱"之本意，不符合现代科学精神，应坚决予以批判。

因此，对待儒家孝文化，我们需要结合新时代精神，秉持客观理性的立场态度，去批判继承，科学定位孝文化的价值与功能，使孝文化能透过历史的尘埃散发出智慧的光芒，获得创造性转化与创新性发展。

第三章

乡村社会：孝文化的孕育空间

　　费孝通先生曾指出："中国人的生活是靠土地，传统的中国文化是土地里长出来的。"① 我国传统社会是一个以乡村为主的社会，全国四分之三的人口生活在乡村，就连城市，都被外国人称为"带有围墙和衙门当局的大乡村"②。传统乡村社会自给自足和封闭保守的生产方式生成了乡村特有的伦理关系和生活样式，形成了孝文化的孕育场。

第一节　乡村社会：一种文化的共同体

　　如果说西方文明是从古希腊的城邦开始，那么中国文明便是从乡村社会开始。梁漱溟先生指出："中国社会以乡村为基础，并以乡村为主体；所有的文化多半是从乡村而来，又为乡村而设——法制、礼俗、工商业等莫不如是。"③ 在传统的中国社会里，广袤的乡村社会伴随着历史的发展，形成了传承数千年之久的传统文化体系，培育了忠孝仁厚的社会心理，成为孝文化的孕育空间。

---

①　费孝通.论文化与文化自觉［M］.北京：群言出版社，2007：14.
②　明恩溥.中国乡村生活［M］.陈午晴，唐军，译.北京：中华书局，2007：1.
③　梁漱溟.乡村建设理论［M］.上海：上海世纪出版集团，2006：10.

一、乡村社会：一个文化的共同体

文化是人类的"思维之花"，是人们在生产实践中的智慧结晶。一百多年来，不同学科领域的学者们都试图对文化的内涵进行阐述，但并未能达成共识，获得一个公认的、令人满意的定义。法国学者维克多·埃尔在《文化概念》一书中宣称："给文化概念确定范围是徒劳的。"① 英国人类学家泰勒最早对文化的概念进行了界定，指出文化或文明是一个复杂的总体，它包括知识、信仰、艺术、伦理道德、法律、风俗以及作为一个社会成员的个人通过学习获得的任何其他能力和习惯。② 美国人类学家 A.L. 克罗伯和 K. 克鲁克洪对已有文化定义进行归纳，整理出 164 种文化的定义后指出："文化存在于思想、情感和其反映的各种业已模式化了的方式当中，通过各种符号可以获得并传播它，文化构成了人类群体各有特色的成就，这些成就包括他们制造物的各种具体形式；文化的基本核心由两部分组成，一是传统（即从历史上得到并选择）的思想，一是与他们有关的价值。"③ 英国人类学家马林诺夫斯基从文化功能的角度指出："文化是包括一套工具及一套风俗——人体的或者心灵的习惯，它们都直接地或间接地满足人类的需要"，具体包括"（一）物质设施；（二）精神方面之文化；（三）语言；（四）社会组织"四个方面。④ 社会学家克利福德·格尔茨从符号学的角度阐述了文化的内涵，他认为，文化是由人类自己编织的意义之网与符号系统，是一种探求社会系统意义的解释科学。人们借助它相互交流，形成社会话语体系，产生同社会系统的互动，并表征社会系统的变迁。⑤ 还有学者将文化看作"行为的传统习惯模式""物质和社会价值观""在学习中所获得的行为"。

---

① 维克多·埃尔. 文化概念［M］. 康新文，晓文，译. 上海：上海人民出版社，1988：8.
② 泰勒. 原始文化［M］. 连树声译. 上海：上海文艺出版社，1992：1.
③ 克莱德·克鲁克洪. 文化与个人［M］. 高佳，何红，何维凌，译. 杭州：浙江人民出版社，1986：5.
④ 马林诺夫斯基. 文化论［M］. 费孝通，译. 北京：中国民间文艺出版社，1987：4-9.
⑤ 克利福德·格尔茨. 文化的解释［M］. 韩莉，译. 南京：译林出版社，2014.

鉴于文化概念的复杂性与丰富性，人们通常将文化定义划分为两个层次：广义文化与狭义文化。广义层面上的文化，是指人类所创造的一切物质的和精神的总和，它包括器物性文化、制度性文化和观念性文化三种形态。器物性文化是指经过人类加工与改造的一切人造物，也就是通常所说的自然物的人化；制度性文化是指人们所制定的一系列的规章制度，如法律、政策、规范、章程等；观念性文化是指人们所形成的观念形态。这三者之间是密切联系的，其中器物性文化中往往包含着特定的制度与观念。狭义层面上的文化是指人类所创造的一切精神财富的总和。1999 年版的《辞海》就从狭义层面对文化概念进行了界定，文化是指精神生产能力和精神产品，包括一切社会意识形态。目前，学者们一般采用的是广义层面上的文化定义。

文化不仅有着广义与狭义的划分，事实上，每一种文化都有着自身的内在结构。人们将文化结构划分为三个层次：文化特质、文化集丛、文化模式。文化特质是构成文化的最小单位，一切社会的文化都是由文化特质组成的，相互联系的文化特质便构成了文化集丛。文化模式是一种更大范围的文化特质与文化集丛的组合，表现为某个民族文化内部各组成部分的构成方式及其稳定特征，它一般显现了文化的特殊属性。美国人类学家本尼迪克特指出，文化的发展是一个不断整合的过程，在历史的发展中，一些文化特质被保留、吸收，逐渐规范化、制度化；一些文化特质被抑制、摒弃，文化通过不断的整合，逐渐形成了一种特定的风格和一种文化模式。本尼迪克特认为每一种文化都有自己的特殊性。

在人类社会发展的历史长河中，文化的内涵不断在演绎，它是人类特有的生存方式，人们将自己的意愿、愿望、力量与智慧作用于周遭世界，使其不断符合人们的需要，成为人们精神的世界，生活于此的人们从而获得了认同感与心灵的归属感。正如梁漱溟所言："文化，就是吾人生活所依靠的一切。"① 有着数千年历史的乡村社会便是由文化网络编织而成的生活共

① 梁漱溟．中国文化要义［M］．上海：上海人民出版社，2011：7．

同体。费孝通先生曾指出，从基层上看去，中国社会是乡土性的。在这里，乡土性所指涉的不仅是以农业为主的一种生产方式，在更深意义上，它代表了由农业生产方式中生成的一种特殊文化形态——乡土文化。我国传统文化便是人们在与"土地打交道"的过程中生成的文化逻辑，是乡土生活的意义与象征体系。

乡村是指与城市相区别、以从事农业生产为主的劳动者聚居地。梁漱溟先生曾指出："乡村是相对于城市的、包括村庄和集镇等各种规模不同的居民点的一个总的社会区域概念。由于它主要是农业生产者农民居住和从事农业生产的地方，所以又通称为农村。"① 虽然人们会把乡村与农村等同起来，但仔细分析，二者之间还是存在着细微差异的，"乡村"一词更倾向于一种文化的概念，内含着浓浓的文化与情感意蕴，是生活在乡村场域内的人们生存状况与生存意义的表达。学者王立胜指出："农村更多的是从物质的、有形的方面来界定，体现它与特定的生产方式和物资设备密切相关的意义，是农村的'形式'，而乡村更多的是从生活方式、价值观念或者思维习惯等文化的无形方面来界定，是农村的'内容'。"②

德国社会学家滕尼斯将乡村社会称为"天然的共同体"，是"一种原始的或者天然状态的人的意志的完善的统一体"，是一种"持久的和真正的共同生活"。"一切亲密的、秘密的、单纯的共同生活……被理解为在共同体里的生活。"滕尼斯认为，共同体是由一群持有共同习俗和价值观念的人组成的一个富有人情味的生活空间。在这里，人们团结在一起，彼此依靠，一起守护着精神的家园。鲍曼指出："共同体是一个'温馨'的地方，一个温暖而又舒适的场所，它就像是一个家，在它的下面，可以遮风避雨；它又像是一个壁炉，在严寒的日子里，靠近它，可以暖和我们的手。"③ 鲍曼认为，共同体是人们心灵的归属，在共同体中，人们不再受到伤害，不再失落与彷徨，受伤的心灵能及时得到抚慰，获得属于家的安全感与归属感。

---

① 梁漱溟. 乡村建设理论［M］. 上海：上海世纪出版集团，2006：70.
② 王立胜. 中国农村现代化社会基础研究［M］. 济南：济南出版社，2018：6-7.
③ 齐格蒙特·鲍曼. 共同体［M］. 欧阳景根，译. 南京：江苏人民出版社，2003：2.

在共同体中，人们组成了一个紧密的联盟，大家共同劳作、和平生活，有亲人相伴，有朋友相陪，人们在一个充满爱意的氛围中，共同占有和享受着美好的东西，共享生活的幸福与美好。

共同体是一个纯粹的社会学范畴，人类早期的实践活动都是在共同体中展开的，它是以血缘、地缘、情感为纽带而形成的生活形态。人类共同体最早是血缘共同体、地缘共同体，而后发展成精神共同体，精神共同体是共同体的最高形式。梁漱溟先生将乡村社会看作一个价值的共同体，一个依靠儒家道德规范维系的生活世界。在乡村共同体中，人们彼此相依、守望相助，共同建构起了精神家园，生成了反映自身生活样态的文化。费孝通先生指出，要明白中国的传统文化，就得到乡下去看看那些大地的儿女们是怎样生活的。文化本来就是人群的生活方式，在什么环境里得到的生活，就会形成什么样的方式，从而决定了这群人的文化的性质。中国人的生活是靠土地，传统的中国文化是土地里长出来的。[①]

乡村社会是一个文化的空间，乡村文化是乡村生活的象征体系，根据广义层面文化的概念，乡村文化通常表现为三种形态，即器物文化、制度文化与观念文化。器物文化是有形的物质形态文化，包括自然村貌、房屋建筑、农家摆设、乡规民约、器物等；制度文化包括村规民约、乡风民俗、民间禁忌等；观念文化是无形的非物质形态的文化，包括社会心理、价值观念、处世态度等内容，无论是哪种形态的文化，都会形成扬·阿斯曼所说的"凝聚性结构"，起到一种连接和联系的作用，具体体现在社会与时间两个层面上。在社会层面上，文化的凝聚性结构把人与人连接在一起，构造起一个"象征意义体系"——一个共同的经验、期待和行为空间，创造了人与人之间的信任并为他们指明了方向。在时间层面上，凝聚性结构同时把昨天和今天连接到一起：它将一些应该被铭刻于心的经验和回忆以一定形式固定下来并使其保持现实意义，使它能够从某个时间段的场景和历史拉进持续向前的"当下"的框架之内，从而生产出希望和回忆。[②]扬·阿斯

---

① 费孝通.论文化与文化自觉［M］.北京：群言出版社，2007：14.

② 扬·阿斯曼.文化记忆［M］.金寿福，黄晓晨，译.北京：北京大学出版社，2015：6.

曼强调，这两个层面支撑着共同的认知和自我价值，基于认知和自我价值所形成的凝聚性结构，连接着乡村社会的过去、现在与未来，使得一代又一代的村民们能够将过去与现在连接起来，将自我与集体连接起来，从而孕育出强烈的集体认同，生成了具有独特意蕴的乡村文化。

二、乡村社会：孝文化的孕育场

乡村社会是一个文化的空间，分布在全国无以计数的乡村，构成了我国传统社会的主体，生成了我国传统文化的底色和品性，是我国传统文化的根。"乡村的生活模式和文化传统从更深层次代表了中国历史的传统"，[①]孝文化便在"农"的土壤中孕育而生，矗立在农耕经济之上的大大小小的乡村社会便是孝文化的孕育场。

在乡村社会中，土地是最基本的生产要素，人们世代与土地打交道，直接向土地讨生活。土地是人们生活的主要来源甚至是唯一来源，是维系他们生存安全的最后屏障，失去了土地，便意味着失去了生活的保障。农民视土地为自己生命中的一部分，形成了难以割舍的土地情怀。土地和土地里生长出的庄稼是无法移动和搬迁的。因此他们较少流动，终老是乡、世代定居是生活的常态，除非遇到天灾或者人祸，实在无法生存，才会背井离乡。但在历史悠久的农耕社会里，这样的大事件总是微乎其微的。

在封闭、不流动的乡村社会中，人们基于血缘与地域关系建立起了人际关系网络，在这里，每个人从出生开始便被置于各种血缘关系中，兄弟姐妹、爷爷奶奶、外公外婆、舅舅、叔叔、姑姑、姨妈以及各种表兄弟姐妹、堂兄弟姐妹，形成了以"己"为中心，以血缘关系的亲疏、地缘关系的远近为顺序的"差序格局"。在"差序格局"中，相对应附着人们的伦理位置与道德角色。费孝通指出："一个差序格局的社会，是由无数私人关

---

① 王先明. 中国近代乡村史研究及其展望［J］. 近代史研究，2002（2）：259-289.

系搭成的网络，这网络的每一个结都附着一种道德要素，因之，传统的道德里不另找出一个笼统性的道德观念来，所有的价值标准也不能超脱于差序的人伦而存在了。"① 梁漱溟亦指出："人一生下来，便有与他相关系之人（父母，兄弟等），人生且将始终在与人相关系中而生活（不能离社会），如此则知，人生实存于各种关系之上。"②

传统乡村社会中的"血缘地缘""差序格局"塑造着乡村社会的内部结构与运行机制，生成了我国传统文化的品质与底色，以"亲亲、尊尊、长长"为内涵的孝文化便在此孕育而生。"孝"是"公认合适的行为规范"，用以维护体现长幼、尊卑、贵贱的等级秩序。人们通过"孝"来处理解决冲突矛盾，维持着乡村社会的生产生活秩序。在伦理本位的乡村社会中，村民们有着各自固定的伦理位置与道德角色，不能随心所欲地去行为做事，必须合乎"孝"的规范和要求，如有"不孝"行为，便可能在乡村无法立足。因为这是一个"熟悉"的社会、没有陌生人的社会，"每个孩子都是在人家眼中看着长大的，在孩子眼里周围的人也是从小就看惯的。"③ 在熟人社会里，村民们抬头不见低头见，彼此熟悉，彼此信任，如果有人违反常礼，做出"不孝"行为，便会受到舆论的压力，遭到周边人的鄙视和谴责，在历史上，家族中的不孝子还会受到宗族族规的惩罚，甚至会被逐出宗族。人们为了顾及自己在乡村的颜面，避免受到谴责惩罚，明白自己应该做什么、不应该做什么，自觉遵守孝道规范伦理，以孝道维系上下长幼的伦理关系，从而构建出一种有序的乡村生活秩序，形成了乡村社会在道德意义上的整合。因此，在传统乡村社会中，人自然会且必须要行孝。孝不必一定是一种美德，而是一种当然的事，也是作为子女的一种义务，或一种应当扮演的家庭角色。

传统乡村社会不仅是孕育孝文化的现实土壤，也是孝文化的传承场。在封闭的不流动的乡村社会，生于斯、长于斯、死于斯是生活的常态，村

---

① 费孝通．乡土中国　生育制度　乡土重建［M］．北京：商务印书馆，2011：38．
② 梁漱溟．中国文化要义［M］．上海：上海人民出版社，2011：78．
③ 费孝通．乡土中国　生育制度　乡土重建［M］．北京：商务印书馆，2011：9．

与村之间较少来往，各自保持着孤立的社会圈子，村民们过着"闭关自守与文明世界隔绝的状态"的生活。在历史上，乡村社会逐渐成为一道难以入侵的文化屏障，尽管也曾遭受到各种政治力量和社会变迁的冲击，却一直未能彻底改变它，封闭的乡村环境保证了孝文化传承的稳定性，使得孝文化能够长期完整地保存与延续，同时乡村社会的熟人关系网络以及礼治秩序也为孝文化的传承提供了庇护。

即使在现代化的浪潮下，乡村社会发生了重大变迁，但并没有完全摧毁孝文化，承载孝文化的载体仍然沉淀在乡村社会，从自然风貌到祠堂宗庙，从传统节日到红白喜事，从乡规民约到民间禁忌，从民间谚语到民间艺术，仍然保留着可贵的孝文化传统。而且与城市相比，乡村社会更具备延续和传承孝文化的条件。在西方话语主导下的城市化建设中，我国的城市已经渐渐失去了传统与特色，相似的建筑与高楼大厦充斥着整个城市的空间，伴随着工业的轰鸣和都市的气息，城市已不再具备保存传统文化的形态，而城市中生活的人更是接受了现代化的价值观念和生活方式，城市与传统已渐行渐远。正是借助乡村社会保留下的孝文化符号和象征仪式，孝文化才得到保护与传承，中华民族才会保有自己的文化特点与文化传统。

第二节　孝文化的大传统与小传统

大传统与小传统是当前学术界盛行的一种文化分析工具，被广泛运用于文化研究中。本节中将借用大小传统的分析工具，阐述孝文化的不同样态。作为大传统的孝文化，是由封建统治阶级、知识精英所持有的文化传统；作为小传统的孝文化，是由乡村社会所持有的文化传统，二者之间相互融合，相互勾连，共同塑造着孝文化的整体样态。

一、大传统与小传统

从来源上来看，大传统与小传统这组范畴是舶来之品，最早是由美国人类学家罗伯特·芮德菲尔德（Robert Redfield）提出的一组二元分析框架，用以揭示在一个文明社会中存在着两种不同层次的文化传统，芮德菲尔德在拉丁美洲的田野调查中发现，农村社会不同于原始社会，农民文化是一种多元复合文化，是"人类文明的一个侧面"。因此，对农民社会的研究需要有一种有别于原始社会的研究方法，应从世界发展史的角度去研究农村文化发展史，而不能孤立地去研究某个区域的农村文化。基于此认识，芮德菲尔德提出了大传统与小传统的概念。他认为在一个复杂社会中总会存在着两种传统，一种是由为数很少的善于思考的智者所创造，另一种是由为数较多但基本上不会思考的人们所创造。芮德菲尔德将前者称为大传统，将后者称为小传统。两者产生的场域不同，大传统是在学堂或庙堂之内培育而来，小传统是从民间无知的群众的生活中自发产生。① 芮德菲尔德将大小传统看作一组对立的范畴，类似"高文化"与"低文化"、"民俗文化"与"通俗文化"。与此同时，芮德菲尔德又指出了二者间的关联性，"这两种传统——大传统和小传统——是相互依赖的：这两者长期以来都是相互影响的，而且今后一直会是如此"。② 芮德菲尔德认为，大小传统间的互补性，对于理解一个文化具有重要意义。

芮德菲尔德提出大、小传统之后，便被学术界广泛采用与使用，成为一种盛行的文化分析工具，我国学者也将其运用于我国传统文化分析研究之中。台湾学者李亦园认为，大小传统的划分在我国自古便有之，他以荀子所言"圣人明知之，士君子安行之，官人以为守，百姓以成俗。其在君子，以为人道也，其在百姓，以为鬼事也"为例，指出古代的祭祀对于上层士大夫来说是一种仪式，甚至是教化、稳定社会关系的手段，而对于普

---

① 罗伯特·芮德菲尔德.农民社会与文化：人类学对文明的一种诠释［M］.王莹，译.北京：中国社会科学出版社，2013：95.

② 同上，2013：90.

通百姓而言只是供奉神灵，祈求平安。在李亦园看来，二者的差别在于作为大传统的士绅文化过于强调语言的表达与形式，趋向于哲理的思维，并且观照于社会秩序伦理关系上面；而作为小传统的民间文化，基本是以日常生活所需的范畴而出发，因此是现实而功利、直接而质朴的。李亦园对小传统给予更多的关切，认为小传统不仅为大传统文化提供许多基本生活素材，而且是当代影响经济发展以及产业现代化的重要因素。但李亦园认为，大传统与小传统之间并非二元对立，它们之间实际上存在着一层共通的文化意念，那就是中国的宇宙观及其基本的运作原则。由于共通的文化准则的存在，所以才能使中国的"大传统"与"小传统"两层文化之间即使有不同的看法，也仍表现出许多相同的行为。① 为了深入阐述二者之间的关系，李亦园提出了"三层次均衡和谐"模型，即自然系统（天）的和谐、有机体系统（人）的和谐、人际关系（社会）的和谐。在李亦园看来，这三个层面的均衡和谐系统将大小传统勾连在了一起。虽然二者在具体的行动路径上是有差异的：前者表现在日常生活中最多，追求的目标都限定在个体的健康及家庭兴盛上面，反映了小传统的功利现实的特性；后者则表达在较抽象的宇宙观以及国家社会的运作上。但二者间的深层文化观念是一致的，即儒家《中庸》里所谈的"致中和"。正是基于共同的文化观念，大小传统不仅能相互勾连，而且大小传统在行动表现上的互相转化也容易达成。一个深植文化底层的理念构建或者对宇宙存在的基本立场，一方面可以是士大夫阶层安身立命的哲学依据；另一方面可以成为普通民众解释生活、待人接物的真理。②

余英时在雷德菲尔德观点的基础上，对大小传统也进行了阐述，他指出，大传统是属于上层知识阶级的，而小传统属于没有受过正式教育的一般人民。这两种传统或文化也隐含着城市与乡村之分。大传统的成长和发展必须靠学校和寺庙，因此集中于城市；小传统是以农民为主体的，基本

---

① 李亦园 . 从民间文化看文化中国 // 李亦园自选集［M］. 上海：上海教育出版社，2002.
② 李亦园 . 人类的视野［M］. 上海：上海文艺出版社，1996：148-172.

上是在农村中传衍的。^①接着，余英时指出，这种二元划分只是一个模糊的大概分类，在我国历史上，大传统与小传统之间的交流似乎更为畅通，二者之间是一种共同成长、互为影响的关系。大传统是从许多小传统中逐渐提炼而来的，后者是前者的源头活水，而大传统最后又必将回到民间。

费孝通先生对李亦园关于中国文化大、小传统的划分给予了肯定，并明确指出："中国的传统文化客观上存在着经典和民间的区别，所以对中国的文化的研究，无论是宏观研究还是微观研究，我们都应当进行文化的层次分析，因为这种文化里存在着经典和民间的区别，的确可以说在研究中国文化时表现得特别清楚也影响得特别深刻。"^②

接着，费孝通通过对乡土文化特征的分析，认为农民的小传统是一个多层次的文化系统，"在小传统里还可以分出'地上'和'地下'两层。……它有已接受了的大传统，而同时保持着原有小传统本身，有些是暴露在'地上'的，有些是隐蔽在'地下'的，甚至有些已打进了潜意识的潜文化。"^③费孝通还借用大小传统这组范畴来解释论证他所提出的"中华民族多元一体"说。他指出："'多元'是指中国有着众多的民族和民间文化小传统，'一体'是说中国又有一个为大家认同的历史文化大传统。复数的小传统反映中国文化多元的现实，但也承认人都有通性和共性，因此可以天下之大道理言之，甚至承认天下有定于一的可能，单数的大传统反映统一的要求，但也意识到五方之民各有个性，因此需要达其志通其欲，修其教不易其俗，齐其政不易其宜。中国文化指的就是这样一个由单数大传统和复数小传统相互依存的体系。"^④

学者陈来在《古代宗教与伦理：儒家思想的根源》一书中对大、小传统进行了深入阐述。首先，他从文明起源的角度来追溯大、小传统的分离，

① 余英时.中国文化的大传统与小传统∥内在超越之路：余英时新儒学论著辑要［M］.北京：中国广播电视出版社，1992：193.

② 费孝通.江村经济——中国农民的生活［M］.北京：商务印书馆，2001：330-340.

③ 同上.

④ 费孝通.与时俱进，继往开来［J］.中国民族，2001（1）：1.

认为在文化的早期进程中，大、小传统的分离是一个特别重要的碑界，因为任何一个复杂文明的特色主要是由其大传统所决定的。陈来认为，大、小传统分离的标志包括阶级的分化、国家权力和统治阶级的形成、权利管理、神职人员的专职化、文字形成。"文明"的定义就是大、小传统分离的标志。

陈来认为，文化的传统特色主要是由大传统决定的，大传统规范、引导整个文化的方向，小传统提供真实的文化素材。大传统的发生固然是从小传统中分离出来的，是后于小传统形成的，而大传统一旦分离出来形成之后，由于知识阶层的创造性活动、经典的形成，使得大传统成为形塑文明传统结构形态的主要动力。大传统为整个文化提供了"规范性"要素，形成了整个文明的价值内核，成为有规约力的取向。① 陈来指出，在传统的传承中，大传统也会发生变异或者发展，但对于经典时代形塑的气质是相对恒定持久的。"中国文化基因的形成，正是主要在大传统分离出来以后逐步形成的。"② 对于小传统的作用，陈来认为，从某一个角度来说，小传统代表的俗民生活可能相当重要，可以使对文明的了解具体化。因此，要理解特定时空的文化实体，需要对大小传统进行综合考察。

综上所述，大小传统作为一种文化分析工具，用来描述在一个复杂社会文明中存在的两种区分明显的文化层次，可以用来分析我国传统文化。一般来说，大传统代表着社会上层、知识精英所奉行的文化传统；小传统则代表着由普通民众所遵循的文化传统，特别是乡村文化。相对于二者间的差异性而言，学者们似乎更强调二者间的互动性与关联性，有意保持这对范畴的相对模糊性和开放性。如芮德菲尔德所指出的，大小传统是相互依赖、相互影响的，而且今后也将继续如此。循着这一线索，本书在大、小传统的文化分析框架中，强调二者间的勾连与融合，我国自古就是以血缘为纽带的宗法社会，作为大传统的儒家思想，是宗法制度在思想意识层

---

① 陈来.古代宗教与伦理——儒家思想的根源［M］.北京：生活·读书·新知三联书店，1996：13.

② 同上.

面上的体现。在封建统治者的教化宣传下，普通大众对儒家文化也是认同的。因此，从本质上来看，儒家文化的大、小传统在本质上并没有显著差别，二者间的差异主要表现在文化的表现形态，交流传播的方法、路径上。人类学家弗里德曼指出："中国文化具有一体化性质，是一个整体，其中高雅与低俗成分相互渗透融合，难以区别，而使用大小传统模式会生硬地把它割裂成两部分。"[①]

二、孝文化的大、小传统

如前所述，儒家文化的大、小传统在本质上并不存在显著差别。因此，本节主要从孝文化的立场、表现形态、传播方式等方面展开对孝文化的大、小传统的阐述。作为大传统的孝文化，是由统治阶级、精英阶层所持有的孝文化；作为小传统的孝文化，是由乡村社会所持有的孝文化，孝文化的大、小传统相互勾连融合，共同呈现出了孝文化的整体样态。

从孝文化的发展历程来看，孝文化起源于小传统。孝文化产生于个体家庭中，最初作为家庭伦理，用来调节家庭生活中亲代与子代的关系。"善事父母"是孝的最初含义，父母含辛茹苦把子女抚养长大，等父母年老体弱时，子女要赡养父母，以报答父母的辛勤抚育之恩。到了汉代以后，孝文化得到了统治阶级的大力推崇，并将它作为治国之策，推行"孝治天下"。孝从家庭伦理发展为政治伦理，孝文化便从小传统进入大传统层面。在漫长的封建社会中，孝文化不断得以巩固、发展、完善，成为封建社会的主流意识形态。此外，孝文化进入大传统之后，封建社会的统治阶级、精英阶层又通过教化、引孝入律、旌表孝门等一套制度化设计，将孝道伦理有效传达给底层民众，这样孝文化又返回到小传统中。

从孝文化持有的立场来看，大、小传统间存在着上层社会秩序与民间

① M.Freedman, On the Sociological Study of Chinese Religion//Arthur Wolf eds., *Religion and Ritual in Chinese Society* [M]. Stanford, 1974.

立场上的差异性。马克思曾指出："统治阶级的思想在每一时代都是占统治地位的思想。""支配着物质生产资料的阶级，同时也支配着精神生产的资料，因此，那些没有精神生产资料的人的思想，一般地也是受统治阶级支配的。"①由统治阶层、精英阶层所持有的孝文化大传统，其根本目的在于教化民众、维护封建统治。正因如此，封建统治者主张移孝作忠，国是放大的家，在家庭中服从于父亲权威，在国家中服从于君主权威。"忠臣以事其君，孝子以事其亲，其本一也。"②黑格尔曾指出："中国人把自己看作是属于他们家庭的，而同时又是国家的儿女。……皇帝犹如严父，为政府的基础，治理国家的一切部门。"③孝文化的大传统旨在在社会上引导一种普遍服从的精神，使底层民众无论是在社会生活中还是在政治生活中，都能心甘情愿地服从权威与统治，在客观上起到了巩固封建统治的作用。因此，在内容上，孝文化的大传统更强调"忠"，儒家学者马融专门撰写了《忠经》，提出天下至德，莫大乎忠。在实践中，忠也是高于孝的，当忠孝难以两全时，往往是牺牲"孝"成全"忠"。

从孝文化的表现形态来看，孝文化的大传统体现的是一种儒家的意识形态，统治阶级将孝文化作为维护国家统治的工具，与孝有关的经书典籍汗牛充栋，甚至还有皇帝亲自著书立言或作注解。孝文化的小传统主要存在于乡村社会，体现在村民们的日常生活之中，诸如衣食住行、婚姻丧葬、风俗礼仪、岁时节日、民间艺术等方面。他们利用孝道加强宗族内部团结，使宗族内部井然有序，由于农民处在社会的底层，受到经济条件、政治地位等因素的限制，他们虽创造了文化，却并不占有文字，"凡有文字，莫非史官典守"，④孝文化小传统没有优雅的言辞表达，也没有富有哲理性的思维，但始终保持着自己的民间立场和感受，真实地呈现出乡村社会生活的面貌和村民们的精神世界，使得孝文化呈现出了地方性文化特色。

---

① 马克思恩格斯选集：第 1 卷［M］.北京：人民出版社，1995：98.

② 《礼记·祭统》.

③ 黑格尔.历史哲学［M］.王造时，译.上海：上海世纪出版集团，2001：122.

④ 《章民遗书·逸篇》.

小传统虽是底层人民所持有的文化，但是它却使大传统生动起来、鲜活起来，是孝文化始终保持生命力的重要源泉，为孝文化的传承发展提供了动力。郑杭生有言："已经形成的大传统也必须回到各种小传统中去，而且由于它源于小传统也能够以不同方式回到小传统中去……使大传统潜移默化地渗透到小传统中去，为小传统所接受、所认可，并在不同程度上影响改变小传统，甚至内化为小传统的核心部分，从而形成和培育社会共同性。可以说，不能有效影响、转化，甚至内化成为小传统的大传统，是软弱无力的。"①

孝文化的大、小传统是相互融合、勾连的，是一个统一的整体。孝文化最初起源于小传统，当进入大传统后，统治者为使其成为社会普遍遵循的伦理道德规范，又使其返回到小传统中。总体而言，一方面，大传统对孝文化的传承发展起到了决定性作用，大传统对小传统不断进行渗透、规范、改造和提升，支配着小传统的发展；另一方面，小传统又是大传统的具体体现，为大传统提供了丰富的素材。在漫长的历史发展过程中，大传统与小传统不断进行着调试、勾连与融合，共同塑造着孝文化的整体样态，推动了孝文化的传承发展，也正是因为孝文化的大、小传统，孝文化才得以在中国历史上源远流长、根深蒂固，并内化为中国人的社会心理与行为。

第三节　隐性的力量：孝文化的价值功能

文化虽无影无形，但却又似乎无处不在，文化一经人创造出来之后，便不断展开着对人的身体的规训与群体身份认同的强化。结构功能主义理论认为，文化是一种意义的结构，为人们提供了一种意义解释框架，亦可

---

① 郑杭生.论社会建设与"软实力"的培育——一种"大传统"和"小传统"的社会学视野[J].社会科学战线，2008（10）：202-209.

称为"意义网络","意义网络"一方面规训着人们的身体；另一方面使人们获得了关于生命意义的诠释与终极关怀，成为人们心灵的栖息地。因此，孝文化作为一种隐性的力量，在乡村社会中发挥着重要的价值功能。

一、养老功能

"善事父母"是孝的原初含义。在生产力水平较为落后的农业社会中，人到暮年，随着身体各项机能的下降、劳动能力的逐渐丧失，难以再从事农业生产，为了保证老人们能够安度晚年，要求子女自觉承担起赡养老人的责任，这是一种家庭代际间的反哺互养方式。费孝通先生曾将这种方式概括为"反馈模式"。"反馈模式"是指甲代抚育乙代，乙代赡养甲代，乙代又抚育丙代，丙代又赡养乙代，并依次类推。[①]"反馈模式"反映了维系代际之间"哺育"与"反育"的一种供养平衡，"养儿防老"也被认为是天经地义之事，蕴含了一种互惠的性质。孝文化设计一方面是为了表达子女对父母的养育之恩的感谢，显现出亲子之间真挚的情感；另一方面是为了实现家庭养老的功能性目的，保障家庭养老的功能实现。在内容上，孝文化对老人的生前供养、生活照料、精神慰藉以及死后的送葬祭奠等方方面面内容都有着具体的规定要求，以此来保证老人生前在家庭中可以体面地生活，死后可以受到子孙后代的敬仰与怀念。因此，养老功能是孝文化最重要的功能。当前，我国已经进入了深度老龄化社会，根据联合国制定的标准，如果一个国家 60 岁以上老年人口占总人口数的 10% 或者 65 岁以上老年人口占人口总数的 7% 以上，那么这个国家就已经属于人口老龄化国家。按照联合国的标准，我国在 1999 年便步入了老龄化社会，当前处于老龄化程度日益加深的阶段。2021 年 5 月 11 日，国家统计局发布了第七次全国人口普查关键数据，全国 60 周岁及以上老年人口占总人口的

---

① 费孝通.家庭结构变动中的老年赡养问题——再论中国家庭结构的变动［J］.北京大学学报（哲学社会科学版），1983（3）：7-16.

18.70%，比上年提高了 0.7 个百分点；全国 65 周岁及以上老年人口占总人口的 13.50%，比上年提高了 0.2 个百分点。2021 年 5 月 11 日，国家统计局发布了第七次全国人口普查关键数据，全国 60 周岁及以上老年人口占总人口的 18.70%，比上年提高了 0.7 个百分点；全国 65 周岁及以上老年人口占总人口的 13.50%，比上年提高了 0.2 个百分点。

从现实层面来看，我国因长期受到城乡二元体制的影响，与城市相比，乡村社会无论是经济发展程度还是社会保障水平，都有着较大的差距。尽管近年来政府也在不断加大对乡村养老服务和养老保障的投入，乡村社会的社会保障体系在不断完善，公共养老资源也有所增加，但农村养老制度的完善仍是一个较为漫长的过程。目前乡村社会保障体系的不完善、养老资源供给的有限性，加上农村劳动力的大量转移，导致广大农村呈现出严重的空巢现象，老人们该如何安享自己的晚年？该如何缓解乡村老人的养老危机？

学者姚远指出："文化依托是保持中国家庭养老功能的重要因素。离开了文化的导向、监控和强化作用，家庭养老就很难维系。"[①] 这也就意味着在当前社会保障制度不健全的现实条件下，孝文化无疑是保证家庭养老能够有效运转的最佳因素。从当前频频被曝光的农村一些虐待老人事件来看，从根本上说并不能完全归诸经济因素，还应从道德文化方面进行反思。笔者在乡村调研时碰到过类似案例，老人有多个子女，子女长大后都住在城里，却没有一个子女愿意承担赡养之责将老人接到城里生活，老人一个人生活在农村，住在破旧的危房里，甚至连老人去世都是邻居发现的。

在人口老龄化程度日益加深的乡村社会，如何保障老人们能够安享晚年？除了持续推进社会保障制度完善之外，还需要我们举起孝文化的大旗，宣传孝道精神，引导人们用善意和爱心去对待老人，使每个乡村家庭都乐于养老、孝老，保障乡村老人能够体面地生活，是缓解当前乡村老人养老危机的一种理性而现实的选择。

---

① 姚远.对中国家庭养老弱化的文化诠释［J］.人口研究，1998（5）：48—50.

二、教化功能

文化虽是由人创造而来，但人在创造文化的同时，同样被文化形塑。"观乎天文，以察时变；观乎人文，以化成天下。"[1]教化是文化的重要功能之一，文化"教化"，能够起到塑造个人、引导社会的作用。孝文化承载着中华民族千百年来历史文化的积淀，蕴含着丰富的人文精神，被看作个人道德提升的起点。《孝经》开篇就指出："夫孝，德之本也，教之所由生也。"孝是道德的起点、一切教化产生的根源，人生最大的恩情就是父母的养育之恩，"哀哀父母，生我劬劳"[2]，父母给予我们生命，不辞辛劳地养育我们，让我们感受到人世间的温暖，对于父母的恩情，何以为报？唯有行孝，孝是人生最大的德行，也是道德的起点。一个人如果连父母都不爱，又如何能实现"泛爱众而亲仁"呢？从这个意义上来讲，孝就是一种元德，一个人只有在家尽心尽力地孝敬自己的父母，才有可能去爱他人、爱社会、爱国家、爱世界万物。儒家通过推己及人的逻辑，以孝为起点，从人的本性出发，培养好的德行，进而理顺更多的社会关系，实现更广泛意义上的爱。因此，孝既是提升个人道德的起点，也是促进社会关系和谐的重要根基。

当前，随着市场化、城镇化进程的快速推进，乡村文化趋于凋敝与衰落，村民的精神世界走向了荒芜，理性功利化成为村民们的思想指南与行动逻辑。金钱至上、功利主义、读书无用论等扭曲的价值观改变了昔日质朴的村民，乡村已不再是心灵的栖息地，在理性构建的世界中，人们的关系开始变得冷漠、紧张，乡村不和谐因素逐渐增多。虽然代际关系的养育和反馈机制依然存在，但代际交换的功利逻辑和现世考量逐步表现出来，虐老、弃老事件不断增加。

文化虽看不见摸不着，却以一种润物细无声的方式影响着人，为人们提供了一套保障生活意义和精神价值的社会秩序。孝文化是乡村伦理文化

---

① 《周易·贲卦·彖传》.
② 《诗经·小雅·蓼莪》.

的核心，蕴含着仁爱精神、责任义务、感恩道义等诸多人文精神，得到了村民们的广泛认同。因此，当前大力弘扬孝文化，充分发挥孝文化的教化功能，不仅对于提升个人品德具有重要的意义，同时对于克服金钱主义、功利主义和利己主义，培育文明的乡风、良好的家风、淳朴的民风也极具价值意义。

三、凝聚功能

文化是群体的纽带，是增强群体凝聚力的重要手段。社会学家布朗曾指出："文化的整体功能就是把个人团结到稳定的社会结构中，即团结到群体的稳定体系中，这种体系决定和规制着个人相互之间的关系，建立对物质环境的外部适应和个人与群体之间的内部适应，从而使有秩序的社会生活成为可能。"[①] 千百年来，孝文化在经年累月的历史长河中，深深扎根于乡村社会的文化土壤中，被村民们普遍认同与接受，形成了一种集体意识与集体志趣，它支配着村民们日常生活中的态度、信念与行动。孝文化既是村民们的精神诉求所在，也是塑造乡村社会认同感、促进乡村社会内部凝聚力的重要手段。

随着改革开放的深入和市场经济的持续推进，乡村的集体化生活逐步退场，村民们开始从土地劳作中解放出来，获得了较多的个人自由。在城市文化的强烈吸引之下，越来越多的村民离开家乡流动到城市去生活，在城市谋求生存与发展的村民，与乡村社会的联系越来越少，村民之间的人情关系也越发疏离，即使他们在乡村还有房产土地，也较少回来，即使春节返回故土也是匆匆地走过场。涂尔干曾描述过："一旦他可以频繁地外出远行……他的视线就会从身边的各种事物中间转移开来。他所关注的生活中心已经不局限在生他养他的地方了，他对他的邻里也失去了兴趣，这些

---

① 拉德克利夫·布朗.社会人类学方法［M］.夏建中，译.北京：华夏出版社，2002：57-58.

人在他的生活中只占了很小的比重。"① 离开了故土的人们不再受到乡村内生规则的约束，开始努力"为自己而活着"，个人利益成为个体的行动逻辑，人们不再去关心他的同胞，不再去关心集体事务，奉行个人利益至上原则，精于算计个人得失，变得越来越独立，越来越自私，村民之间的关系也成为赤裸裸的利益关系，利益替代了血缘关系，成为决定村民之间关系亲疏远近的标准。在传统乡村共同体中，村民们拥有着较高的同质性，享有共同的价值、信仰、伦理规范，受到共同文化的束缚影响，从而内生了一种强烈的集体认同，然而在现代化语境中，曾经那个守望相助、疾病相依、充满人情味的乡村共同体逐渐瓦解，个体的自我认同取代了集体的认同，乡村社会沦为松散的聚落，村民们化为原子化的个体，乡村社会的公共性逐渐消退，凝聚力日渐衰弱。美籍华人学者阎云翔以黑龙江省下岬村为田野调研点，深度考察乡村 50 年来的生活变迁，呈现了个体崛起对乡村价值观体系和道德世界的深刻影响，表达了对中国社会个体化的深度忧虑。所以在当前原子化的乡村社会中，倡导孝文化，发挥孝文化的凝聚功能，增强乡村社会的认同感具有重要的现实意义。

四、治理功能

"任何社会秩序，都是文化秩序。这是因为任何人类共同体，都是一个文化共同体。文化价值，编织了人类的意义世界，支撑了秩序运行的认同。"② 从历史上来看，在"皇权止于县"的传统乡村社会中，孝文化以一种儒家智慧维护着乡村社会的生活秩序，以一种道德交往维系着乡村社会的精神秩序，更以一种约定俗成的非制度性规范促使乡村的人们形成自觉秩序，以实现乡村社会的善治。中华人民共和国成立后，乡村社会先后经历了"泛政治化"的全能治理以及改革开放后"行政吸纳自治"的威权治

---

① 埃米尔·涂尔干. 社会分工论［M］. 渠东，译. 上海：上海三联书店，2000：257.
② 扈海鹏. 乡村社会："秩序"与"文化"的提问［J］. 社会纵横，2009（7）：75–80.

理，代表国家力量的基层政府和自治组织在乡村治理中发挥着主导作用，基层政治和乡村自治组织主要依靠国家的法律法规进行治理，当前乡村社会秩序虽已不再是礼治秩序，但我们仍然要关注、强调的事实是由于风俗习惯和传统文化的黏滞性与延续性，乡村社会仍然有着自己的内部运行规则与逻辑，至今仍影响和制约着人们的行为规范，对维护乡村社会秩序起到了不可忽视的作用。我们同时发现：当前威权治理出现的政社互动失衡表明国家权力的过度干预，造成了乡村社会的自治空间不断萎缩，基层群众自治已被挤压到了一个非常狭小的空间中，无法发挥制度文本上的应然之义，成为当前乡村治理面临的深层次困境。因此，释放乡村社会以道德伦理、情感联结、风俗习惯为主要内容的自治空间是走出当前乡村治理困境的重要路径。如英国文化理论家本尼特指出，文化并不是道德理想主义与浪漫主义知识分子眼中的一种超越性存在，而是一种实用的治理之术，"文化被建构既是治理的对象又是治理的工具：就对象或目标而言，术语指涉着下层社会阶级的道德、礼仪和生活方式，就工具而言，狭义文化（艺术和智性活动的范围）成为对道德、礼仪和行为符码等领域的管理干预和调节的手段。"[①]

　　孝文化经过历朝历代的教育与传承，已被人们普遍认同，成为一种文化传统和心理定式，影响并规范着村民们日常生活中的行为方式，尽管当前孝文化呈现出削弱趋势，但乡村社会中仍然保留着孝文化的符号和象征仪式，传统、惯习仍然被大量保留了下来，孝文化的生命力在村民的日常生活中依然清晰可见。因此，实现乡村善治应深入挖掘孝文化资源，充分发挥孝文化在治理场域中的功能，从而建立起一个有序、和谐的家园，为实现乡村善治提供坚实的内在支撑。

---

　　① 托尼·本尼特. 文化、治理与社会 [M]. 上海：东方出版中心，2016.

第四章

时代困境：乡村现代化进程中孝文化的遭遇与困局

随着现代化进程的推进，乡村社会发生了剧烈变迁。在现代化浪潮的侵袭下，孝文化遭受到了多维度解构，面临着前所未有的危机与挑战。在本章中，笔者将基于乡村现代化的背景考察乡村孝文化的变迁过程，并结合田野调查资料深刻阐述孝文化当前所面临的现实困境。

第一节　乡村社会的现代化进程

吉登斯曾指出："现代性以前所未有的方式，把我们抛离了所有类型的社会秩序的轨道，从而形成了其生活形态。从外延和内涵两方面，现代性卷入的变革比过往绝大多数变迁特性都更加意义深远，在外延方面，它们确立了跨越全球的社会联系方式；在内涵方面，它们正在改变我们日常生活中最熟悉和最带个人色彩的领域。"[①] 自 1840 年鸦片战争之后，我国被迫走上了现代化道路，乡村社会发生了剧烈的整体变迁。考察乡村社会的现代化进程有助于我们更好地把握乡村孝文化的变迁过程，分析现代化语境下乡村孝文化面临的挑战与危机。

---

① 安东尼·吉登斯.现代性的后果［M］.田禾，译.南京：译林出版社，2000.

一、现代化理论概述

从词源上来看，"现代化"一词最早产生于 16 世纪的西方国家，英文翻译为"Modernization"。它是由英语单词"modernize"和"modern"衍生而来的，意思是"to make modern"，即"成为现代的"的意思。根据《韦氏词典》的解释，modern 有两层释义。一是表示性质：现代的，新近的，时髦的；二是表示时间：现代的，指从大约公元 1500 年到当前这段时间。从《韦氏词典》的解释来看：现代化既可以作为一种价值尺度，表明一种区别于传统的精神或者特征，也可以作为一种时间尺度。近代西方史学家将人类文明划分为三大阶段：古代的（ancient）、中世纪的（medieval）、现代的（modern）。现代化可以视为从中世纪结束以来一直延续至今的时间概念，没有明确的下限，可以无限期延长。

对于现代人来说，"现代化"已是日常生活中耳熟能详的词语，但现代化作为一个概念被提出却是在 20 世纪。20 世纪 50 年代，美国经济学家西蒙·库兹涅茨创办了美国社会科学研究会经济增长委员会，并主办了《文化变迁》杂志。1951 年 6 月，该杂志的编辑部在芝加哥举办了一场学术会议，主要讨论贫困、经济发展不平衡等议题。与会的学者们经过充分认同，一致认为使用"现代化"一词来表明农业社会向工业社会的转变是比较合适的。[①] 此后，"现代化"便作为一种术语被广泛运用于各个领域。尽管如此，学术界长期以来对于现代化的概念存在着广泛争议，学者们从不同的学科视角对其进行阐述解读。以罗斯托、阿瑟·刘易斯、霍利斯·钱纳里、西蒙·库兹涅茨为代表的经济学家从经济增长、经济发展的角度来解释现代化的概念与发展过程。罗斯托在《经济成长的阶段》一书中将现代社会划分为五个阶段。"传统社会阶段""为起飞创造前提阶段""起飞阶段""趋向成熟阶段""大众高消费阶段"。罗斯托认为，在所有阶段中，"起飞阶段"是最关键的阶段，意味着工业化和经济发展的开始，完成"起飞阶段"后，

---

① 西里尔·E.布莱克.比较现代化［M］.杨豫，陈祖洲，译.上海：上海译文出版社，1996：2-3.

经济的持续增长会使社会开始向现代社会过渡，这就是现代化的过程。以阿尔蒙德、亨廷顿为代表的政治学家们侧重于从政治结构的分化与理性化角度来描述现代化的特征。阿尔蒙德提出了政治现代化的三条标准：结构的分化、政治体系的能力、文化的世俗化。亨廷顿指出，现代化是权威的理性化、政治功能的专门化以及政治参与的扩大化，国家政治制度的现代化是现代化的最显著特征。以迪尔凯姆、帕森斯、马克斯·韦伯、列维为代表的社会学家们从社会结构变迁的角度来探讨现代化议题。迪尔凯姆认为，现代化的过程就是人类社会由机械团结向有机团结转变的过程。所谓机械团结，是建立在社会成员同质性基础上的社会联系，社会成员在宗教信仰、价值信仰、道德观念、情感反应方面具有高度的一致性，由此而产生出了强大的集体意识；有机团结是建立在社会成员异质性相互依赖基础上的社会联系，主要表现为社会分工的细化、共同意识的淡化以及个体意识的差异化。帕森斯从结构功能主义理论视角指出现代化的过程就是一个社会结构不断分化、社会功能日益专门化、社会适应能力不断增强的过程。他将人类社会的进化过程划分为三个阶段——原始阶段、中间阶段与现代阶段，社会变迁的过程就是从原始阶段过渡到中间阶段再到现代阶段的过程。他提出了"进化共相"概念，用来概括现代化进程中所出现的一些普遍的制度性特征，具体包括：分层结构、政治结构的文化合法性、科层制、市场体制、普遍性法则、民主体制。马克斯·韦伯认为现代化过程是社会各方面不断理性化的过程，理性是指采取分析的态度，按照对象世界的本来面貌去描述、认识与验证。列维在《现代化与社会结构》一书中归纳了现代化社会的8个特征：（1）政治组织、经济组织、教育组织等诸单位的专业化程度高；（2）诸单位是相互依存的，功能是非自足的；（3）伦理具有普遍主义性质；（4）国家权力是集权而不是专制；（5）现代化社会的社会关系是合理主义、普遍主义、功能有限与感情中立；（6）发达的交换媒介与市场；（7）高度发达的科层制组织；（8）家庭结构的小型化以及家庭功能的缩小。

综上所述，西方学者们从不同的学科视角对现代化的概念进行了广泛而深入的探讨，这对于我们理解现代化的概念具有重要的借鉴价值。但总体而言，西方学者总是以西方的价值观与利益立场去阐释现代化理论，将现代化过程片面地理解为西方化的过程，甚至认为西方国家的现代化道路是人类实现现代化的唯一路径。由于西方学者缺乏科学的历史观，从而不能在内在机理中去正确把握现代化的历史本质，因此也无法正确揭示人类现代化的基本规律与未来趋势。

从历史溯源来看，现代化是一种世界性的历史过程，它最早起始于欧洲，而后扩散到全世界，它是人类历史上所经历的一场最为剧烈的变迁过程。它以工业化为推动力，引发了经济、政治、文化、社会诸多领域的变革，在整体的变革中，人类社会彻底告别了传统，建立了一整套全新的"现代"经济、政治、文化和社会心理结构。因此，现代化是一个极具广泛包容性的概念，涉及人类生活的方方面面。美国学者布莱克指出："只有一种无所不包的定义才更适合于描述这个过程的复杂性及其各方面的相互关联。"①1960 年在日本举行的"箱根会议"上，来自各领域的学者针对"现代化"确立了 8 项标准：（1）人口较高程度地向城市集中，整个社会日益以都市为中心组织起来；（2）非生物能源高度利用，商品广泛流通，服务性行业发达；（3）社会成员在广泛空间范围内相互作用，社会成员对经济和政治事务的广泛参与；（4）公社性和世袭性集团的普遍瓦解，个人社会流动性的增加和个人活动领域的日益多样化；（5）伴随个人非宗教地并日益科学地应付环境，普及广泛读写能力；（6）一个不断扩展并充满渗透性的大众传播系统；（7）大规模的制度（如政府、商业和工业等）的存在以及在这些制度中科层管理组织的不断增长；（8）在一个单元（如国家）控制之下的大量人口不断趋向统一，在一些单元（如国际关系）控制之下的日益增长的互相影响。②

现代化概念传入我国是在 20 世纪 80 年代以后，在此之前，我国学界认为现代化是一个极具西方色彩的概念，我国学者还曾对日本"箱根会议"

---

① C. E. 布莱克. 现代化的动力［M］. 段小光，译. 成都：四川人民出版社，1998：11.

② 孙立平. 传统与变迁——国外现代化及中国现代化问题研究［M］. 哈尔滨：黑龙江人民出版社，1992：3.

上提出的"日本现代化"概念进行过批判。直到改革开放之后，现代化概念才被广泛运用到社会科学研究之中。费正清等学者用"现代化"一词替代之前习用的"西化"一词，他在《美国与中国》一书中，用现代化来表示我国传统社会的王朝循环，重新阐述中国的近现代史。我国现代化理论研究的集大成者罗荣渠先生指出，现代化是一个包罗宏富、多层次、多阶段的历史过程。他从广义和狭义两个层面对现代化的概念进行了定义。在广义层面上，现代化是一个世界性的历史过程，是人类社会从工业革命以来所经历的一场急剧变革。这一变革以工业化为推动力，导致了传统的农业社会向现代工业社会的全球性的大转变过程，它使工业主义渗透到经济、政治、文化、思想各个领域，引起了深刻的相应变化；在狭义层面上，现代化是落后国家通过有计划地进行经济技术改造和学习世界先进，带动广泛的社会改革，以迅速赶上先进工业国和适应现代世界环境的发展过程。①

现代化是一个从传统社会向现代社会变迁的历史过程，它是人类历史上里程碑式的变革，涉及经济领域的现代化、政治领域的民主化、社会领域的城镇化以及人的现代化等诸多方面。同时，现代化也是一种世界性的历史过程，它从西欧开始，以工业化和科学技术为主要特征，逐步向全世界扩散。学界通常将世界现代化的进程划分为三个阶段。第一阶段是从18世纪后期到19世纪末，由英国工业革命开始向西方其他国家扩散的工业化进程。在这一时期，英国资产阶级革命、法国大革命导致了传统政治和社会领域发生了结构性变迁，欧洲封建统治被推翻，资本主义社会在欧洲大陆确立。第二阶段是从19世纪下半叶开始到20世纪初，工业化和现代化在欧洲大陆取得了巨大的成功，开始向欧洲大陆以外的地方扩散。俄国、日本也开始通过政治经济领域的改革，走上现代化发展道路。第三阶段是从20世纪下半叶开始至今，这是一次全球性变革的大浪潮。"二战"结束后，在以生物科技、微电子技术、人工合成材料等高新技术为代表的第三次科技革命的刺激之下，一方面引发了传统工业国家的产业结构调整、工

---

① 罗荣渠.现代化新论——世界与中国的现代化进程［M］.北京：商务印书馆，2009：17.

业升级；另一方面获得独立的大批发展中国家纷纷卷入了全球化进程，经济得到了迅速发展，现代化发展水平也在不断提高。

现代化是历史潮流，任何国家、民族都不能逆流前行。无论是发达国家还是发展中国家，都把实现现代化作为发展的主题和目标，从现代化发展路径来看，存在着两种途径。一是内源性现代化。内源性现代化是指现代化的原动力孕育成长于社会的内部，是社会政治、经济、文化等自身力量通过不断积累而产生的内部创新的质变过程，它是一个自发的、自下而上、缓慢变革的过程。二是外源性现代化。外源性现代化是指社会现代化起步较晚，社会内部因素软弱不足，一般是在受到外来因素压迫的情况下被迫走上现代化道路的，它是一个自上而下、急剧变革的过程。一般而言，西方发达国家的现代化属于内源性现代化，现代化原动力是在社会内部孕育成长起来的。发展中国家的现代化属于外源性现代化，市场发育不成熟，现代化的生产力要素主要是从外部移植或引进的。我国的现代化便属于外源性现代化，封建势力异常强大，现代化的原动力无法在社会内部孕育成长，直到 1840 年鸦片战争后，在西方国家的侵略下我国才被迫走上现代化道路。

二、乡村现代化的历史进程

乡村现代化是在我国现代化的大背景下展开的。在史学界，通常把 1840 年的鸦片战争视为我国开启现代化进程的起点。在鸦片战争之前，我国处在漫长的封建社会中，在持续了两千多年的封建社会里，我国的历史呈现出独特的连续性，尽管朝代更迭，但是每个朝代的政治、经济、文化制度几乎都是一脉相承的，其变化也是微乎其微。英国经济学家亚当·斯密在《国富论》中就谈道："中国一向是世界上最富的国家，就是说，土地最肥沃，耕地最精细，人民最多而且最勤勉的国家。然而，许久以来，它似乎就停滞于静止状态了。今日旅行家关于中国耕作、勤劳及人口稠密状况的报告，与五百年前视察该国的马可·波罗的记述比较，几乎没有什么区别。"① 异常强大的封建专制统治，导致现代化因子很难在社会内部孕育成长，中国的现代化之路必然是由强大的外部因素所推动。1840 年鸦片战争爆发，西方列强用坚船利炮轰开了中国的大门，中国从一个闭关锁国的封建王朝沦为一个半殖民地半封建国家，由此开启了一条漫长而崎岖的现代化之路。

回顾我国现代化的历史进程，可划分为四个阶段。第一阶段是现代化的初始阶段。时间是从鸦片战争开始到 20 世纪初，在这一阶段主要依靠封建王朝体制，通过自上而下的改革探索现代化发展之路，提出了"中学为体、西学为用""师夷长技以制夷"的思想主张，先后经历了洋务运动、戊戌变法、立宪运动。在这一时期，封建旧体制并未发生实质性的变化，只是进行了部分经济和军事改革，没有触动深层次的政治体制和思想观念的问题，因此现代化的改革运动纷纷以失败告终。第二阶段是从 1911 年辛亥革命到 1949 年中华人民共和国成立的大约 40 年时间。在这一时期内，结束了两千多年的封建专制统治，建立了适应现代化潮流的共和制度，推动了我国现代化向制度层面的转变。但这一时期也是我国内忧外患不断加深的时期，军阀混战、日本侵华战争、国内战争使我国的现代化举步维艰。第三阶段是从 1949 年中华人民共和国成立开始至 1978 年党的十一届三中全会召开。中华人民共和国的成立标志着我国半殖民地半封建社会的结束，我国开始走上了独立自主的现代化道路。在这一时期，我国现代化建设取得了重大成就，国民经济得到了恢复，初步建立了独立完整的工业经济体系，但后来由于受到"左"倾错误思想的影响，我国现代化进程出现了中断与倒退。第四阶段是从 1978 年党的十一届三中全会召开以后至今。1978 年十一届三中全会召开以后，我国的现代化道路才重新正式步入了正轨。在这一时期，我国的现代化事业进入了一个新的历史时期，随着改革开放的不断深入、社会主义市场经济体制的建立，我国各项事业取得了举世瞩目的成就，成为全球第二大经济体，谱写了中国现代化道路的新篇章。

---

① 亚当·斯密. 国民财富的性质和原因的研究［M］. 郭大力，王亚南，译. 北京：商务印书馆，1972：65.

在现代化的大背景下，我国乡村现代化进程却步履维艰，艰险迭起。鸦片战争之后，随着帝国主义侵略的加深，延续千年的自供自足的小农经济结构遭到破坏，虽然资本主义因素在乡村社会有了增长，商业性农业得到发展，但封建剥削依然存在，而且更与买办商业和高利贷的剥削紧密结合起来，在多重压迫之下，乡村经济破产、农民生活日益贫困。董汝舟指出："（鸦片战争后）时至今日，农村破产，日益剧烈，农民痛苦，日益深刻，各乡村普遍出现了一种杌陧不安的现象。农民莫不纷纷离村，徙居都市。"①

中国的特殊国情决定了乡村社会在我国现代化建设中的重要地位。面对乡村社会的凋敝、农民生活的困苦，一批有识之士提出了乡村现代化的种种主张，漆琪生先生认为我国现代化建设的重心应在乡村，"中国之农村经济，乃是工商各业凭依之所，只有在农村繁荣，农业兴盛，农民富裕的前提下，中国工商各业始有发展兴隆之可能。"② 郑林庄指出："在中国今日所处的局面下，我们不易立刻从一个相传了几千年的农业经济阶段跳入一崭新的工业经济的阶段里去。我们只能从这个落伍的农业社会逐步地步入，而不能一步地跨入那个进步社会里去。……换言之，我认为我们所企望的那个工业经济，应该由现有的整个农业经济蜕化出来，而不能另自产生。因此，我们现在所因急图者，……是怎样在农村里面办起工业化，以作都市工业发生的基础。"③ 以梁漱溟、晏阳初为代表的乡村建设学派更是深入乡村，开展各种乡村建设的实验，试图在乡村社会中找到中国现代化的本土动力。梁漱溟清醒地认为，乡村现代化的关键是农民的现代化，他在乡村兴办乡农学校，以教育的方法，提高农民的文化素养和科学文化知识，他呼吁知识分子到农村去，领导农民开展乡村建设运动。他试图通过对农民的教育与改造，使农民具有现代理性思维，从而使中国从农业国转向工业国，走上现代化道路。晏阳初指出，中国正在经历着社会全面崩溃，要救济中国，必先救济乡村，要建设中国必须先建设乡村，就必须要掀起一场深刻的乡

---

① 董汝舟．中国农民离村问题之检讨［J］．新中华杂志．第 1 卷．1933（9）．

② 漆琪生．中国国民经济建设的重心安在——重工呢？重农呢？［J］．东方杂志，1932（10）．

③ 郑林庄．我们可以走第三条路线［J］．独立评论，1935（137）．

村改造运动。为此，他深入乡村推广平民教育，力图通过教育手段培养富有知识力、生产力、强健力和团结力的农民，以实现"复兴乡村""复兴中国"的目标。

乡村建设运动虽终以失败告终，但爱国知识分子以自己的方式来探寻乡村现代化之路，充分体现了爱国之士对乡村社会的深切关怀，无疑是为黑暗中的中国点亮了一盏明灯。总体而言，帝国主义的侵略和资本主义生产关系的形成虽造成了乡村社会自然经济的分化与解体，但这种影响是非常有限的，并未改变我国乡村小农经济的本质，马若孟与黄宗智关于华北地区农家经济的研究均证实了这点。[①]

1949 年中华人民共和国成立之后，为实现社会主义现代化目标，共产党人首先在乡村开展土地革命。在党的七届三中全会上确立了土地改革的总路线：依靠贫农、雇农，团结中农，中立富农，有步骤、有分别地消灭封建剥削制度，发展农业生产。土地改革完成之后，解放了农村生产力，彻底废除了封建剥削的土地制度，实现了中国农民几千年来梦寐以求的"耕者有其田"的愿望，广大农民从封建土地所有制的束缚中解脱出来，成为独立的商品生产者，一种适应现代化发展要求的民主、自由的社会关系在乡村社会中形成，从而开启了新中国农村现代化的进程。同时，农业生产的恢复和发展，也为国家的工业发展提供了原料、劳动力、资金等条件支持，拉开了中国现代化建设的帷幕。

1946 年开始土地改革之后，农村生产力得到了极大提高，农民生活水平也得到了改善，但是这种一家一户分散经营的农业生产方式无法为国家的工业化发展提供充足的积累，导致个体农业与国家工业化建设之间的矛盾日益突出。基于各种因素考虑，中共中央提出了乡村社会走互助合作道路的方针。通过互助合作的形式，将个体农业生产改造为合作化的集体经营，到 1956 年年底，全国 96.3% 的农户已进入合作社，其中 87.8% 的农户

---

① 马若孟．中国农民经济：河北和山东的农民发展［M］．南京：江苏人民出版社，1999：206-214；黄宗智．华北的小农经济与社会变迁［M］．北京：中华书局，2000：121-122.

迈进高级社①，基本完成了乡村生产资料的社会主义改造。

社会主义改造完成后，乡村社会内部的阶层差别大大缩小，农户之间的关系呈现出了高度的平均主义倾向，同时国家权力也正式嵌入乡村社会活动之中。1958 年在全国范围内建立起了人民公社制度，国家行政权力与乡村社会的组织结合在一起，通过"政社合一"的方式直接控制乡村社会的全部活动。人民公社制度既是生产组织也是基层政权组织，它把村民们吸纳到国家行政体制的管理之中，造成了村民们对人民公社的全面依附，任何人都无法脱离公社而独立生活。互助合作与人民公社制度试图为村民们展示一条全新的通向现代化的道路。但这仅仅是想象中的美好蓝图，最终这条理想中的现代化道路因与现实生产力发展水平相违背，与乡村社会的自身发展逻辑相背离，而以失败告终，乡村现代化进程受到了严重阻碍。

直到 1978 年改革开放之后，乡村的现代化进程才真正拉开帷幕，家庭联产承包责任制的实行使农民获得了土地的使用权和经营权，获得了较多的自由，极大地调动了农民的生产积极性，提高了农民的收入，促进了农村经济社会的发展。国家统计局统计数据显示，粮食产量由 1978 年的 3.05 亿吨增长到 1984 年的 4.07 亿吨，农民的收入水平也提高了 2.69 倍。乡村经济的发展也带动了乡镇企业的发展，拓展了乡村经济发展的空间，优化了乡村产业结构，第二、第三产业迅速发展，吸收了乡村大量剩余劳动力。统计资料显示，1984—1988 年，乡镇企业每年转移 1300 万~1400 万农村劳动力。1988 年乡镇企业总产值在农村社会总产值中占的比重上升到 58.1%。②

进入 20 世纪 90 年代，随着粮食统购统销政策的取消以及社会主义市场经济体制的确立，乡村进入了市场转型期，市场经济逻辑重塑了乡村社会结构与社会关系，乡村社会发生了剧烈的变迁。正如马克思所言："在一切社会形式中都有一种一定的生产决定其他一切生产的地位和影响，因而它的关系也决定其他一切关系的特点。这是一种特殊的以太，它决定着它

---

① 陆益龙. 后乡土中国 [M]. 北京：商务印书馆，2017：20.
② 吴理财. 近一百年来现代化进程中的中国乡村 [J]. 中国农业大学学报，2018（3）：15-22.

里面显露出来的一切存在的比重。"①市场经济中的农民，成为独立的市场主体，乡村社会的流动性与异质性明显增强，乡村社会结构不断分化并呈现出多样化的特质，以血缘为纽带的乡土伦理已失去了约束力，市场伦理和市场逻辑逐步取代了乡土伦理和乡土逻辑，村民们的审美情趣、思维观念与生活方式发生了深刻的改变，传统乡村社会的图景开始逐渐消失。

根据西方现代化经典理论，现代化意味着工业化与城市化。在现代化浪潮下，乡村社会必然处在边缘地位，走向衰落凋敝。德国哲学家斯宾格勒曾描绘："很早很早以前，乡村生产了市镇，用她自己最好的血液养育了它。现在，巨大的城市把乡村吸干了，不知足地、无止境地要求并吞噬新的人流，直到它在几乎无人居住的乡村荒地中变得精疲力竭和死去为止。"②法国社会学家孟德拉斯通过分析法国现代化进程中乡村社会的变迁，提出了"农民的终结"。他预言，随着现代化进程的推进，小农及其生产和生活方式将最终走向终结。受孟德拉斯的启发，我国学者李培林以珠江三角洲城乡接合部的"羊城村"或者"城中村"为调研点，提出了"村落的终结论"。他认为城市的扩张不可避免地带来乡村的消失，当然"村落终结过程中的裂变和新生，也并不是轻松欢快的旅行，它不仅充满利益的摩擦和文化的碰撞，而且伴随着巨变的失落和超越的艰难"。③学者田毅鹏和韩丹认为我国村落终结的形态是多元的：城市边缘地带的村庄被迅速扩张的城市吸纳；远离城市的偏僻村落在过疏化、老龄化背景下而走向"终结"；在政府社会规划工程主导下，通过村落合并形式走向终结的村落。④从我国目前乡村现代化的研究成果来看，"村落终结"似乎成了学界讨论的主流词语，很多学者认为，以工业化、城镇化为主导的现代化必然导致乡村社会的衰落，"村落终结"是乡村社会未来发展的必然趋势，面对现

---

① 马克思，恩格斯.马克思恩格斯选集：第 1 卷 [M].北京：人民出版社，1995：24.

② 奥斯瓦尔德·斯宾格勒.西方的没落 [M].齐世荣，田农，等译.北京：商务印书馆，1995：217.

③ 李培林.巨变：村落的终结——都市里的村庄研究 [J].中国社会科学，2002（1）：168–179.

④ 田毅鹏，韩丹.城市化与"村落终结" [J].吉林大学社会科学学报，2011（2）：13–19.

代化的滚滚浪潮，人们不禁会产生疑问：我国乡村社会的未来该何去何从？是否真的会走向终结？

乡村终结论在一定程度上反映了我国乡村现代化过程中出现的现象与问题，但是这些研究多是以个案研究形式进行描述和探讨，且个案对象多限定在了"城中村"或"都市里的村庄"，如果仅凭个案研究来推测我国乡村社会的未来发展趋势，不免有"以偏概全"之嫌。学者陆益龙引入了实证研究方法①，在对 2012 年"千人百村"调查数据的描述性统计分析的基础上提出未来村庄会持续下去，城市化与乡村发展并行的结论。② 我国乡村数量多，地理分布多样，与发达国家相比，情况较为复杂，在城镇化进程中，部分乡村可能会消失，但并非全部走向终结，特别是一些偏远地区的乡村将大量存在。我国不少乡村分布在偏远的丘陵和山区，这些乡村与城市之间有较大的空间距离，城市发展的辐射影响对乡村发展的拉力较弱。为此，未来我国乡村仍会以多样性的形式存在并发展着，即便部分乡村的行政边界消失，但人们的文化心理是不会很快随之消失的。孟德拉斯所预言的"乡村的终结"是指"小农的终结"，而并非"农业的终结"或"乡村生活的终结""乡村情结的终结"。当前乡村劳动力大量流入城市，但他们中大部分人是无法在城市安家落户的，他们常年漂泊在城市，但家却还是在乡村，在本质上，他们的生活仍是一种"离土不离乡"的状态，乡村依然是他们的家，依然是他们心灵的最终归宿。笔者在乡村调研时发现：很多村民在城市打工赚钱，并没有在城里置业，而是选择回村里盖房子，村里的新房子越来越多，也越来越豪华，这在一定程度上反映出村民的乡土情结依然存在。

因此，未来的乡村社会不会因现代化而消失。相反，乡村现代化作为我国现代化的重要组成部分，是我国能否实现社会主义现代化的关键所在。基于此认识，党的十八大以来，以习近平同志为核心的党中央坚持把乡村

---

① "千人百村"调查是中国人民大学 2012 年启动的大学生社会调查实践项目，项目组织千名大学生以社会实践形式参与一百个村的社会调查研究活动。

② 陆益龙.后乡土中国［M］.北京：商务印书馆，2017：63-65.

现代化作为全党工作的重中之重。习近平总书记强调，没有农业农村的现代化，就没有国家的现代化。在党的十九大报告中，习近平总书记提出了乡村振兴战略，强调要坚持农业农村优先发展，按照产业兴旺、生态宜居、乡风文明、治理有效、生活富裕的总要求，建立健全城乡融合发展体制机制和政策体系，加快推进农业农村现代化。[①]"乡村振兴战略"的提出是我党在新的历史方位下对乡村发展战略的调整与提升，为乡村社会的现代化道路指明了方向。未来乡村不会全部消失，乡村也不从属于城市，它与城市拥有同等的地位，城乡融合、农工互促是中国现代化的主旋律。

第二节　乡村孝文化的现代遭遇

美国社会学家布莱克教授（C. E. Black）在《现代化的动力》一书中提出了"现代化的痛楚"的概念。他认为，急剧的社会现代化会引起社会生活方式、伦理道德、信仰等不适，而且可能将一切精神领域的东西推向市场和商品化，引起深刻的社会危机和精神危机。[②]在现代化浪潮的席卷之下，乡村社会经历了"千年未有之变局"，乡村文化的影响与作用逐渐弱化，逐渐被外来文化消融，作为乡村伦理文化核心的孝文化日渐式微并趋于解体。为深入阐述孝文化的现代遭遇，本节将从三个历史阶段对乡村孝文化的发展过程进行探讨。

[①]　习近平. 决胜全面建成小康社会 夺取新时代中国特色社会主义伟大胜利——在中国共产党第十九次全国代表大会上的报告 [EB/OL].http://www.gov.cn/zhuanti/2017–10/27/content_5234876.htm.

[②]　饶静，叶敬忠，郭静静. 失去乡村的中国教育和失去教育的中国乡村——一个华北山区村落的个案观察 [J]. 中国农业大学学报（社会科学版），2015（2）：18–27.

一、1840—1949 年：社会动荡中的衰落

1840 年鸦片战争之后，随着西方文化强势传入我国，人们开始重新审视儒家文化，以吴虞、鲁迅、陈独秀为代表的进步青年们对孝文化展开了猛烈批判，各种非孝思想的流行也严重影响到人们对待孝文化的态度。同时，在这一时期，为寻求救国图存之路，清政府采取了一系列自救措施，其中科举制度的废除、新学教育的推行对乡村社会产生了重要影响，对乡村孝文化的传承发展起到了显性的阻滞作用。

科举制度是我国封建社会重要的人才选拔制度，它始于隋朝，以儒家学说作为选拔人才、任官授爵的标准。考试范围主要以儒家经典为主，其中孝道伦理是科举考试的重要内容。据史料记载，从唐朝开始，《孝经》便被纳入科举考试内容之中，成为科举考试的必考科目。除《孝经》外，《周易》《尚书》《毛诗》等儒家经典中也有着大量孝道内容。同时，自唐朝开始，考生参加科举考试时还要提供一份关于个人孝行的书面担保，也称为"保洁"。如唐文宗开成三年（838 年），中书们下奏准："今日以后，举人于礼部纳家状后，望依前五人自相保……如有缺孝弟行"；同时还规定"如容情故，自相隐蔽，有人纠举，其同举人并三年不得赴举"。宋朝规定："既集，什伍相保，不许有……不孝、不悌……之徒。"① 科举考试不允许孝行有失者参加，如果"保洁"造假，"三年不得赴举"。为了倡导孝道伦理，科举考试还规定，考生在服丧期间，应在家中尽孝以表达对逝去父母的哀思，不能参加考试。比如，宋代科举规定"缌麻以上丧服"，不得应试。清乾隆二十八年 (1763 年) 规定："匿丧考试，事干不孝，一经发现，则斥革不准考试。"②

科举制对考生们几乎没有出身、阶层、贫富的限制，凡是符合条件的均可以自由报考，最后通过考试成绩来决定取舍。这无疑是给中下层的人

---

① 郭培贵，王榕烽 . 论科举与孝行的普及 [J] . 安徽师范大学学报 (人文社会科学版)，2019 (6)：16.

② 《礼部・学校》卷三百九十 .

们带来了向上流动的机会与希望，尽管机会渺茫，但在阶层固化、社会流动较少的封建社会这是一种最优的机会。"一旦入仕就会带来更大好处、最大利益，不仅获得权力，也获得声望和财富。""它越来越成为社会上的主要上升机会，虽然还有其他途径出人头地，但那些却是异途，后期只有科举才是正途，对于贫寒者还可以说是唯一的上升之阶。"①

对于儒生们来说，考取功名不仅仅意味着个人命运的改变与地位的提升，更重要的意义在于能够光宗耀祖，光耀门楣。《孝经》曰："立身行道，扬名于后世，以显父母，孝之终也。"行孝的路径有很多，最光彩的方式莫过于金榜题名。对于绝大多数的底层儒生们来说，金榜题名是他们人生的最高理想，甚至是毕生追求的终极目标。为了实现人生目标，儒生们熟读儒家经书，将儒家思想烂熟于心，孝道伦理便在潜移默化中内化为他们的性格特征。当儒生们通过科举考试进入国家的权力机构之后，受个性人格的影响，他们又化身为孝道伦理的维护者，从而进一步巩固孝文化在社会中的主流意识形态地位。科举制度巧妙地将政权的世俗性与意识形态的灌输融合在一起，孝文化通过科举制度得以制度化、常规化地传承。

在漫长的封建社会中，由于治理能力有限，国家对乡村社会不实行直接管理，士绅们才是乡村社会的实际管理者、领导者。士绅身份通常是通过科举考试而获得的。士绅们饱读四书五经，是儒家文化的承载者与传播者，他们或通过自己的言传身教或通过传道授业来传播儒家文化，承担着教化乡里的任务。科举制度的废除对于乡村士绅的影响无疑是致命的，他们失去了权力的来源，权力的合法性也随之消失。科举制度废除后，士绅们如同无源之水，因失去了制度支撑日渐衰落，一部分士绅为了寻求生存，不得不逃离乡村，流动到城市；另一部分士绅则与当地的土豪劣绅相勾结，鱼肉乡里，不再充当儒家文化的倡导者和传播者，化身为"营利性经纪人"，孝文化也因失去了重要的传承主体，遭遇到前所未有的危机。

---

① 何怀宏.选举社会及其终结［M］.北京：生活·读书·新知三联书店，1998：139.

科举制度废除之后，新学教育取代了儒家教育。新学教育是按照西方的现代理性逻辑设计的教育，其教育内容是为了适应工业化生产需要而设，以培养工业化生产之人才。1901 年，清政府推行"新政"，兴办新式学堂，并于 1903 年颁布《奏定学堂章程》，在全国范围内推行"癸卯新学制"，其核心思想是"中体西用"，要求每四百家设立学校一所，在全国范围内建立普及化的初等教育体系，设置外语、物理、化学、格致等现代学科，用近代各科知识的学习替代儒家经典的唯一教学。新学教育借助国家的强制力量嵌入乡村社会里，但在实际推行中并未能顺利推广实施。王先明先生在研究山西乡村新学教育时指出："在山西社会，以农为本，旧式的农业生产，少数的手工工业，手胼足胝，终岁勤劳。……一般农民生活，真是简单苦恼极了。以这样贫乏而生活简单之农村社会，而欲完全模仿资本主义社会下之资产化、营业化、闲暇化、机械化的教育，真是削足适履，而不能切合实际社会经济条件。"[①]新学教育内容的城市化、现代化取向，严重脱离了乡村社会的生活，经过新学教育的培养，掌握了适应工业化生产需求的专业知识和技能的乡村知识分子，纷纷离乡进城谋求发展，"教育的整个目的就是使他和他的生活环境格格不入，就是使他不断地疏远这种环境……他自己祖祖辈辈所创造的文明在他的眼里被看成是愚蠢的，原始的和毫无用途的，他自己所受的教育就是要使他与他的传统文化决裂。"[②]于是，"农村中比较有智力的分子不断地向城市跑，外县的向省会跑，外省的向首都与通商大埠跑。"[③]城乡本有的"相通的自由"变成了由乡到城的单向度的流动，随着乡村精英的大量流失，大量资本也随之流出了乡村，地主们通过租佃关系、商品关系和债务关系将大量财富抽往城市。1929 年，梁漱溟在考察江苏昆山、河北定县及山西太原等地时指出："有能力的人亦不在乡间了，因为乡村内养不住他，他亦不甘心埋没在沙漠一般的乡村，早出来

---

① 王先明. 乡路漫漫——20 世纪之中国乡村（1901—1949）[M].北京：社会科学文献出版社，2017.

② 石中英. 本土知识与教育改革 [J].教育研究，2001（8）：13–18.

③ 潘光旦. 潘光旦文集 [M].北京：光明日报出版社，1999：371.

了。"失去了财富与人才的乡村社会，迅速走向了衰败，孝文化也因失去了重要的传承主体而走向衰落。王尔敏指出："儒学衰，不在于圣人不出、硕学鸿儒之稀见，而在于村里师儒早已绝迹于天壤之间。村夫子绝迹，乃真正儒学命尽运绝之时。"①

二、1949—1978 年：政治狂热中的变异

中华人民共和国成立之后，国家权力下沉到乡村，建立起了一套自上而下的基层行政建制，契入人们的日常生活之中。在中华人民共和国成立初期，出于政治现实的考量，我党提出大力推进无产阶级文化建设的方针，通过改造包括孝文化在内的传统文化，以确立无产阶级文化的绝对统治地位。在这一时期，党和国家领导人提出"批判继承"的文化政策。1956 年，周恩来在《中国共产党第八次全国代表大会关于政治报告的决议》中提出："对于封建主义和资本主义的思想，必须继续进行批判，但是，对于我国过去的和外国的一切有益的文化知识，必须加以继承和吸收。"但是在实际工作中"批判继承"的文化方针并没有得到真正的落实，人们通常以阶级性作为衡量传统文化优劣的唯一标准，孝文化往往被作为封建时代的旧思想而予以否定，导致孝文化的批判继承出现了偏差。特别是在"文化大革命"期间，孝文化在"破四旧，立四新"的政治运动中成了被改造与批判的对象，处在批判旋涡的中心。《论语》《孝经》《三字经》《弟子规》等儒家经典作为封建"四旧"被焚烧。祠堂、族谱以及丧葬祭祀仪式作为乡村孝文化的重要载体，承载与展现着孝道伦理规范，也遭遇到了毁灭性的打击。烧香磕头祭拜等传统习俗以及清明等传统节日被视为封建迷信或含有封建毒素的旧文化遭到禁止。

在狂热的政治运动下，乡村社会的人际关系不再是由血缘、地缘决定，

---

① 王尔敏 . 近代文化生态及其变迁［M］. 上海：百花洲文艺出版社，2002：59–60.

而是由政治因素决定。在革命的狂热激情下，阶级斗争消解了骨肉亲情，革命的大家庭取代了个体的小家庭。在"亲不亲，阶级分"等口号的号召下，骨肉亲情被无情撕裂。一些年轻人为了自己的政治前途，不惜与父母划清界限，带头揭发、批斗父母，甚至父母被迫害身亡，子女也会上前去踢几脚。这场运动无论是在思想层面还是在行为层面都使孝道受到了严重的破坏，父母权威荡然无存。正如费正清所言："中国传统的祖先威严、家庭凝聚力和孝悌观念等长期以来一直在被侵蚀，共产党的'解放'深化了这一进程。……作为对旧的家庭制度的象征性的致命打击，孩子们因公开指责父母而受到称赞，这样就引人注目地否定了古老的孝悌为重点的最高美德。广泛的家庭关系被斥之为封建的……新政权试图取代中国庞大的家庭体系，作为人们主要忠诚的凝聚点，很像工业化—城市化的社会那样，将核心家庭作为典范。"[1] 在这场持续 10 年的文化劫难中，孝文化遭受到了前所未有的破坏，千百年来一直被人们维护与推崇的孝文化趋于妖魔化。文化的破坏容易，而重建并不容易。即使当前人们对待孝文化的态度已趋于客观理性，但乡村社会频频曝光的虐待、弃老事件可以从某种程度上折射出"文化大革命"带来的"后遗症"。

三、1978 年至今：市场经济中的解构

1978 年党的十一届三中全会召开以后，我党开始了拨乱反正工作，恢复了实事求是的思想路线，对孝文化的态度也趋于客观、理性，人们对孝文化不再持有批判继承的态度，而是抛弃原有阶级斗争的观念，转而继承发展孝文化。1980 年胡耀邦在剧本创作座谈会中指出："我国的古代文

---

① 费正清，赖肖尔. 中国：传统与变革［M］. 陈仲丹，译. 南京：江苏人民出版社，2012：512.

化，有非常宝贵而又值得继承的部分。"①1986 年，党的十二届六中全会通过了《中共中央关于社会主义精神文明建设指导方针的决议》（以下简称《决议》）。在这项《决议》中，我党明确表明了传统文化政策，指出："中华民族是有悠久历史和文化的伟大民族，在人类文明史上长期处于世界的前列。……不但将创造出高度发达的物质文明，而且将创造出以马克思主义为指导的，批判继承历史传统而又充分体现时代精神的，立足本国而又面向世界的，这样一种高度发达的社会主义精神文明。"②

　　但随着社会主义市场经济的确立，乡村文化走向了衰落，孝文化也随之趋向解体。市场经济是中国历史上一次重大的历史深远的抉择，它虽是一种资源配置方式，但是它的影响力却远远超越经济领域，它渗透于乡村社会生活的各个领域，犹如"一只看不见的手"，彻底改变了乡村的社会结构，深刻影响着孝文化的传承路向。马克思指出："现代生产方式依凭对生产力的重要贡献在确立了它的历史地位的同时，也在它已经取得了统治的地方把一切封建的、宗法的和田园诗般的关系都破坏了。"③在市场经济的驱动下，土地不再是村民们维持生计的最主要的手段，乡村也已不再是村民们固守的生活空间，村民们有了较多的自由，在城市的强烈吸引之下，他们突破了城乡之间的屏障，离开了生于斯、长于斯的乡村，去城市里谋生。当年轻人不再依靠父辈和家庭的支持来获取地位和资源时，代际关系便变得松散疏远。村里的留守老人、空巢老人越来越多，他们除了要面对物质生活的匮乏外，在精神生活上也缺乏慰藉与寄托。同时，摆脱传统规范束缚与伦理束缚的村民们迅速成了分散的、独立的个体，呈现出去组织化、原子化的特征，乡村社会熟人关系的交往规则逐步消解，传统道德权威日渐衰落，人们对孝道的评价标准也日益模糊，乡村舆论的监督作用显得力

---

① 中共中央文献研究室编.三中全会以来重要文献选编（上）［M］.北京：中央文献出版社，2011：231.

② 中共中央文献研究室编.十二大以来重要文献选编（下）［M］.北京：中央文献出版社，2011：125.

③ 马克思恩格斯选集：第 1 卷［M］.北京：人民出版社，1995：59.

不从心，无法为人们的社会行为提供价值标准与规范约束。贺雪峰在对京山老人自杀案件的调查中发现：村民们不会因为老年人自杀而谴责他的子女，认为那是别人的家事，他人没有理由干涉别人的家事，甚至村民中还会流传对自杀老人不利的舆论，认为是老人性格过于好强才会选择自杀，全然不顾这个自杀老太太说的是不是事实以及是否在理。老人自杀后，在村里引不起反响，没有涟漪，甚至很多人不去问为什么。①

市场经济以前所未有的速度弥漫于乡村社会的各个角落，它不仅在物质层面，而且在观念和逻辑层面重塑着乡村社会。在逐利的驱动之下，村民们对物质和金钱的欲望快速增长，有些人开始唯利是图，精于算计，用利益的考量来替代浓浓的亲情。老人是否有用、是否有钱甚至成为衡量老人是否有价值的尺码，贫困、患病或者丧失劳动能力的老人往往会遭到有些儿女的嫌弃。即使一些子女心存孝心，面对生活成本、育儿成本的飙升，子女们也不得不在工作与家庭、赡养老人与抚育下一代中作出平衡。孝文化在乡村社会遭遇了前所未有的危机，面临着解构的风险。

第三节　乡村孝文化面临的当代挑战

当前，中国特色社会主义已进入了新时代，在新的历史方位中，习近平总书记高度重视我国优秀传统文化的传承与发展，从国家战略的高度阐述了新时代传承优秀传统文化的重大意义与价值。孝文化是我国传统文化的基础，它所包含的"亲亲""尊尊""长长"是儒家文化精神的代表。在新时代下传承发展孝文化具有重大的现实意义，但在乡村社会的现实图景中，孝文化的传承发展面临着主体离场、家庭结构小型化、观念改变、载体流失带来的重大挑战。

---

① 贺雪峰.乡村社会关键词［M］.济南：山东人民出版社，2010：136.

一、主体的离场

文化是人的主体性的对象化，表征着现实生活中人的生活方式。雷蒙·威廉斯指出："文化不仅仅是智性和想象力的作品，从根本上说文化还是一种整体性的生活方式。"① 村民们是乡村文化的创造者、建设者与拥有者，在长期的生产生活实践中，他们不断去创造并用自己的身体展演着乡村文化，"身体是空间生产的主体，身体在空间中集聚展演，身体在空间中所展现的行为方式、生产方式和生活方式对空间的建构具有决定性的影响。"② 身体不仅仅是主体的肉体的存在，它还附着着由主体的意识和思想所创造的文化，通过身体的展演，人们完成了对世界的感知与体验，生成了社会性的文化构建。

乡土社会是一个封闭的不流动的空间，是一个身体长期在场的地方。人们在"生于斯、长于斯"的地方，一出生便被置于各种血缘关系与伦理关系之中，为了维持好建立在血缘关系上的乡村伦理秩序，村民们建立了以孝道伦理为核心的伦理道德，生成了以父权为中心的父父子子、长幼有序、男尊女卑的伦理道德规范。村民们通过自己的长期在场，不断用身体去展现着孝道伦理规范，孝文化也由此在漫长而悠久的历史发展中始终保持着强盛生命力，经久不衰。现代化语境中的乡村社会已不再是一个封闭的不流动的社会，随着工业化、城市化进程的快速推进，越来越多的村民离开生活的故土，流动到城市生活与工作，他们大部分时间已不在乡村从事农业生产，只有春节时偶尔回乡，乡村社会的常住人口急剧减少，如今许多乡村俨然已成为流动的乡村。据国家统计数据显示：近年来，农民工数量不断增加，2018 年中国农民工总量为 28836 万人，比上年增加 184 万人，增长了 0.6%（见图 4-1），其中，到乡外就业的外出农民工 17266 万人，

---

① 雷蒙·威廉斯. 文化与社会：1780—1950［M］. 高晓玲，译. 沈阳：吉林出版集团有限责任公司，2011：337.

② 谢纳. 空间生产与文化表征——空间理论视域下的文学空间研究［D］. 沈阳：辽宁大学，2008.

比上年增加 81 万人，增长了 0.5%。

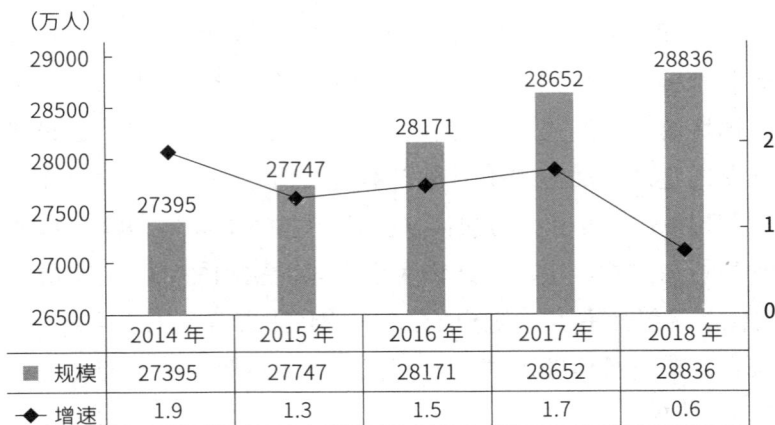

图 4-1　2014—2018 年我国农民工总量比较

村民本应是乡村孝文化的传承主体，然而现实生活中的乡村已留不住他们，特别是留不住有知识、有文化的年轻人，越来越多的年轻人逃离乡村。根据数据显示：新生代农民工的数量逐年增加，2018 年，农民工平均年龄为 39.7 岁，40 岁及以下农民工所占比重为 52.4%；1980 年及以后出生的新生代农民工占全国农民工总量的 51.5%，超过了农民工总数的一半，其中"80 后"占 50.4%，"90 后"占 43.2%，"00 后"占 6.4%。

新生代农民工与传统农民相比，他们出生于 20 世纪 80 年代，他们中的大部分人受过良好的教育，视野开阔，思维敏捷，品德优良。他们本是乡村社会的精英，是孝文化的传承者与实践者。然而，当他们出现群体性的大规模离场时，导致乡村社会原有的血缘伦理秩序被打破，乡村社会的集体记忆被撕裂，孝文化的传承也因缺失了重要的传承主体而受到严重阻滞。

二、观念世界的改变

观念属于精神范畴，是对客观物质世界的主观反映。马克思曾指出："观念的东西不外是移入人的头脑并在人的头脑中改造过的物质的东西而已。"①在马克思看来，人的观念反映了人的生存方式，通过观念世界，人们建立起与周围物质世界的联系，而物质世界一旦映入人的观念世界之中，便成为一个人的世界。在历史的发展中，人的生存方式不是一成不变的，它随着社会实践的发展而变化，因此，人的观念世界也在不断变化着。

当前，现代化以一种不可阻挡之势推动乡村社会发生着由传统到现代的整体性变迁。观念世界作为对物质世界的主观反映，必然也会随之发生相应变化。观念世界的改变是乡村现代化进程中最本质性的变革，深刻影响着乡村社会孝文化传承发展的路向。费孝通指出："中国人的生活是靠土地，传统的中国文化是土地里长出来的。"②土地是村民的安身立命之本，为村民提供了一套关于生命的意义与价值。依靠土地生长起来的孝道伦理也异常稳定强大，每个人都是在祖荫的庇护下长大，并通过自己的努力以延续祖荫，从而为自己的短暂一生赋予永恒的生命意义。③

当前，土地已经不再是村民维持生计的唯一手段，越来越多的村民不再依靠土地谋生，甚至离开土地去城市生活，随着乡村社会的流动性不断增强，依靠土地而建立起来的乡村秩序必然走向解体，形成了一种"事实的秩序"。"事实的秩序"是指"人们已经在一定的时间内赋予了事物一定的物质格局"，④虽然没有被明确，但已成为事实秩序的现实。在"事实的秩序"中，乡村社会由玛格丽特·米德所言的以年长者为主导的前喻文化迅速转向了以年轻人为主导的后喻文化，年长者在乡村文化秩序中迅速被边缘化。老人在家庭生活中的地位迅速下降，不再具有昔日的权威，经济成为乡村生活中的强势话语，成为展现村民生活意义的目标，去道德化的致富观侵蚀着淳朴乡风，俭朴谦良、守望相助、尊老爱幼的传统道德观念逐

---

① 马克思恩格斯文集：第 5 卷［M］.北京：人民出版社，2009：22.
② 费孝通.文化与文化自觉［M］.北京：群言出版社，2010：12.
③ 许烺光.祖荫下［M］.台北：台湾天南书局，2001：7.
④ 童星.现代社会学理论新编［M］.南京：南京大学出版社，2003：233.

步被人们抛弃。年轻人为实现生活的期待、满足个人欲望，毫无顾忌地向父母索取或者对年老体衰的父母有着诸多冒犯，丧失了话语权的老人们被忽视，甚至被抛弃、虐待。

　　贺雪峰将村民的生活价值需求分为本体性价值、社会性价值，本体性价值是村民得以安身立命的基础；社会性价值涉及个人在乡村社会的位置及所获得的他人评价。他认为农民的本体性价值就是传宗接代，而当前传宗接代的本体性价值在乡村社会中虽然仍在，但已被大大削弱，被子女不孝等实用主义的考虑反击后导致村民们的本体性价值出现了危机。本体性价值是社会性价值的前提，村民们有了本体性价值，才会去注重追求荣誉、面子等社会性价值，而当前本体性价值的缺失，导致村民变得更加现实，注重短期利益，注重口腹之欲，行事缺少原则和底线。[①] 学者陈柏峰通过对皖北李圩村家庭关系的经验研究，指出当前年轻人对父辈的剥夺日益严重，家庭关系呈现理性化、功利化特点。仅仅以权利义务、公德的视角去看待当前农村老年人赡养的恶化以及孝道的衰落问题是远远不够的，只有放到农民价值观变迁和价值倒塌的宏观背景下，才能做到正确理解。[②] 由此可见，观念世界的改变导致乡村社会逐渐失去了原有的文化精神内涵，乡村伦理价值体系趋于解体，孝文化也随之日渐衰落。

三、家庭结构的核心化、小型化

　　家庭结构是社会学重要的研究对象。它是指家庭成员的构成及其相互作用、相互影响的状态，以及由这种状态而形成的相对稳定的联系。[③] 在家庭结构中，通常包含着横向与纵向两种关系，横向关系是指同代人之间

---

① 贺雪峰.农民价值观的类型及相互关系——对当前中国农村严重伦理危机的讨论［J］.开放时代，2008（3）：51–58.

② 陈柏峰.农民价值观的变迁对家庭关系的影响——皖北李圩村调查［J］.中国农业大学学报，2007（1）：106–113.

③ 邓伟志，徐榕.家庭社会学导论［M］.上海：上海大学出版社，2006.

的联系，如夫妻、兄弟姐妹；纵向关系是指代际之间的关系，如父子、母子关系。因家庭结构、家庭规模有所差异，学者们对家庭结构进行了划分，目前学界广泛使用的是美国社会学家默多克提出的家庭结构划分法。他将家庭结构划分为核心家庭、主干家庭、联合家庭三种类型。核心家庭是指由夫妻及其未婚子女组成，或者仅由夫妻组成的家庭；主干家庭是指由夫妻与一对已婚子女组成的家庭；联合家庭是指父母与多对已婚子女共同居住生活的家庭。其他家庭是指除上述类型之外的家庭，如单亲家庭、祖孙两代组成的家庭。

在不同的历史发展时期，家庭结构也在不断发生着变化。引起这种变化的主要因素有两个：一是家庭内部因素，包括家庭婚姻和生育状况、家庭自身生命周期以及家庭人口迁移等因素；二是家庭外部因素，社会生产力水平、社会结构的变化以及人口政策的变化等因素都会影响到社会家庭结构的变化。在乡土社会中，由于受生活条件限制，多世同堂是一种常态，子孙们结婚后不分家，仍然居住在父母家庭。在联合家庭结构中，家庭成员们共同生活、共同耕作，也共同承担着家庭养老责任。《唐律疏议》明确规定：禁止"别籍异财"。如果祖父母或父母尚在人世，子孙擅自分家的，应判为十恶不赦的"不孝"重罪。学者言心哲指出："中国农村家庭，大都是大家庭。所谓大家庭制度者，纵的方面，上有祖父母、伯叔祖父母、父母，下有子女侄孙等；横的方面，有兄弟姊妹、堂弟姊妹、妯娌等等。"[①] 在现代乡村社会中，家庭结构发生了显著变化，多是以核心家庭为主。家庭现代化理论代表人物古德认为，家庭结构核心化是现代化工业化社会的理想形式，它能够最大限度地满足个人主义和平等主义的价值观，而这种价值观与工业社会所需价值观是吻合的，因此它们是相互适应的。阿尔温·托夫勒亦认为，在现代社会中，家庭不再需要亲属关系，结构越变越小，富有流动性，越来越适应新的技术领域。[②] 在我国，中华人民共和国成立之后，

---

① 言心哲.农村社会学概论［M］.北京：商务印书馆，1924：331.
② 阿尔温·托夫勒.第三次浪潮［M］.朱志焱，潘琪，译.北京：生活·读书·新知三联书店，1984：79-80.

随着人民生活水平的提高与医疗卫生条件的持续改善，人们的人均预期寿命不断增长、死亡率持续下降，导致人口数量快速增加。为了控制人口增长数量，减轻国民经济和社会发展压力，1980 年，我国实行计划生育政策，要求一对夫妇只能生育一个孩子。独生子女政策结束了乡土社会的大家庭结构模式，家庭结构趋于核心化、小型化。费孝通较早关注我国乡村家庭结构的变迁，他指出，家庭结构的核心化源于乡村社会"分家"的普遍化，在乡村家庭结构中，成年子女结婚后一般会脱离父母家庭，与伴侣生活在一起，从而形成新的核心家庭。如果是多子女家庭，原父母家庭会裂变成多个核心家庭，分家直接导致了乡村核心家庭数量的急剧增加。分家不仅是空间居住关系的变化，也是与父母（或其兄弟姐妹）财产关系的清晰化、相互来往的频率低化的过程。[①]

乡村家庭结构的核心化、小型化，也意味着传统父权家长制失去了存在的基础，家庭关系的主轴由过去的父子关系转向了夫妻关系，夫妻在家庭生活中的权力地位明显上升，在家庭内部资源分配上也是以儿子儿媳及子孙辈的需求优先。老人在家庭中的权力地位明显下降，从主导地位转向了依附地位，王跃生通过调研发现：在当代家庭核心化的时代，亲子分爨之后，亲代所支配的资源范围大大缩小，子代收入是其所不能介入的。而在当代农村青壮年劳动力非农就业成为收入主要来源时，以农为主的老年亲代经济地位进一步下降；加之缺少社会养老保险和医疗保险制度的扶助，子代成为亲代养老的全方位依靠对象，其弱势状况凸显出来。[②] 狄金华等通过田野调查，指出在乡村家庭中许多年老父母依然要为成年儿女提供经济、生活等多方面支持，出现"逆反哺模式"，也有一部分成年子女对父母进行"代际剥削"，一方面不断"挤压"父母的积蓄，另一方面却又拒绝承担赡

① 高邵伟.由农村家庭"分家"过程看农村的家庭结构变迁［J］.剑南文学（经典阅读）.2012（8）：375.

② 王跃生.农村家庭代际关系理论和经验分析——以北方农村为基础［J］.社会科学研究，2010（4）：116-123.

养义务或以一定的条件——父母为自己带小孩为前提才肯赡养老人。[①] 李升等指出在应对农村社会结构变动的过程中，传统的孝文化并未能发挥维系农村家庭养老支持的功能，反而在家庭养老支持中面临被弱化或扭曲的风险，在农村家庭养老的经济支持、看护支持及精神支持的三个层面不同程度地存在"失范"状态。[②] 诚然，乡村家庭结构的核心化、小型化是现代社会发展的必然结果，我们无法避免，更不能强求改变。我们需要做的是在核心家庭占主体的乡村社会中，从文化层面上引导子女们承担起对父母的赡养、照料责任，给予父母更多的尊重与关爱。

四、载体的消失

载体，起初是化工领域的一个技术术语，特指在工业上用作传热媒介的物质，后来被广泛运用到社会科学领域，为众多学科所使用。在《现代汉语词典》中，载体有两种释义：一是指科学技术上某些能传递能量或运载其他物质的物质，例如，工业上用来传递热能的介质，为增加催化剂有效表面，使催化剂附着的浮石、硅胶等都是载体；二是指承载知识或信息的物质形体。[③] 这里的载体便是第二层释义，意指能够承载和传递孝文化内容和信息的形体。文化是看不见、摸不着的，只有借助一定的载体才能被人们认识或感知。通过载体的传递与呈现，文化的深刻意蕴与内涵能够被人们感知、体会、认同。因此，载体在文化传承中实际上起到了中介作用，它能够把抽象的文化具体化、形象化，使其被村民感知。在人的认识活动中，中介是一个必不可少的中间环节，通过中介，认识主体与客体才能达成统一，否则主体与客体都将会无法被理解。

① 狄金华，郑丹丹."恩往下流"：农村养老的伦理转向［J］.中国社会科学报，2016-06-14.
② 李升，方卓.农村社会结构变动下的孝文化失范与家庭养老支持困境探析［J］.社会建设，2018（1）：62-72.
③ 中国社会研究院语言研究所词典编辑室编.现代汉语词典：第3版［M］.北京：商务印书馆，1996：1568.

黑格尔认为"中介"是一个从"绝对理念"过渡到对方的不可少的中间环节，中介是普遍存在的，在一切地方、一切事物、每一概念中都可以找到（中介）。[①]黑格尔将中介的概念运用到认识论中，指出真理是极其复杂的，并不是直接呈现在人的意识之中，而是高度中介化考察的成果。列宁后来在读黑格尔的《逻辑学》时指出："一切都是经过中介连成一体，通过转化而联系的。"[②]

乡村社会是孝文化传承的重要场域，承载着丰富的孝文化载体，既表现为有形的物质载体，也表现为无形的精神载体。物质载体是以物质形态方式存在的形体，比如乡村的房屋建筑、庙宇祠堂、家谱族谱等。物质载体承载着孝文化的内涵，镌刻着乡村孝文化记忆，如传统乡村社会的房屋建筑结构中遵循着"东尊西卑""南尊北卑""上尊下卑""前尊后卑"的礼制秩序，隐喻着尊卑长幼的礼数与爱老敬老的传统；宗族祠堂供奉着祖先的牌位，是奉先思孝的重要场所，承载着家族成员共同的精神寄托；家谱族谱记载着家族的世系繁衍，作为家族的档案，它是家族情感的归依。孝文化物质载体内含着人们的精神诉求，传递着孝文化精神，它以一种文化样态的形式深刻影响着人们的思想与行为，通过物质载体，人们能够真实感受到孝文化的存在，得到心灵的洗礼与精神上的升华。诚如学者张志辉所言：物质载体所描化的不仅限于"形"的本身，它在内涵和外延上都大于"形"，"形"基本上是客观的记录与反映，是物化的、实在的或者硬性的，而形态的"态"是精神的、文化的、软性的、有生命力的和有灵魂的。形态的本质也就是物质的物质性与人的精神性的综合，即主观与客观的统一。[③]

精神载体是以一种精神形态的方式存在的形体。在传统乡村社会中，孝文化通常以一种"隐性秩序"的方式附着于乡村社会的传统礼俗以及村

---

① 黑格尔.逻辑学（上）[M].北京：商务印书馆，1966：110.

② 列宁.哲学笔记[M].中共中央马克思恩格斯列宁斯大林著作编译局，编译.北京：人民出版社，1990：103.

③ 张志辉.设计心理学[M].天津：天津人民美术出版社，2010：58.

民的精神世界之中，可具体表现为一种礼俗传统、一种不成文的规定，或者是一种有约束力的氛围。精神载体积淀着乡村过去的记忆，通过引发人们的情绪与体验，从而构建起乡村社会孝文化的展演空间。精神载体一般渗透性强，在表现形式上也较为生动、直观，容易被村民接受与理解。通过精神载体的呈现与展演，村民与孝文化之间发生着深刻互动，能够体会到孝文化的深刻意蕴，从而自觉规约着自己的言行，践行着孝文化的道德规范要求。

载体承载着孝文化的深刻内涵。通过载体的呈现，村民能够去体会、感知到孝文化的存在，从而逐步发展起一套关于孝道的思想观念、心理意识和行为方式。乡村社会从传统到现代的转型过程中，孝文化的载体也在不断流失。特别是随着当前城镇化进程的快速推进，大量传统村落正在消失。据有关统计显示，仅在 2000 年到 2010 年，全国有接近 90 万个村落消失，平均每天消失 300 个；即使没有消失的乡村，也在积极地进行着改造。消失与改造的不仅仅是物质，而是一种文化，越来越多的传统习俗被人们忽视，甚至被赋予了负面的价值判断，成为落后、愚昧的代名词。传统的民间艺术也因缺少观众和市场而不得不退出了乡村的舞台。当孝文化的载体被磨灭殆尽后，孝文化也将无处依存，伴随而来的是人们孝道精神的断裂，孝文化必然面临着衰退或是灭亡的命运。祠堂、族谱、仪式、节日是在经历历史积淀后逐步形成的被人们普遍认同的具有孝文化特征的符号。借助文化符号，孝文化能够在乡村不同的主体、时空中流动，并不断附着于村民身上，村民将其不断加以内化、传递，使其获得传承，而这些文化符号的破坏不可避免地使乡村孝文化的传承受到阻滞。

第四节 乡村孝文化面临的自身困局

从历史溯源来看，孝文化是小农经济和封建宗法制度的产物，是封建统治者用以维护封建统治的思想基础。在漫长的封建社会中，不断被封建统治者加以极端化、专制化、愚昧化，成为一个优劣并存的杂糅体。在现代化语境中，孝文化所依存的经济基础已解体，宗法制度也已不复存在。孝道伦理的规范要求、繁文缛节似乎也已与追求平等、民主、自由与创新的现代社会格格不入。因此，处在现代化语境中，孝文化自身也面临着认同的困境。

一、亲子关系的不平等性

在传统父权社会中，父系家长在家庭生活中具有绝对的权威性，掌管着家庭的财产以及日常生活中大大小小的事务，对子女的生活有着绝对的支配权。作为子女，从出生开始就被训练着如何扮演好为人子女的角色，子女必须无条件服从、顺从父母的意志，否则会被视为不孝。对于不孝的子女，父母是有权惩罚的，甚至可以将他们逐出家门，《说文》曰："父，矩也，家长率教者，从又举杖。"甚至连子女的婚姻大事也是由父母决定的，遵循着"父母之命，媒妁之言"，这充分体现了父母权力的神圣不可侵犯。我国历史上两大爱情悲剧《梁祝》《孔雀东南飞》，就是描述了青年男女在追求自由爱情婚姻中，由于父母横加干涉，被逼无奈双双殉情的故事。

传统社会中的孝文化过于强调父权的权威，子女不能反抗，没有自由选择的权利，只能选择服从、顺从父母。长此以往，在压抑的家庭生活中，子女的情感受到了压抑，个性受到了严重抑制，从而形成了惧怕权威的懦弱性格，表现为胆小怕事、盲目服从，没有独立人格，没有创新精神与创新意识，不敢质疑、挑战权威。思想的奴化成为看不见的精神枷锁，最终形成了一种奴性人格。

鲁迅在《狂人日记》中用"吃人"二字来形容传统礼教对子女独立人格的剥夺、对人性的扼杀。吴虞指出，孝道扼杀了人的主体意识，阻滞了社会的发展，指出："孝道就是教一般人恭恭顺顺地听他们一干在上的愚弄，不犯上作乱，把中国弄成一个'制造顺民的大工厂'，孝字的大作用，便是如此。"①韦政通先生认为："孔子的'无违'之教，对中国人的人格特质有决定性影响，这影响就是使中国人权威主义人格的倾向特强，个体独特的行为，很少被允许。这种影响一直到现在，仍然存在……孝道，似乎建立在无条件的服从上，不必有理性的基础。这样的孝道对维护家族制度是有功的，却不容易培养出独立自尊的人格。"②

年轻人本应是思想活跃、敢于创新的群体，在父权的压制与孝道伦理的条条框框的约束下，一味顺从、服从于权威，缺少独立思考的精神，形成了依附型人格。显然，这是与现代社会精神相背离的。现代社会是创新型社会，创新被视为一个国家和民族发展的不竭动力，也是当代年轻人应具备的基本素质。创新要求年轻人应具有独立的人格，善于理性思考，敢于质疑传统、挑战权威，敢于摒弃旧事物、旧思想。有学者就指出，当前孝文化的衰落应归结于其压迫型体制本身，长辈将其工具化来控制家庭事务及家庭成员，由此使孩子缺乏理性精神，一旦子女在代际关系中获得资源、权力、地位后就容易变得不孝。③

二、泛孝主义的倾向

孝起初的含义是"善事父母"，它作为一种家庭伦理规范，要求子女对待父母，要做到生前赡养，死后安葬供祭，尽人子之责。后来封建统治者把孝无限拔高与泛化，扩展到除家庭领域以外的社会、国家乃至天下，涵盖了人们的家庭生活、社会生活、政治生活的方方面面。在社会领域，"弟

① 吴虞集 [M].成都：四川人民出版社，1985：173.

② 韦政通.儒家与现代中国 [M].上海：上海人民出版社，1990：144.

③ 聂洪辉，揭新华.农村孝道衰落的根源及对策研究 [J].东南大学学报（哲学社会科学版），2009（6）：47-52.

子入则孝，出则弟。"① "其为人也孝弟，而好犯上者，鲜矣；不好犯上而好作乱者，未之有也。君子务本，本立而道生。孝弟也者，其为仁之本与！"② 人人都行孝悌之道，那么在社会上就不会犯上作乱、危害他人，这个社会就是一个和顺安定的社会。在政治领域，《孝经》云："夫孝，始于事亲，中于事君，终于立身。"③ 封建统治者主张移孝作忠，推行"孝治天下"，在家国一体的社会里，家是国的缩影，国是家的放大，在家孝顺父母，在国忠于君王，孝与忠在逻辑上是相通的，两者都是以顺从、服从权威作为根本价值准则。事亲之道即为事君之道，孝即是忠。"君子之事亲孝，故忠可移于君。"④ "忠臣以事其君，孝子以事其亲，其本一也。"⑤ "是故未有君，而忠臣可知者，孝子之谓也；未有长，而顺下可知者，悌弟之谓也；未有治，而能仕可知者，先修之谓也。故曰：'孝子善事君，悌弟善事长。'君子一孝二悌，可谓知终矣。"⑥ 可见，孝道的伦理属性已完全被政治属性取代，孝文化也逐步被异化。甚至在封建社会后期，孝被泛化成为一种抽象的、具有普遍意义的准则，连断一树、伐一木，不以其时，也被视为不孝之行。

冯天瑜先生等指出："社会组织的'家国同构'以及由此而来的'忠孝同义'，都是宗法遗制遗风流播的征象。"⑦ 泛孝主义只存在于血缘宗法制的封建社会中，封建统治者将以血缘为基础的家庭家族关系向社会伦理关系上无限拓展，导致家庭血缘关系涵盖了一切社会关系。换句话说，一切社会关系都是由家庭血缘关系延伸而来，于是作为家庭伦理的孝自然就被泛化为普遍的社会伦理原则。在现代社会中，血缘宗法制度已被打破，泛孝主义的基础已不复存在，家庭与家庭以外的社会组织之间的

① 《论语·学而》.
② 《论语·学而》.
③ 《孝经·开宗明义章》.
④ 《孝经·广扬名》.
⑤ 《礼记·祭统》.
⑥ 《大戴礼记·曾子立孝》.
⑦ 冯天瑜，何晓明，周积明. 中华文化史［M］. 上海：上海人民出版社，1990：209.

差异越来越大，孝文化已不可能成为我国普遍化的伦理道德规范，孝文化也只能回归到家庭的伦理本位中发挥作用。与此相应的，孝的规范、调节对象也都应相应缩小，孝只能作为调节家庭亲子关系的伦理道德规范而存在。

三、权利义务的不对等

儒家孝道重孝轻慈，在儒家经典著作中，子女对父母的义务占据了大部分篇幅，如《礼记》对子女孝行的规范涉及日常生活中的方方面面，在《内则》篇不惜笔墨，详尽地描述子女应如何侍奉父母，子女要做到"冬温而夏清，昏定而晨省""亲有疾，饮药，子先尝之"等，而对父母的责任却言之少矣，甚至认为"天下无不是的父母，父有不慈而子不可以不孝"[1]。儒家孝道过多要求或强制子女尽孝，而不善于对子女施慈，这是一种单向度的亲子关系。

从孝文化的设计思路来看，父母含辛茹苦地把子女抚育长大，通过强化子女对父母的义务，以作为对父母养育之恩的补偿，孝文化在某种程度上起到了维持代际平衡的作用。学界将亲代与子代间的抚养与赡养关系以及子女长大后与父母之间的资源流动、互助互惠看成代际交换关系。按照代际交换理论，孝文化的运作也应符合"公平"逻辑，才能持久下去。如果子女在成长过程中并没有到感受到父母的慈爱，或者成年子女在行孝中总是作为付出的一方，没有获得预期的回报，很难发自内心地去行孝。在传统社会中，因父系家长掌握着家庭中的全部资源，是社会资源与权力的控制者，亲子之间除了具有抚育与赡养的最基本的交换外，还存在着仪式性、文化资本及象征性的交换，因此，孝道伦理能够持续维持下去。

---

① 《琴堂谕俗编·卷上》.

但是在现代社会中，代际间交换关系的维系力量和存在基础已经发生改变，如资源配置的改变与权利关系的转移、外在权威与规范对孝道约束力的削弱以及个人主义的影响增大，使得代际之间的交换出现了失衡现象，子女会通过付出与回报的理性权衡，来理解和实践自己的孝行，如果父母对子女不好，或者如果父母没有尽到责任，未能符合子女期待，子女会感到失望不公，也就有理由去减少对父母相应的义务。这里的"不公"主要是依靠子女的主观感受来判断，如果亲子之间建立了深厚的感情或者子女认为父母对自己的给予远超过自己的孝行，便会心存感激与愧疚，在行为上增加对父母的孝行。

现代的亲子关系是一种平等性的关系，关系主体双方都存在自己的利益诉求，只有遵循代际间的付出与酬报对等或相衡的关系，孝道才能够长久维持下去。因此，权利义务不对等的传统孝道已无法适应现代社会，现代的孝应是一种双向性的、互益性的孝，亲子双方只有建立互尊、互爱、互重、互敬的关系，孝道伦理才能被认同并传承发展下去。

四、血缘亲情优先于法律

古代社会奉行血缘优先原则，血缘关系是优先于其他一切关系的，甚至优先于夫妻关系。夫妻关系只是一种社会或法律关系，无法与血缘关系相比拟。在古人看来，娶妻的目的就是尽孝，妻子的义务就是事父母、奉祭祀、继后世。倘若妻子没有尽孝，丈夫有权休之，此举还能作为孝行，扬名乡里。《南齐书》中记载：刘瓛妻王氏穿壁挂履，因土落在婆婆孔氏床上，孔氏不悦，刘即出其妻。《后汉书》中记载：孝子姜诗"母好饮江水，水去舍六七里，妻常溯流而汲，后值风，不时得还，母渴，诗责而遣之"。

血缘关系也是凌驾于法律关系之上的，当孝道伦理与法律发生冲突时，一般会采取屈法律以成全孝道的做法。"亲亲相隐""留存养亲"是典型的为孝屈法的制度。如果家人犯罪，法律鼓励他们之间相互隐瞒和包庇，如《唐律》规定：同居大功以上亲属、外祖父母等，有罪皆可相为容隐。① 告发尊亲被列入"十恶"的"不孝"条，要治死罪。《唐律疏议》还规定："诸犯死罪非十恶，而祖父母、父母老疾应侍，家无期亲成丁者，上请。"② 罪犯被判死刑或流刑，但如若家中父母年老无人侍奉，且家中又无其他成年子孙，在这种情况下，可暂缓执行刑罚，令其在家中赡养老人。《明律·名例律》规定："非常赦所不原，而祖父母、父母老无养者，得奏闻取上裁。犯徒流者，余罪得收赎，存留养亲。"③

在古代司法实践中甚至还出现了代父服刑的现象。清雍正五年（1727年），浙江上虞新宅村农民陈某误杀本村孩童，其子陈福德大义报官。官府将陈某缉拿归案，判令斩首示众。陈福德自觉不孝，跪求县令以身代父受刑，县令感其孝心，同意替刑，并将代刑决定上报朝廷，得到批准后释放陈某，将陈福德斩首。④ 宽容复仇也是古代社会法屈于礼的重要体现，血亲报仇不仅在法律上没有被明文完全禁止，反而被赋予了孝道的伦理内核，得到了肯定性的道德评价。据《清史稿》记载，李复新击杀遇赦的父仇贾成伦后，依律当判杀人罪，但县里以为："《礼》言父母之仇不共戴天……赦罪者一时之仁，复仇者千古之义。成伦之罪，可赦于朝廷；复新之仇，难宽于人子。"不仅无罪释放李复新，而且表其门曰"孝烈"。⑤ 在古代社会，复仇之行被赋予了人性色彩，博得了大众与朝廷的同情与赞赏，"杀一罪人，未足弘宪；活一孝子，实广风德。"⑥ 朝廷对复仇行为的纵容、鼓励，也导致了孝子们的行为更加有恃无恐，甚至还株连无辜之人。南齐朱谦之杀父仇后，被世祖赦其死罪，却又被所杀仇人之子恽伺杀，而谦之之兄又刺杀恽。世祖闻之，曰"此皆是义事，不可问"，遂悉皆赦之。⑦ 显然，血缘

---

① 《唐律疏议》.

② 同上.

③ 《明史》（八）卷三十九《刑法志》.

④ 龙大轩.孝道——中国传统法律的核心价值［J］.法学研究，2015（3）：176-193.

⑤ 《清史稿》卷二百八十五《孝义传》.

⑥ 《南齐书》（三）卷五十五《朱谦之传》.

⑦ 同上.

优先原则与现代社会的法律精神是相违背的。现代法律精神要求法律面前人人平等，每个公民都应独立承担自己的法律责任，不允许亲情干扰司法，司法是独立于人情之外的。

第五章

理论重构：乡村现代化进程中孝文化传承的新思维

儒家孝文化产生于生产力低下的小农经济，是血缘宗法社会的观念形态，缺乏现代化因素。因此立足于现代化背景探讨孝文化的传承，最终要着眼于孝文化向现代化创新与转化的现实问题，准确把握它的内涵与本质，科学定位它的功能与价值，重构它的理论体系。其中，马克思、恩格斯等经典著作的文化理论以及中国化的马克思主义文化建设理论是进行儒家孝文化重构的理论基础；新儒学思想为儒家孝文化重构提供了理论借鉴。

第一节　马克思、恩格斯等经典著作的文化理论

儒家孝文化内容庞杂，优劣并存，其理论重构离不开科学理论的指导。马克思、恩格斯等经典著作有着丰富的文化思想，为文化研究提供了科学的历史观和方法论，也为儒家孝文化的理论重构提供了坚实的理论基础。

一、马克思、恩格斯的文化理论

在马克思、恩格斯的经典著作中，虽较少使用"文化"一词，也没有

对"文化"的概念有过明确的界定，但这并不意味着马克思、恩格斯文化思想的缺位。马克思主义理论本身就是在批判继承和借鉴人类全部知识，尤其是 19 世纪德、法思想文化成果的基础上产生的。马克思、恩格斯有着丰富的文化思想，为文化研究提供了科学的历史观和方法论。

马克思站在历史唯物主义的高度，对文化本质进行了科学的解读。在马克思之前，对文化本质的认识存在着两种错误的观点。一是自然主义文化观。自然主义者将文化归结为某种具体的物质形态，认为文化外部所体现出的自然物质结构要素是对文化本质的描述。二是唯心主义文化观。唯心主义者将文化看作一种纯粹的精神产物，是先验于物质世界存在的，是不可被认知的。马克思从实践的角度对文化本质进行了科学的阐述，他首先指出物质资料的生产方式是人类社会生存与发展的前提，"我们首先应当确定一切人类生存的第一个前提，也就是一切历史的第一个前提，这个前提是：人们为了能够'创造历史'，必须能够生活，但是为了生活，首先就需要吃喝住穿以及其他一些东西。因此第一个历史活动就是生产满足这些需要的资料，即生产物质生活本身。"① 在马克思看来，物质资料的生产方式既是"一切人类生存""一切历史"的"第一个前提"，也是人类文化得以产生的前提。"思想、观念、意识的生产最初是直接与人们的物质活动，与人们的物质交往，与现实生活的语言交织在一起的。"② 马克思在《〈政治经济学批判〉序言》中进一步指出："人们在自己生活的社会生产中发生一定的、必然的、不以他们的意志为转移的关系，即同他们的物质生产力的一定发展阶段相适合的生产关系。这些生产关系的总和构成社会的经济结构，即有法律的和政治的上层建筑竖立其上并有一定的社会意识形态与之相适应的现实基础。物质生活的生产方式制约着整个社会生活、政治生活和精神生活的过程。"③ 根据马克思的观点，物质生活方式决定着观念文化的产生和发展。因此，孝文化是人们在物质生产活动实践中所产生的思想结晶，

① 马克思恩格斯选集：第 1 卷［M］.北京：人民出版社，1995：79.
② 同上，1995：72.
③ 马克思恩格斯选集：第 2 卷［M］.北京：人民出版社，1995：32.

其产生源于当时人们的物质生产实践。

马克思认为，作为上层建筑的观念文化并不是一成不变的，而是随着社会实践的发展而不断变化。他指出："人们的观念、观点和概念，总之，人们的意识，随着人们的生活条件、人们的社会关系、人与社会存在而变化。"① 人们实践的不断发生变化的本性决定了文化观念始终处在不断生成的状态中，随着时代与环境的变化而发生改变或者趋向解体。"这些观念、范畴也同它们所表现的关系一样，不是永恒的。它们是历史的、暂时的产物。"② 只有与时俱进，才能展现其魅力与功能。在这里，马克思以物质生产方式为出发点和逻辑的起点，为文化的产生、发展、变化提供了终极性解释。

与此同时，马克思进一步指出，文化作为智慧的结晶，具有明显的阶级属性，马克思认为某一时期社会主流文化主要取决于统治阶级的统治思想与价值观，"任何一个时代的统治思想始终都不过是统治阶级的思想"③，"统治阶级的思想家或多或少有意识地从理论上把它们变成某种独立自在的东西，在统治阶级的个人意识中把它们设想为使命等等；统治阶级为了反对被压迫阶级的个人，把它们提出来作为生活准则，一则是作为对自己统治的粉饰或意识，一则是作为这种统治的道德手段。"④ 马克思认为，统治阶级作为既得利益者，必然要维护自己的利益，而文化是统治阶级维护自身利益、巩固统治地位的重要工具，这也是尽管朝代更迭，孝文化却一直备受封建统治者推崇的根本原因。

文化的发展过程有着自己的独特性，除受"外在事实"的制约外，也有着自身的逻辑发展规律，表现为文化的稳定性、继承性与延续性。马克思指出："人们自己创造自己的历史，但是他们并不是随心所欲地创造，并不是在他们自己选定的条件下创造，而是在直接碰到的、既定的、从过去

---

① 马克思恩格斯选集：第 1 卷［M］.北京：人民出版社，1995：291.
② 同上，1995：142.
③ 同上，1995：292.
④ 马克思恩格斯全集：第 3 卷［M］.北京：人民出版社，1960：492.

承继下来的条件下创造。"① "其中经济的前提和条件归根结底是决定性的。但是政治等的前提和条件，甚至那些萦回于人们头脑中的传统，也起着一定的作用，虽然不是决定性的作用。"② 一般而言，社会文化所反映的社会关系倘若能够适应生产力发展，社会文化便通过对社会关系的维护，起到促进生产力发展的作用，反之，社会文化将阻碍生产力的发展。这就意味着社会文化必然会经历由正当到不正当的过程，其正当性表现为在某一历史时期的社会文化能够起到促进生产力发展、推动社会发展的作用，如果不再发挥作用，观念文化也便丧失了正当性，失去了存在的必要性。但事实上，社会文化现象要远比此复杂得多，社会文化一经形成便具备了稳定性特质。这源于社会文化形成的缓慢性与社会变迁的渐进性，社会文化不同于偶发的意识、观念、想法，它是一种长期积累的社会性存在，被社会大多数人接受与认可。因此，社会文化一旦形成后，与社会物质资料的生产方式的联系就不再那么紧密，有着自身的发展逻辑。即使原有的物质资料的生产方式发生了改变，文化也不会随之消失，相反，有可能会获得继承与发展，其合理的因素成为新的社会关系中文化观念的重要组成部分，在新的历史条件下获得存在的正当性。为此，恩格斯还具体阐述道："现代社会的三个阶级即封建贵族、资产阶级和无产阶级都各有自己的特殊的道德，那么我们由此只能得出这样的结论：人们自觉地或不自觉地，归根到底总是从他们阶级地位所依据的实际关系中——从他们进行生产和交换的经济关系中，获得自己的伦理观念。但是……这三种道德论代表同一历史发展的三个不同阶段，所以有共同的历史背景，正因为这样，就必然有许多共同之处。"③ 当然，消极的文化因素也不会很快消失，甚至有可能会阻碍当前社会的发展，恩格斯指出："传统是一种巨大的阻力，是历史的惰性力。"④ 在新的社会制度下，旧的统治制度下的迂腐的思想文化还会或隐或显地存在，

---

① 马克思恩格斯选集：第 1 卷 [M].北京：人民出版社，1995：585.

② 马克思恩格斯选集：第 4 卷 [M].北京：人民出版社，1995：696.

③ 马克思恩格斯选集：第 3 卷 [M].北京：人民出版社，1995：434.

④ 同上，1995：13.

束缚与影响着人们的思想。

马克思还对中国传统文化进行了探讨，他认为，中国封建文化的基础是"亚细亚生产方式"。在马克思看来，亚细亚生产方式是一种以土地公有、农村公社、专制主义为显著特征的封闭型、超稳定性的人类生产方式，亚细亚生产方式导致了传统中国虽然不断改朝换代，但是社会结构却没有发生根本性的变化。停滞的生产方式对大工业有着极大的排斥作用，"在中国和印度，生产方式的广大基础就是小农业和家庭手工业合为一体……因此就给大工业产品以最顽强的抵抗"[①]。封闭的自然环境使得生活在其中的人们"只关心自己一身一家的私利，对任何外界的风景都无动于衷"[②]。马克思指出，在封闭的社会环境中，中国农民"既是庄稼汉又是工业生产者"，他们过着"闭关自守、与世隔绝的生活"，"他们大部分拥有极有限的从皇帝那里得来的完全私有的土地，每年须缴纳一定的不算过高的税金；这些有利情况，再加上他们特别刻苦耐劳，就能充分供应他们衣食方面的简单需要"[③]。"甚至他们穿的衣服都完全是以前他们祖先所穿过的。这就是说，他们除了必不可少的东西外，不论卖给他们的东西多么便宜，他们一概不需要。"[④]

封闭的环境导致了文化交流的阻碍，"这个幅员广大的帝国，包含着有差不多三分之一的人类，它不管时事怎样变迁，还是处于停滞的状态，它受人藐视而被排斥于世界联系系统之外，因此它就自高自大地以老大天朝至善至美的幻想自欺"[⑤]。"当这种隔绝情形在英国强迫之下而归于消灭时，便必然要发生腐烂，正如保存在紧密封闭的棺材内的木乃伊一样，只要与外界的新鲜空气一接触，便一定要腐烂。"[⑥]马克思指出，东方社会唯有打破封闭状态，破除文化壁垒，才能获得发展。要做到这一点，就必须要借助于现代大工业，迫使古老的亚细亚生产方式逐步瓦解。马克思在《共产

---

① 马克思恩格斯论中国［M］.北京：人民出版社，1963：3-4.
② 同上，1963：11.
③ 马克思恩格斯论中国［M］.北京：人民出版社，1997：107.
④ 同上，1997：105-106.
⑤ 马克思恩格斯论中国［M］.北京：人民出版社，1963：95.
⑥ 同上，1963：43.

党宣言》中明确指出："资产阶级，由于开拓了世界市场，使一切国家的生产和消费都成为世界性的了。使反动派大为惋惜的是，资产阶级挖掉了工业脚下的民族基础……过去那种地方的和民族的自给自足和闭关自守状态，被各民族的各方面的互相往来和各方面的互相依赖所代替了。物质的生产是如此，精神的生产也是如此。……它迫使一切民族——如果它们不想灭亡的话——采用资产阶级的生产方式。"①马克思、恩格斯始终关切人类的生存境遇的理论自觉，将人的全面自由发展作为其文化思想的价值旨归。从这一旨归出发，马克思、恩格斯深刻揭露了资本主义文化的本质，马克思通过分析资本主义私有制，提出了资本主义劳动的异化，认为私有制的存在使人变得愚蠢而片面，"精神空虚的资产者为他自己的资本和利润所奴役，律师为他的僵化的法律观念所奴役……一切'有教养的等级'都为各式各样的地方局限性和片面性所奴役，为他们自己的肉体上和精神上的近视所奴役，为他们的由于受专门教育和终身束缚于这一专门技能本身而造成的畸形发展所奴役"②。因此，资本主义文化与资本主义私有制之间存在着不可调和的矛盾，在此基础上，马克思指出无产阶级才是人类先进文化的代表，无产阶级文化作为"批判的武器"，是一种人民大众的文化，人们能够在扬弃其他社会文化形态时整合和凝聚文化的力量，以实现人"以一种全面的方式，也就是说，作为一个完整的人，占有自己的全面的本质"，"每个成员都能完全自由地发展和发挥他的全部才能和力量"③。

马克思、恩格斯始终对社会文化保持着高度的关切，运用辩证唯物主义与历史唯物主义，对社会文化建设基本问题进行了深入探讨，从哲学层面阐释了文化的本质、内在机理以及发展规律，同时对资本主义文化进行了严厉的批判，从文化发展的角度提出了无产阶级文化才是先进文化的代表，资本主义必然消亡的历史命运。马克思、恩格斯的文化思想为当前我国孝文化的理论重构提供了理论基础，方克立先生曾以"魂体相依"形容

---

① 马克思恩格斯选集：第 1 卷［M］．北京：人民出版社，1995：276.
② 马克思恩格斯全集：第 20 卷［M］．北京：人民出版社，1971：317.
③ 马克思恩格斯选集：第 3 卷［M］．北京：人民出版社，1995：243.

马克思主义与传统文化的"相需关系"。他指出："有着数千年历史传承的中国文化由于引进了当代先进文化马克思主义而激发出了新的生命活力，马克思主义由于得到中国文化丰厚土壤的滋养而结出了新的硕果——中国特色社会主义理论。二者是相需互补、相得益彰的关系。"①

二、列宁的文化建设理论

列宁是无产阶级的伟大导师，在领导俄国的革命与社会主义现代化建设中形成了丰富而独特的文化建设理论。研究列宁的文化建设理论有助于我们深化对马克思、恩格斯文化理论的认识，也为当前孝文化重建提供了重要的理论基础。

十月革命之后，俄国走上了社会主义道路，列宁作为世界上第一位社会主义国家领导人，对如何建设社会主义文化问题进行了深刻的思考。列宁首先指出，马克思主义理论是在合理吸收人类优秀文化的基础上产生的，是指导社会主义文化建设的理论基础。"马克思主义这一革命无产阶级的思想体系赢得了世界历史性的意义，是因为它并没有抛弃资产阶级时代最宝贵的成就，相反却吸收和改造了两千多年来人类思想和文化发展中一切有价值的东西！只有在这个基础上，按照这个方向，在无产阶级专政（这是无产阶级反对一切剥削的最后的斗争）的实际经验的鼓舞下继续进行工作，才能认为是发展真正的无产阶级文化。"②列宁认为，无产阶级文化不是主观臆造而来，而应是在马克思主义理论的正确指导下，结合时代特征，对优秀传统文化的继承与发展。他曾经对"无产阶级文化派"进行过严厉的批判。"无产阶级文化派"是在十月革命以后，布尔什维克党内部出现的一种极端的文化思潮，鼓吹历史虚无主义，全盘否定文化遗产，认为无产阶级

---

① 方克立．"马魂、中体、西用"论的由来、含义及理论意义 // 马魂中体西用——中国文化发展的现实道路［M］．北京：人民出版社，2015：59.

② 列宁专题文集．论社会主义［M］．北京：人民出版社，2009：166-167.

文化只有无产阶级自己才能创造，他们提出要与一切传统文化相决裂，宣称创造一种"纯粹的""没有任何异己杂质"的无产阶级的阶级文化。列宁指出了"无产阶级文化派"脱离现实的错误症结，指出"无产阶级文化派"是"把按照新方式建立起来的工农教育机关看作自己在哲学方面或文化方面进行个人臆造的最方便的场所"，"并且在纯粹的无产阶级意识和无产阶级文化的幌子下，抬出某种超自然的和荒谬的东西"。① 列宁明确指出："应当明确地认识到，只有确切地了解人类全部发展过程所创造的文化，只有对这种文化加以改造，才能建设无产阶级的文化，没有这样的认识，我们就不能完成这项任务。"② "青年的学习、训练和教育应当以旧社会遗留给我们的材料为出发点。"③

列宁运用唯物辩证法，指出传统文化的双重属性，既有属于过去的成分，又有属于未来的成分。"属于本质的、未来的那一部分文化遗产对于新的经济基础具有促进作用，而旧的属于过去的那一部分则对经济基础具有腐蚀瓦解作用。"④ 为此，列宁提出要以一种辩证的态度去看待与继承传统文化，对于传统文化中的积极进步的部分要保留与继承，对于传统文化中的消极落后的部分要予以抛弃与批判，以免影响现实生活中经济社会的发展。列宁指出，优秀的传统文化由于受到时代的局限性，在新时期也面临着转型与发展问题。继承优秀的传统文化，并不是照搬照抄过去的文化或者文化模式，也不能像档案管理员保管故纸堆那样，而是应与时代相适应，不断注入新的内容和形式，通过传统文化的改革与创新适应时代发展要求。

俄国在当时是小农国家，绝大多数人口是农民，他们中多数人连最基本的识字都不会，文化水平较低。因此，列宁认为文化建设是社会主义建

---

① 罗泽荣.论列宁对"无产阶级文化派"的批判及对当代中国的意义［J］.中南大学学报（社会科学版）.2013（4）：114.
② 列宁选集：第4卷［M］.北京：人民出版社，1995：348.
③ 同上.
④ 列宁全集：第39卷［M］.北京：人民出版社，1986：294.

设的一切前提，文化上的落后是导致苏联目前处在"半亚洲式的野蛮状态"的根本原因。列宁认为，要摆脱文化贫困现象，就必须把文化放在经济社会发展的首要位置，特别是要重视农村文化的建设。要加大农村文化建设的财政投入，在农村要普及教育，扫除文盲，保证每个农民都有受教育的机会，通过教育摆脱愚昧状态。同时要加强城乡之间的文化交流，通过文化结盟的形式将无产阶级先进文化传入农村，有组织有计划地开展农村文化教育，使城乡之间建立起友好互助的合作关系。

综上所述，列宁高度重视文化建设，提出将文化建设放在经济社会发展的首要位置。他深入阐述了传统文化的继承与发展问题，提出将传统文化置于社会发展的时代背景下去继承与发展，用无产阶级先进文化对其进行积极改造，汲取传统文化的积极因素，抛弃旧习俗与旧传统。列宁的文化建设理论是对马克思、恩格斯文化理论的进一步丰富和发展，为当前孝文化的重构提供了理论依据。

第二节　中国化马克思主义的文化建设理论

文化兴则国兴，文化强则民族强。在长期的革命、建设和改革过程中，我党五代领导集体高度重视文化建设，坚持以马克思主义理论为指导，将中华民族优秀传统文化、革命文化、社会主义先进文化三者融为一体，形成了中国化马克思主义的文化建设理论。中国化马克思主义的文化建设理论是当前孝文化重构的理论基础。

一、毛泽东文化建设思想

以毛泽东为核心的党的第一代领导集体，创造性地将马克思主义理论与我国文化建设的具体实践相结合，形成了丰富的文化思想。毛泽东文化建设理论是毛泽东思想的重要组成部分，为孝文化的现代重构提供了理论支撑。

毛泽东文化理论形成于新民主主义革命中，在《新民主主义论》一文中，毛泽东对中国文化建设问题提出了诸多思考。他指出，一定的文化（当作观念形态的文化）是一定社会的政治和经济的反映，又给予伟大影响和作用于一定社会的政治和经济；而经济是基础，政治则是经济的集中表现。[①]毛泽东深刻揭示了经济、政治与文化三者间的关系，经济、政治对文化起到了决定性作用，文化是对经济、政治的集中反映。在这里，毛泽东将马克思文化理论中的上层建筑区分为政治与作为观念形态的文化两大部分，并阐述了它们与经济之间的内在关系，进一步深化了马克思的文化理论，突出了文化在社会变革与发展中的重要作用。毛泽东根据新民主主义革命时期的政治与经济提出了新民主主义文化，即新民主主义文化就是由无产阶级领导的、人民大众的、反帝反封建的文化，新民主主义文化理论在新民主主义革命过程中发挥着重要作用，是中国人民争取民族独立和解放的重要思想武器，有力推动了新民主主义革命的历史进程。

毛泽东认为文化是有阶级属性的，他指出："在阶级社会中，每一个人都在一定的阶级地位中生活，各种思想无不打上阶级的烙印。"[②]在毛泽东看来，文化是由人创造的，而人又是现实生活中的人，在阶级社会里，生活在现实生活中的每个人都被打上了阶级的烙印，被打上烙印的人们所进行的文化创造必然是反映一定阶级的利益，并为一定阶级服务的，超越阶级的思想是不存在的。在这里，毛泽东思想与马克思、恩格斯的文化阶级思想是一致的。马克思认为，统治阶级的思想在每一时代都是占统治地位的思想，一个阶级是社会上占统治地位的物质力量，也是社会上占统治地位的精神力量。[③]

① 毛泽东选集：第 1 卷［M］.北京：人民出版社，1991：663–664.

② 同上，1991：283.

③ 马克思恩格斯文集：第 1 卷［M］.北京：人民出版社，2009：550.

在社会主义制度建立初期，毛泽东明确提出："随着经济建设的高潮的到来，不可避免地将要出现一个文化建设的高潮。中国人被人认为不文明的时代已经过去了，我们将以一个具有高度文化的民族出现于世界。"① 在如何建设社会主义文化问题上，毛泽东坚持马克思主义的方法论立场，提出了"百花齐放，百家争鸣""古为今用，洋为中用"的基本方针，解决了中华人民共和国成立后文化建设中的根本性、方向性问题，为我国社会主义文化事业发展提供了指引。

在论述如何对待我国传统文化问题时，毛泽东从历史的逻辑出发，提出了"古为今用"的方针。毛泽东指出："中国的长期封建社会中，创造了灿烂的古代文化……我们必须尊重自己的历史，决不能割断历史。但是这种尊重，是给历史以一定的科学的地位，是尊重历史的辩证法的发展，而不是颂古非今，不是赞扬任何封建毒素。"②"我们相信马克思主义是正确的思想方法，并不是说我们就忽略中国文化遗产及非马克思主义思想的价值。"③

关于"什么是传统文化"问题，毛泽东运用了历史唯物主义的观点回答了文化与政治经济之间的关系，从根本上阐述了儒家文化产生与发展的历史根源与存在依据。毛泽东认为，我国封建社会的地主阶级所有制的经济体制与血缘宗法的伦理关系决定了维护封建统治的儒家文化的产生，"为这种政治和经济之反映的占统治地位的文化，则是封建的文化"④。那么应该如何对待封建传统文化呢？毛泽东始终坚持批判继承的原则，既反对复古主义，也反对历史虚无主义。毛泽东运用马克思主义唯物辩证法，提出了对待封建传统文化应有之态度。他指出，在传统文化中"并不全是封建主义的东西，有人民的东西，有反封建的东西，要把封建主义的东西与非封

---

① 毛泽东文集：第5卷［M］.北京：人民出版社，1996：345.

② 毛泽东选集：第2卷［M］.北京：人民出版社，1991：707-708.

③ 中共中央文献编辑室编.毛泽东年谱：中卷［M］.北京：中央文献出版社；人民出版社，1993：529.

④ 毛泽东选集：第2卷［M］.北京：人民出版社，1991：664.

建主义的东西区别开来。封建主义的东西也不全是坏的，也有它发生、发展和灭亡的时期"。①1944年毛泽东在同斯坦因谈话时指出："继承中国过去的思想和接受外来思想，并不意味着无条件地照搬，而必须根据具体条件加以采用，使之适合中国的实际。"②"对于古人和外国人的毫无批判的硬搬和模仿，乃是最没有出息的、最害人的。"③对于传统文化，"如同我们对于食物一样，必须经过自己的口腔咀嚼和胃肠运动，送进唾液胃液肠液，把它分解为精华和糟粕两部分，然后排泄其糟粕，吸收其精华，才能对我们的身体有益，决不能生吞活剥地毫无批判地吸收"④。毛泽东多次强调传统文化的重要性，他指出："我们这个民族有数千年的历史，有它的特点，有它的许多珍贵品。对于这些，我们还是小学生。今天的中国是历史的中国的一个发展。我们是马克思主义的历史主义者，不应当割断历史。从孔夫子到孙中山都应当给予总结，承继这一份珍贵的遗产，用以帮助指导当前的伟大革命运动。"

毛泽东自幼就接受了传统文化的启蒙教育，积累了深厚的国学基础，他对于传统文化中的经史子集、稗官野史、古诗文学有广泛涉猎。成年后，他更是身体力行，运用马克思主义立场、观点、方法对传统文化中的内容进行了整理与阐释，从而使传统文化得到了创新与发展。实事求是源自班固的《汉书·河间献王传》："刘德'修学好古，实事求是'。"刘德是汉景帝刘启的第三个儿子，一生酷爱藏书，特别喜欢收藏先秦时期的旧书，并且能够用心整理，辨别古典文本的真伪，他的脚踏实地、刻苦钻研的精神让很多读书人对其深为赞叹。班固在编撰《汉书》时专门为他立传，高度评价他务实的学风。后来，毛泽东对"实事求是"作了唯物主义阐述，赋予了实事求是新内涵，指出"实事"是客观存在的一切事物；"是"作为客观事物的内部联系，即规律性；"求"就是我们去研究。毛泽东将人的认识

①　吴宜，温宪祝.毛泽东读书与写作［M］.北京：中共中央党校出版社，1993：87.
②　毛泽东文集：第1卷［M］.北京：人民出版社，1996：192.
③　毛泽东选集：第2卷［M］.北京：人民出版社，1991：708.
④　毛泽东.文艺论集［M］.北京：中央文献出版社，2002：41.

过程划分为两个阶段：第一个阶段是认识和把握实际的"实事"阶段；第二个阶段是探索与研究的"求是"阶段，也是认识过程最重要的阶段。在这里，毛泽东将"实事求是"发展成为具有鲜明民族特色的马克思主义哲学命题，并将其作为我党的思想路线，指导我党的实际工作。毛泽东除了对"实事求是"重新做了阐释外，也对传统文化中的"民本"思想、"大同"思想、"知行"思想进行了阐述与改造，为我国传统文化的历史传承与发展作出了重要贡献。

毛泽东作为中国共产党的第一代领导核心，在长期的革命与社会主义建设时期，始终坚持以马克思主义理论为指导，批判地继承我国传统文化，充分体现了马克思主义中国化的中国风格、中国气派。

二、邓小平、江泽民、胡锦涛三代党中央领导人的中国特色社会主义文化建设理论

在社会主义现代化建设时期，邓小平作为我党第二代领导集体的核心，创立了中国特色社会主义理论——邓小平理论。邓小平理论与马克思主义理论、毛泽东思想是一脉相承的，是毛泽东思想在新的历史条件下的继承与发展，是当代中国的马克思主义。其中，邓小平文化建设理论是邓小平理论的重要组成部分。

"文化大革命"结束后，以邓小平为核心的党的第二代领导集体将当代中国文化建设从阶级斗争为纲的文化范式中解放出来，使我国的文化建设沿着中国特色社会主义的道路发展。他指出社会主义精神文明是社会主义社会的重要特征，社会主义不仅要建设高度的物质文明，还要建设高度的社会主义精神文明。邓小平提出要一手抓物质文明、一手抓精神文明，"两手抓，两手都要硬"，提高全民族思想道德素质和科学文化素质。

在对待中国传统文化问题上，邓小平秉承了"取其精华、去其糟粕"

的原则，指出"划清文化遗产中民主性精华同封建性糟粕的界限"①，"属于文化领域的东西，一定要用马克思主义对它们的思想内容和表现方法进行分析、鉴别和批判。"②优秀传统文化是社会主义现代化建设的强大动力，"我国古代的和外国的文艺作品、表演艺术中一切进步的和优秀的东西，都应当借鉴和学习。"③邓小平提出了"钻研、吸收、融化、发展"的八字方针，通过钻研，把握传统文化的精髓与实质，进而吸收其精华，并加以整合，使其融入中国特色社会主义文化中，在新的历史时期通过改革和创新，促进传统文化不断发展，使之成为符合时代特色的社会主义新文化。邓小平身体力行地践行八字原则，他提出的"小康社会"概念，就是源于我国古代典籍《诗经》，"民亦劳止，汔可小康"。邓小平将"小康"一词作为我国社会主义现代化建设的阶段性目标，充分显示了我国优秀传统文化的感召力与凝聚力。邓小平对待传统文化的八字方针，是对马克思主义文化思想的继承与发展，为中国特色社会主义文化建设提供了理论指导。

以江泽民为代表的第三代党中央领导集体高度重视社会主义文化建设。江泽民指出，全面建设小康社会，必须大力发展社会主义文化，社会主义文化是凝聚和激励全国各族人民的重要力量，是综合国力的重要标志，它反映了我国社会主义经济和政治的基本特征，对我国的经济和政治的发展起了巨大的促进作用。④在这里，江泽民突出了文化建设对于社会主义现代化建设的重要作用，同时他对文化与政治、经济的关系阐述是对马克思文化思想与毛泽东文化理论的继承。

江泽民强调，建设中国特色社会主义文化，必须大力弘扬优秀传统文化，优秀传统文化是中国特色社会主义文化的重要组成部分，中华民族创造了人类发展史上灿烂的中华文明，形成了具有强大生命力的传统文化。中国特色社会主义现代化文化建设不能割裂历史，它既渊源于中华民族

---

① 邓小平文选：第 2 卷 [M].北京：人民出版社，1994：335.
② 邓小平文选：第 3 卷 [M].北京：人民出版社，1994：44.
③ 邓小平文选：第 2 卷 [M].北京：人民出版社，1994：335.
④ 江泽民文选：第 2 卷 [M].北京：人民出版社，2006：33.

五千年文明史，又植根于中国特色社会主义的实践，具有鲜明的时代特点。对于传统文化，要坚持"取其精华、去其糟粕"的原则，并结合时代的特点，推陈出新、古为今用，使之不断发扬光大。

　　江泽民强调传统文化的继承要以马克思主义、毛泽东思想和邓小平理论为指导，以"三个代表"重要思想为统领，要努力改造落后文化，坚决抵制腐朽文化。他指出："坚持马克思列宁主义、毛泽东思想的指导地位，是我们立党立国的根本，也是社会主义文化建设的根本，决定着我国文化事业的性质和方向。"[①] 在这里，江泽民明确了新时期社会主义文化建设的根本性方向，即以马克思主义、毛泽东思想和邓小平理论为理论指导，同时这也是传统文化在新时期传承发展的方向原则。江泽民进一步指出，对待传统文化要采取分析的态度，区分先进和落后、科学和腐朽、有益和有害，积极吸收先进、科学、有益的东西，坚决抵制落后、腐朽、有害的东西。[②] 对传统文化的分析要以马克思主义理论为指导，以一种实事求是的态度，去区分传统文化中先进与落后、科学与腐朽、有益与有害的部分，对于落后、腐朽、有害的部分要坚决抵制，对于先进、科学、有益的部分我们要积极吸收，发扬光大。江泽民同时强调优秀传统文化还要同我们党领导人民在长期革命和建设中形成的优良传统和革命精神有机地结合在一起，并在新的实践基础上不断创新。[③] 江泽民始终坚持以科学的态度对待中华民族的传统文化，他对传统文化的一系列重要论述为儒家孝文化的当代重构提供了理论指导。

　　进入 21 世纪以后，我国进入改革开放的新阶段，面对世情、国情的变化，以胡锦涛为代表的党中央第四代领导集体将中国特色社会主义文化建设摆在了重要的位置上。胡锦涛指出，谁占据了文化发展的制高点，谁就能够更好地在激烈的国际竞争中掌握主动权。……没有先进文化的积极引领，没有人民精神世界的极大丰富，没有全民族创造精神的充分发挥，一

---

① 论"三个代表"［M］.北京：中央文献出版社，2001：160.
② 江泽民论社会主义精神文明建设［M］.北京：中央文献出版社，1999：247.
③ 江泽民论有中国特色社会主义［M］.北京：中央文献出版社，2002：387.

个国家、一个民族不可能屹立于世界先进民族之林。①

在继承前三代领导人的文化建设理论的基础上，胡锦涛创新性地提出了"和谐文化"思想，为中国特色社会主义文化建设提供了新思路。胡锦涛认为，和谐文化既是社会主义和谐社会的重要特征，也是构建社会主义和谐社会的重要任务，社会主义核心价值体系是建设和谐文化的根本。胡锦涛认为，和谐文化的构建首先要坚持马克思在意识形态领域的指导地位，同时和谐文化还要弘扬优秀文化传统，保持对民族文化的自信心，倡导和谐理念，培育和谐精神，以进一步形成全社会共同的理想信念和道德规范，打牢全党全国各族人民团结奋斗的思想道德基础。

在对待传统文化的态度上，胡锦涛充分肯定了传统文化的价值，他认为，传统文化是中华民族的宝贵财富，是发展社会主义先进文化的深厚基础，对待传统文化，要坚持"取其精华，去其糟粕，使之与当代社会相适应、与现代文明相协调，保持民族性，体现时代性"。② 那么应该如何去分辨传统文化中的精华和糟粕部分呢？在此，胡锦涛提出了分辨的具体标准，即以社会主义建设的实践活动为标准，凡是对社会主义建设起到促进作用的文化就是传统文化中的精华部分，需要弘扬，凡是对社会主义建设起到阻碍作用的文化就是传统文化中的糟粕部分，需要摒弃。在此基础上，胡锦涛提出了社会主义荣辱观，社会主义荣辱观是对我国传统道德观的创新性发展，明确指出了当代中国人应持有什么样的道德标准，指明了什么是荣、什么是耻，为人们的行为提供了价值标准。

胡锦涛的文化建设理论是对马克思主义文化理论的丰富和发展，是我党在社会主义文化建设上的理论创新，为中国特色社会主义文化建设指明了方向，成为孝文化重构的重要理论基础。

---

① 中共中央文献研究室.十六大以来重要文献选编［M］.北京：中央文献出版社，2008：752.

② 胡锦涛.高举中国特色社会主义伟大旗帜，为夺取全面建设小康社会新胜利而奋斗//十七大以来重要文献选编［M］.北京：中央文献出版社，2009：27.

三、习近平文化建设理论

党的十八大以来，习近平总书记站在新的历史起点上，从实现中华民族伟大复兴的高度，结合新时代特征，不断深化对中国特色社会主义文化建设的规律性认识，围绕社会主义文化建设展开了一系列重要的论述，提出了一系列新观点、新思想、新论断，形成了习近平新时代中国特色社会主义文化理论，进一步丰富深化了马克思主义文化建设理论。

习近平总书记从国家战略的高度深刻阐述文化建设的重要性。2014 年在文艺工作座谈会上，习近平总书记指出："没有中华文化繁荣兴盛，就没有中华民族伟大复兴。"[①] 在党的十九大报告中，习近平总书记指出："文化是一个国家、一个民族的灵魂。文化兴国运兴，文化强民族强。没有高度的文化自信，没有文化的繁荣兴盛，就没有中华民族伟大复兴。"[②] 国家富强、民族振兴离不开文化的引领与支撑，文化是强大精神力量，关系到国家与民族的兴旺与强盛，关系到中华民族伟大复兴中国梦的实现。在这里，习近平将文化建设提升到一个前所未有的高度，深刻阐明了文化建设与社会主义现代化建设的密切关系，阐述了文化对于中华民族伟大复兴的战略意义。

习近平总书记认为中国特色社会主义文化建设离不开对中华优秀传统文化的弘扬，中华优秀传统文化是中国特色社会主义文化建设的重要组成部分。鸦片战争以来，在对待传统文化问题上，我们走过一条不平常的道路，有过西学东渐思潮影响下对传统文化的全盘否定，也有过"文化大革命"时期对传统文化的破坏性打击。在当前西方文化霸权的时代背景下，为了纠正对待传统文化的错误观点，习近平总书记反复强调传统文化的价值与意义，他指出："中国共产党人不是历史虚无主义者，也不是文化虚无

---

① 习近平在文艺工作座谈会上的讲话［N］. 人民日报 . 2014–10–15（2）.

② 习近平：《决胜全面建成小康社会　夺取新时代中国特色社会主义伟大胜利——在中国共产党第十九次全国代表大会上的报告（2017 年 10 月 18 日）》，北京：人民出版社，2017 年版。

主义者。"① "中华文化源远流长，积淀着中华民族最深层的精神追求，代表着中华民族独特的精神标识，为中华民族生生不息、发展壮大提供了丰厚滋养。"② 在习近平总书记看来，中华民族在漫长的历史长河中形成了中华文化，中华文化从古代一直延续到今天，不断为中华民族提供着精神上的滋养，塑造着中华民族的精神内核，是中华民族的"根"与"魂"，是中华民族的内在基因，是中华民族能够延续至今的重要原因，如果抛弃了传统文化，就等于割断了自己的精神命脉。习近平总书记表达了一种强烈的文化自觉，传统文化不应是批判与否定的对象，而应在新时代中不断去传承与弘扬，"我们要结合新的时代条件传承和弘扬中华优秀传统文化，传承和弘扬中华美学精神。"③ 在新时代，文化软实力已成为衡量一个国家综合国力和国际竞争力的重要标准，如果一个国家或民族不重视文化建设，将无法屹立于世界民族之林，"博大精深的中华优秀传统文化是我们在世界文化激荡中站稳脚跟的根基。"④

在新时代下，传统文化应该如何去传承和弘扬呢？传统文化虽然是中华民族的"精神命脉""内在基因"，但传统文化毕竟是小农经济土壤中孕育出来的价值体系与思想观念，很多内容已与现代社会无法相融，不可避免地会存在陈旧过时或已成为糟粕性的东西。如果我们不加辨别地去简单套用，社会主义文化建设可能会走入一条食古不化的错误道路，甚至会阻碍我国社会主义现代化建设进程。为此，习近平总书记强调要有鉴别地对待传统文化，"要坚持古为今用、以古鉴今，坚持有鉴别地对待、有扬弃地继承，而不能搞厚古薄今、以古非今，努力实现传统文化的创造性转化、

---

① 习近平在纪念孔子诞辰 2565 周年国际学术研讨会暨国际儒学联合会第五届会员大会开幕会上的讲话［N］. 人民日报 . 2014-09-25（2）.

② 习近平 . 把培育和弘扬社会主义核心价值观作为凝魂聚气强基固本的基础工程［N］. 人民日报 . 2014-02-26（01）.

③ 习近平在文艺工作座谈会上的讲话［N］. 人民日报 . 2015-10-15（02）.

④ 习近平谈治国理政［M］. 北京：外文出版社，2014：164.

创造性发展，使之与现实文化相融相通，共同服务以文化人的时代任务"①。"传承中华文化，绝不是简单复古，也不是盲目排外，而是古为今用、洋为中用，辩证取舍、推陈出新，摒弃消极因素、继承积极思想，'以古人之规矩，开自己之生面'，实现中华文化的创造性转化和创新性发展。"②在具体的路径选择上，习近平总书记指出，首先要坚持马克思主义在中国特色文化建设上的指导地位，用马克思主义来改造传统文化。根据马克思的观点，文化是由特定的政治、经济基础决定的，中国特色社会主义的政治经济制度决定了马克思主义在意识形态领域的指导地位。坚持以马克思主义为指导，就是要用马克思主义的立场、观点、方法对传统文化进行选择、整合，避免在传统文化的传承过程中出现的一些乱象与问题，使传统文化能够与现代社会相契合。其次，立足于社会主义现代化建设的伟大实践，习近平总书记提出要对传统文化进行创造性转化和创新性发展，使中华民族的文化基因与新时代相适应，与社会主义制度相契合。所谓创造性转化，就是要按照时代特点和要求，对那些至今仍有借鉴价值的内涵和陈旧表现形式加以改造，赋予其新的时代内涵和现代表达形式，激发其生命力；所谓创新性发展就是要按照时代的新进步新发展，对中华优秀传统文化的内涵加以补充、拓展、完善，增强其影响力和感召力。③为了满足亿万农民对美好生活的向往，习近平总书记对乡村文化给予了深度关切。面对现代化进程中乡村文化的衰败，2018年4月他在湖北省宜昌市许家冲村考察时提出："乡村振兴既要塑形，也要铸魂。"乡风文化是乡村振兴的铸魂工程，为乡村振兴战略的实施提供了强大的精神动力。

综上所述，习近平文化建设理论内涵丰富，思想深刻。他立足于新时代，在对传统文化的价值、传统文化的传承弘扬以及如何实现传统文化的创造性转化与创新性发展等问题上，给予了系统而明确的回答，对于中国

---

① 习近平.在纪念孔子诞辰2565周年国际学术研讨会暨国际儒学联合会第五届会员大会开幕会上的讲话［N］.人民日报.2014-09-25（02）.

② 习近平在文艺工作座谈会上的讲话［N］.人民日报.2015-10-15（02）.

③ 中共中央宣传部编.习近平总书记系列重要讲话读本［M］.北京：人民出版社，2014：101.

特色社会主义文化建设具有重要的指导意义，着力推动了"两个一百年"奋斗目标的实现，以及中华民族伟大复兴的中国梦的实现，为新时代孝文化的传承发展指明了方向，为孝文化的理论重构奠定了坚实的理论基础。

第三节　现代新儒家思想

1840 年鸦片战争后，西方文化强势登陆我国，在西方文化的侵袭之下，我国传统价值体系分崩离析，传统文化遭到了前所未有的质疑与否定。人们将近代中国的落后归咎于文化的落后，认为传统文化是阻碍中国现代化的主要因素。中国传统文化的价值以及中国未来的前途命运问题，成为当时有识之士们思考的首要问题。在此背景下，现代新儒家思潮应运而生，饱含忧患意识的学者们采取"民族本位"的文化立场，试图在中西文化的激烈冲突中，保持儒家文化的本体地位，并以此来汇通中西，返本开新，通过传统儒学的现代转型来探寻中国的现代化道路。

学术界一般将新儒家思潮划分为三个阶段：第一阶段是五四运动时期至 1949 年中华人民共和国成立之前，代表人物有熊十力、梁漱溟、马一浮、冯友兰、钱穆等学者；第二阶段是 20 世纪 50 年代至 70 年代，代表人物有唐君毅、牟宗三、徐复观等学者；第三阶段是 1980 年至今，代表人物有杜维明、成中英、余英时等海外学者。根据新儒家思潮的不同阶段，本节将着重介绍梁漱溟、唐君毅、杜维明三位不同时期的新儒家学者的主要思想和观点，以期为孝文化的现代重构提供理论借鉴。

一、梁漱溟的文化思想

梁漱溟是第一代新儒家学者的代表，他的文化思想产生于近代中国动荡不安的社会背景中，面对着西方咄咄逼人的侵略态势以及积弱积贫的中国现状，一些知识分子将近代中国的落后归结于中国传统文化的落后，大肆宣扬西方文化，否定传统文化的价值。如胡适认为中国这个民族是"又愚又懒"的"一分像人九分像鬼的不长进的民族"，唯一出路就是"死心塌地地去学习西洋的近代文明"。在全盘西化的思潮之中，梁漱溟高举传统文化的大旗逆流而上，肯定传统文化的价值与意义，他通过对中西哲学的比较，指出中国传统文化并不是和现代科学、民主相对立的文化，并断言世界未来将是中国文化的复兴。

梁漱溟在《东西文化及其哲学》一文中将文化界定为"民族生活的样法"。如果文化是民族生活的样法，那么生活又是什么呢？梁漱溟认为："生活就是没尽的意欲（Will）——此所谓'意欲'与叔本华所谓'意欲'略相近——和那不断的满足与不满足罢了。……你要去求一家文化的根本或源泉，你只要去看文化的根源的意欲，这家的方向如何与他家的不同。"①

在梁漱溟看来，意欲是文化的最初本因，决定着中西文化的不同特色和发展方向，"西方化（西方文化）是以意欲向前要求为根本精神的。……中国文化是以意欲自为、调和、持中为其根本精神的。印度文化是以意欲反身而后要求为其根本精神的。"②正因为意欲不同，东西文化呈现出不同的外部色彩，走向了三种不同的路向。意欲向前的西方文化成就了"科学"与"德谟克拉西"两大异彩文化，走向了第一路向，具体表现为"奋力取得所要求的东西，设法满足他的要求，换一句话说就是奋斗的态度。遇到问题都是对于前面去下手，这种下手的结果就是改造局面，使其可以满足我们的要求，这是生活本来的路向。"③中国文化是一种意欲自为、调和、持中的文化，走向的是第二条路向，"遇到问题不去要求解决，改造局面，就在这种境地上求我自己的满足。……他并不想奋斗的改造局面，而是回想的

---

① 梁漱溟. 东西文化及其哲学［M］. 上海：上海人民出版社，2005：58-59.
② 梁漱溟全集：第1卷［M］. 济南：山东人民出版社，1989：383.
③ 梁漱溟. 东西文化及其哲学［M］. 上海：上海人民出版社，2005：108.

随遇而安。他所持应付问题的方法，只是自己意欲的调和罢了。"① 意欲反身而后的印度文化，走向的是第三条路向，解决问题的方法路向和前两种路向不同，"遇到问题他就想根本取消这种问题或要求"，"凡对于种种欲望都持禁欲态度的都归于这条路。"②

梁漱溟认为西方文化、中国文化和印度文化并没有优劣之分，只有合宜不合宜的，西方文化是解决当前问题最有效的方法，而中国文化与印度文化属于早熟文化，虽不能有效地解决当前问题，但代表着世界文化发展的最终趋势。为此，梁漱溟提出了"世界文化三期重现说"。他认为，西方文化是第一期，解决的是人对物的问题；中国文化是第二期，解决的是人对人的问题；印度文化是第三期，解决的是人对自身生命的问题；三期文化循环往返，构成了文化循环体系。梁漱溟意欲演绎出的"世界文化三期重现说"，虽缺乏客观依据，主观构造成分颇多，但是梁漱溟巧妙地将三大文化之间的平行关系，演化为依次轮回关系，最终落脚于"中国文化的复兴"。

梁漱溟作为第一代新儒家的代表人物，一生都在思考传统文化与现代化的关系问题。他通过对不同文化的比较，敏锐捕捉到西方文化的危机，并认为未来世界的文化是中国文化的复兴。他指出："虽然中国人的车不如西洋人的车，中国人的船不如西洋人的船……中国人的一切起居享用都不如西洋人，而中国人在精神上所享受的幸福，实在倒比西洋人多。盖我们的幸福乐趣，在我们能享受的一面，而不在所享受的东西上——穿锦绣的未必便愉快，穿破布的或许很乐；中国人以其与自然融洽游乐的态度，有一点就享受一点，而西洋人风驰电掣地向前追求，以致精神沦丧苦闷，所得虽多，实在未曾从容享受。"③ 在未来社会，世界文化将发生改变，以人为中心的中国文化将取代以物为中心的西方文化，"由第一路向改变为第二路向，亦即由西洋态度改变为中国态度"。

梁漱溟认为当前中国问题的根本是"文化失调"问题，问题的解决只

---

① 梁漱溟.东西文化及其哲学［M］.上海：上海人民出版社，2005：108-109.
② 同上.
③ 梁漱溟全集：第1卷［M］.济南：山东人民出版社，1989：478.

能以乡村社会为突破口，因为中国社会是以乡村为基础并以乡村为主体的，所有文化，多半是从乡村来的，又为乡村而设——法制、礼俗、工商业等莫不如是。[①] 而乡村建设的关键就是要从中国旧文化里转变出一个新文化来。[②] 中国文化属于乡土文化，经历了长时期的发展之后已经趋向老态，当西方文化传入我国后，乡土文化的老态性、脆弱性便显现无遗。但在这里，梁漱溟指出，寻找乡村未来之路，并不是要全盘移植西方文化，而是要"转变为一种新文化"。"'转变'二字便说明了将来的文化一面表示新的东西一面又表示从旧东西里转变出来的。换句话说，它既不是原来的旧东西，也不是纯粹另外一个新东西，它是从旧东西里转变出来的一个新东西。"[③] 转变新文化的路径就是要在旧文化基础上主动吸收西方社会的团体生活模式，将中西文化精神融合起来，梁漱溟强调只有紧紧围绕着中国文化的根，才能创造出新的文化。"中国文化的根，就有形的来说，就是'乡村'；就无形的来说，就是'中国人讲的老道理'。"[④] 所谓"老道理"就是以对方为重的伦理情谊与改过迁善的人生向上精神。

在梁漱溟的文化研究中，他始终坚守着儒家学者的立场与态度，肯定我国儒家文化的价值与意义，并试图在保持传统文化的价值理念中吸收借鉴西方文化的科学民主精神，实现中西文化的融合。他力图通过乡村建设运动来挽救中国的传统文化，虽最终以失败告终，但是他的思想带给我们的思考却是意味深长的。

二、唐君毅的文化思想

唐君毅是第二代新儒家代表人物，他的一生满怀着对中国传统文化的

---

① 梁漱溟全集：第 2 卷 ［M］.济南：山东人民出版社，2005：150.
② 梁漱溟全集：第 1 卷 ［M］.济南：山东人民出版社，2005：611.
③ 同上，2015：612.
④ 同上，2005：613.

深厚情感，殚精竭虑，著书立说，深入探讨了中西文化的长短同异，针对中国文化近百年的曲折遭遇，提出了一系列真知灼见。他一生致力于传统文化的复兴，为传统文化的传承发展做出了创造性的建构工作。

　　五四运动后，中国的传统文化受到了猛烈的批判与否定，面临着严重的价值危机。唐君毅哀叹道："中国文化已失去一凝摄自固的力量，如一园中大树之崩倒，而花果飘零，遂随风吹散；只有在他人园林之下，托荫蔽日，以求苟全；或墙角之旁，沾泥分润，冀得滋生。"① 他怀着对传统文化这份执着与热爱，充分肯定了传统文化的价值，他指出："其价值原自有光芒万丈，举世非之不减，举世誉之而不增。"② 他试图通过重建儒家伦理体系以重振传统文化，摆脱民族文化之危机。他首先对中国传统文化持有一种肯定态度，表达了他的基本立场和观点。"返自中国文化精神之本原上立根基，以接受西方文化，即我们必须先肯定中国文化之一切价值。……在评判中西文化之长短时，吾人之标准，不能离开中国思想之根本信念。此根本信念，即人确有异于禽兽之心性，人之一切文化道德之活动，皆所尽心尽性，而完成人之人格。"③ 接着，唐君毅认为国人对待西方文化的态度需要改变，国人学习西方文化并非倾心接受，而是从功利主义出发，将西方文化视为一种挽救民族危亡的工具或者技术，并没有真正学习西方文化中的科学、民主、自由的精神。面对西方文化，国人表现出一种卑屈羡慕的态度，不仅无法学到西方之学，甚至会对中华民族造成损害。国人对待西方文化的正确态度应持有一种顶天立地之气概，这种气概源于文化自觉，即在肯定传统文化的价值中寻找其缺点，消除羡慕卑屈之心态，以一种"平视的眼光"对待西方文化。

　　唐君毅比较了中西文化的差异性，他认为中国文化是"自觉地求实现，而非自觉地求表现的"，而西方文化恰恰相反，是"自觉地求表现的，而未能真成为自觉地求实现的"。所谓"自觉地求实现"是指，"精神理想，完

---

① 唐君毅.说中华民族之花果飘零［M］.台北：三民书局，1977：2.
② 唐君毅.花果飘零与灵根自植// 中华文化与当今世界［M］.台北：学生书局，1975：43.
③ 唐君毅.中国文化之精神价值［M］.台北：正中书局，2000：491.

全自觉为内在，而自觉的依精神之主宰自然生命力，以实现之于现实生活各方面，以成文化，并转而直接以文化滋养吾人之精神生命、自然生命。""自觉地求表现"指的是精神先冒出一种超越的理想，以为精神之表现，表现一种追求理想，求有所贡献于理想之精神活动，以将自己之自然生命力，耗竭于此精神理想前，以成就一精神之光荣，与客观人之世界之展开，而不直接以文化滋养吾人之精神生命、自然生命。[①] 在这里，唐氏认为，中国文化注重主体心性的涵养及外化，追求内在的超越性，而西方文化持守的是一种"主体与客体相分离"的思维方式，将客观世界作为改造的对象。中西文化各有所长，应相互补充，而不应是对立的，中国文化应学习西方文化"自觉地求表现"的精神，以谋求自身的发展。

唐君毅坚持以中国文化为本根，提出了"保守"民族文化的口号："在评判中西文化之长短时，吾人之标准，亦不能离中国思想之根本信念。"[②] 在他看来，保守是，"人生一切事业，一切文化，得绵续不断、达于无疆。唯守而后有操，有操而后有德，以成其人格。"[③] 唐君毅认为，中国文化，"对于天地万物之有情而不傲视；对于一切人之平等的礼敬仁爱，对于一切人伦关系、一切文化活动，一切人生之富贵、贫贱、死生、祸福之遭遇，均一一肯定其价值；而使此心之仁无所不运，不有丝毫之缺漏，而又能安仁而乐等见之。"

但唐君毅并非国粹主义者，他在肯定中国文化价值的同时，也不讳言中国文化之短。他认为，中国文化精神，宛如覆天盖地，但在覆天盖地之下，缺少一座由地达天的金字塔和能经纬人之精神的十字架，"更不见个人之能负此十字架，以攀彼金字塔而上升，使每个人之精神，皆通过此十字架之四端，以四面放射其光辉，与他人之光辉，连成无数并行交光之组

---

① 唐君毅. 中国文化之精神价值［M］. 台北：正中书局，1987：498-499.
② 同上，2000：491.
③ 唐君毅. 花果飘零与灵根自植 // 中华人文与当今世界（上）［M］. 台北：学生书局，1975：37；
唐君毅. 中国文化之精神价值［M］. 台北：正中书局，1987：496-497.

织，而聚于金字塔之顶。"①唐氏认为，要克服此缺点，就需要学习西方文化之长，他主张"引申吾固有文化中相同之绪，以全套而取之"。学习西方文化不能取其枝节，偏于一端，而应以中国文化的"圆而神"精神来融摄西方文化中的"方以智"精神。在这里，唐氏用"圆而神"与"方以智"分别代表中西文化的不同精神，所谓"圆而神"的精神是指会变通，不偏执于任何文化理想的精神，而"方以智"是指执着于理想和理智的精神。在唐君毅看来，中国文化具有"圆而神"的精神，而缺乏西方文化"方以智"的精神，他建议将"方以智"的西方文化纳入"圆而神"的中国文化的规范之中。这种"纳方于圆"文化重构方式既可以吸收西方文化的科学与民主精神，又可以避免西方文化精神对物质的执着以及对人的异化，从而使得中国传统文化获得一个全新的面貌。

唐君毅的传统文化观集中反映了近代中国知识分子对民族传统文化的执着之情与爱国之心，他的文化思想对于传统文化的继承以及未来中国文化的发展路向，都有着积极的意义，为孝文化的重构提供了理论借鉴。

三、杜维明的文化思想

杜维明是第三代新儒家学者的代表人物，在新的历史背景下，他从国际化的宽广视野去思考儒学现代化问题，并借鉴文化人类学、文化宗教学等跨学科的研究方法，勾勒了当代儒学发展的理论框架，在学术界产生了重要的影响。

杜维明早在学术研究早期，就充分肯定了儒学的现代价值与存在意义，并宣称："盲目摧毁中国传统价值的阶段已经过去了。时代的巨轮正开向重新研究中国文化，了解中国文化，欣赏中国文化，创造中国文化的新天地。"②在他看来，儒学之所以能历劫不死，乃至凤凰涅槃，是因为儒学是跨

---

① 唐君毅.中国文化之精神价值［M］.台北：正中书局，1987：493.
② 郭齐勇，郑文龙编.杜维明文集：第1卷［M］.武汉：武汉出版社，2002：97.

时代、跨文化、多学科、分层次、没有教条的，这些特质使它具有了普遍性和永恒价值。[①]

杜维明从一种宏观视野出发，将儒学的发展划分为三个不同时期。在第一阶段，儒学从最初的曲阜地方文化，逐步发展为中国文化的主流。在第二阶段，儒学从中国文化发展为东亚文化。从唐末宋初开始，儒学在日本、朝鲜、越南等地广泛传播与发展。在第三阶段，儒学面向整个世界，为全人类提供有价值的东西，使儒学成为"具有全球意义的地方知识"。

杜维明认为，儒学的第三期发展首先需要对话西方文明，对启蒙思想作出回应。一方面，杜维明对启蒙思想中的民主、自由、理性、尊严等核心价值给予了充分肯定，认为这些核心价值是现代性的重要指标，推动了社会的现代化转型，"我们都是启蒙主义思想派生的产物，从启蒙主义运动产生的制度和价值观中获得了莫大的恩惠"[②]。但另一方面，杜维明认为，启蒙思想也导致了许多严重的后果，我们也有必要对其未曾意料到的负面影响予以细心的注意。[③] 杜维明指出，启蒙运动的核心价值自身并不完备，有时候会出现背反的情形，从而导致消极后果的产生。他指出："没有任何一个价值是可以涵盖一切的，各自本身都有缺失，造成了困境和灾难。自由成为无节制的私欲的膨胀，完全的个人宰制的心态；理性变成冷漠、僵硬、机械的控制机制；法令统死了社会所有的创造性；这是值得深思的。"[④] 杜维明认为，当前所出现的生态危机、社会分化不公以及世界范围内存在的不平等的国际政治经济秩序和世界体系都是不完备的启蒙心态导致的直接后果。为此，当前人类需要一个新的人文精神，这种人文精神能够超越启蒙心态的局限性，破解启蒙心态中的人类中心主义和科学主义意识形态，更加注重人与人、人与自然、人与社会的和谐，人心和天道能够相辅相成。

---

① 杜维明，王正.当代中国需要自我更新的儒学［J］.人民论坛.2014（9）：20.

② 池田大作，杜维明.对话的文明——谈和平的希望哲学［M］.成都：四川人民出版社，2007：69.

③ 同上.

④ 哈佛燕京学社.启蒙的反思［M］.南京：江苏教育出版社，2005：74.

杜维明认为儒学可以在这方面大有所为。在这里，杜维明的文化思想与早期的新儒家学者不同，早期的儒家学者多是强调用学习西方文化的民主、理性要素来弥补我国传统文化的不足，而杜维明则是跳出了中西文化的优劣比较研究的框架，主张运用儒家文化来修正西方启蒙思想所带来的缺陷。他试图在全球化背景中通过不同文明之间的平等对话，构建一种全新的全球伦理，为儒学的未来发展路向提供了重要的思路。

杜维明对传统文化的反思与扬弃是理性的、非情绪化的。他认为，人们将近代以来中国落后的原因归结于儒家思想，是一种误解。儒家思想在实际运行中受到了扭曲和利用，因此"封建遗毒"并不是儒家思想的精神实质，被政治化的儒家精神才是导致中国近代落后的主要原因。他提出要从文化认同的角度来检视我们的民族性格、社会心理和价值取向，不能武断地去判决传统文化为封建遗毒，不能用强人政策（或弱者政策）来丑化曾在塑造民族性格、培养社会心理、规定价值取向方面发挥巨大作用的精神资源，不能以西方现代文化的标准为标准，不能把传统文化当作业已死亡或僵化的历史陈迹，更不能盲目地反对传统。[①] 关于对待传统文化的应有之态度，杜维明提出，应当培养自知之明，对传统进行全面而深入的反思；认识其个性，了解其内容，体会其动源，掌握其来龙去脉，如此方能争取到评价的资格，才能开展批判继承的文化事业。[②]

儒学是中国的传统文化，马克思主义是当前中国的主流意识形态，杜维明立足于时代发展，将二者结合在一起，主张儒学思想要与马克思主义进行对话、交流，并认为中国未来之希望在于儒家人文主义、马克思主义与西方文明三者之间的健康互动，新儒家要真正实现"健康互动"，就应摒弃以自我为中心的道统观念，摆正自己的位置，以一种开放的心态对待马克思主义和西方文化。

杜维明的文化思想立足于当前社会发展的时代背景，通过对启蒙心态的理性反思为儒学创造了价值发挥的空间。他论证了通过儒学解决当前人

---

① 郭齐勇，郑文龙编.杜维明文集［M］.第1卷.武汉：武汉出版社，2002：412-413.
② 同上，413.

类社会的困境的可能性，同时以一种更加开放务实的心态，主张儒学积极地走出去，与世界文明对话，取长补短，互惠共建，在汲取各文明精华的同时，推动世界文明的多元化发展。虽然学界对杜维明的种种设想，尚有疑虑，但这种理智的文化思想无疑为传统文化的现代化转化提供了指导，为孝文化的理论重构提供了借鉴。

第六章

传承路向：乡村现代化进程中孝文化传承的理想模式

党的十八大以来，习近平总书记高度重视中华优秀传统文化的传承与发展，全国上下掀起了一股传统文化热。孝文化受到了人们的推崇与关注。在此背景下，一些乡村做了有益的探索，积极建设孝文化村，并形成了很多颇有成效的传承模式与传承经验。为了深入考察乡村孝文化的传承现状，课题组于 2017 年 7 月至 2019 年 12 月期间，在全国范围内先后走访调研了江苏、安徽、山东、浙江、福建、四川、河南 7 个省份 20 个乡村，运用人类学的田野调查方法，深入具体村落，运用实地观察法、访谈法等社会调查研究方法，对乡村干部、老年人、年轻人等不同群体进行访谈。同时，课题组成员还深入村民家中，用吉尔兹"深度描绘"的方法对村民日常生产生活、精神面貌、代际关系等多个方面进行了仔细观察，获得了大量的第一手资料，为本研究提供了翔实而丰富的材料。

课题组在充分占有研究资料的基础上深入调研，采用理想类型法抽象概括出乡村孝文化传承的五种理想类型。理想类型是由德国社会学家马克斯·韦伯提出的一种研究社会和解释现实的概念工具。韦伯认为，每个行动个体的主观认知不同，对社会行动意义的理解也有所不同，为保证社会科学研究的科学性与客观性，韦伯提出以"理想类型"来建构一种抽象理论的结构概念。理想类型虽源于经验事实，但具有高度的概括性和抽象性，并非等同于经验事实，它强调对经验事实的分析整理，突出具有共性或者规律性的东西，使其成为典型的理想形式。

一、信仰模式

民间信仰是人们在长期的生产实践中自发产生的一种超人间、超自然力量的社会意识，具有鲜明的地域性特质，表达着不同地域的文化习俗、思维方式、生活态度以及人情关系。与宗教信仰不同，民间信仰是人们在日常生产与劳动实践中形成的，信仰对象也较为复杂，可以是自然神、人神或者社会神，它没有系统而严格的教义与教规，信仰的民众也主要是基层群众，集中于乡村社会，因此，民间信仰也被称为"底层的信仰""农民的信仰"。

马山村位于驰名中外的江苏连云港花果山北麓，位于北纬 34° 11′ ~ 34° 44′，东经 118° 23′ ~119° 10′。马山村交通便捷，东与连云港市新浦区、海州区接壤，西达东海县马陵山风景区与山东省郯城县分界，南与沭阳县为邻，北与山东临沭县交界，距离连云港市区仅 14 千米。马山村面积大约 75000 平方米，共有 4 个村民小组，293 户 1200 人，其中年满 60 周岁的老年人口 200 人左右。马山村的地形较为复杂，兼有山地、丘陵、平原，东南两面都是高山，全村土地面积约 400 亩，果园面积 180 余亩，养殖面积 80 余亩，山场面积 300 余亩。2006 年因政府征地，全村集体搬迁，于 2011 年入住朝阳镇安置小区。为促进乡村产业发展，带动村民致富，村里通过村民筹款和信用社贷款等多种方式，以家庭为单位购买挖掘机、打桩机、载重汽车等大型机械设备 100 余台，用于承接土石方工程、基础路面施工、水利基础工程等业务，经过几年的运营，目前村里已经形成了一条较为完整的产业链。近年来，村民收入也稳步提高，人均年收入约 3 万元，许多村民已不再外出打工，而选择在当地就业。

马山村历史悠久，是国家级非物质文化遗产"东海孝妇传说"的始源地。东海孝妇传说出自《汉书·于定国传》，"东海有孝妇，婆死，小姑污为孝妇所害，告到公堂。太守昏庸，信以为真，捕孝妇，狱吏郡曹于公再三和太守辩，无效，而处死孝妇，致使三年不雨，六月飞雪。新太守特找于公，问其由，于公云境内孝妇不当死而判死，造成千古奇冤，感天庭所致。新太守认为于公言之有理，遂祭孝妇，表彰其孝事，后即普降甘霖，风调雨顺。"孝妇是古代社会的底层妇女，其含冤被杀的遭遇为人们所同情、怀念。关汉卿在此基础上创作出了中国十大悲剧之一的《窦娥冤》，名享四海。明成化十五年（1479 年），羽士李启重修孝妇祠，当年的朐山县令刘昭专门写有《汉东海孝妇窦氏祠记》，世人皆云窦娥即东海孝妇。

民间信仰和道德信仰之间存在着本体论的相通性，在民间信仰的神灵、圣贤、祖先身上，往往隐喻着人们所尊崇的道德楷模、道德理想、理想人格，被人们推崇、效仿。如保罗·韦斯所言："纯粹的宗教体验决不会完全脱离道德理想。即使信仰一种似乎并不包括道德法则的宗教，实际上也涉及了对道德系统的选择。因此每种宗教信仰中都包含着道德内容。"[①]民间信仰影响着人们的价值选择与价值信奉，为人们的道德信仰提供着价值指向。东海孝妇的传说蕴含着中华民族崇尚的孝道美德，对后世产生了深远的影响。东海孝妇在历代的传述中，也逐渐成为当地人们崇拜的神灵。村里的孝妇祠便是供奉孝妇周青（俗称娘娘）和其婆母（俗称奶奶）的祠堂。据相关学者考证，孝妇祠始建于北宋初年或北宋前，距今已有 1000 多年历史，北宋乐史《太平寰宇记》记载："孝妇祠在东海县北三十三里，巨平村北"，明代张峰的《隆庆海州志》记载："在东海新县北二里，孝妇冢前，正祠三间，东为慈孝堂，与姑并祀。东厢二间，门二重，有司春秋致祠。"清道光十二年壬辰，两江总督长沙陶澍巡海至此，求子如愿，感其神灵，遂捐资扩建了孝妇祠。张学瀚的《云台导游诗钞》记载："十九年（1839年）九月经始重建正殿三间、厨房三间、东屋三间，以及环冢筑垣三百余尺，至道光二十年（1840 年）八月落成，计期将及一年。周围种植树木，阴森茂密，以肃观瞻。殿前松柏摩霄，海棠抱月，殿后冢木参天，寒鸦晚噪。西厢一望，狮岩耸立，斜阳横亘于前，遥听松涛如吼，岚光飘荡，拖于几席间，真胜境也。"从史料记载中足见孝妇祠的气势与规模。

到了近现代，在经历了抗日战争、"文化大革命"之后，孝妇祠几乎完全被毁。据村里的老人回忆，在"文化大革命"期间，庙中所有泥塑、碑

---

① 保罗·韦斯.宗教与艺术［M］.何其敏，金仲，译.成都：四川人民出版社，1999：141.

刻均被砸碎，孝妇墓也被推平，孝妇祠也被占用，先后办起了粉丝厂、纸箱厂、农药厂。在"破四旧"运动中，人们不敢再去祭拜孝妇。每逢三月初三娘娘的生日，村里的一些信徒会偷偷地在家里举行祭拜仪式或者晚上前往寺庙周围去祭拜。

"我今年快 70 岁了，'文化大革命'那会我才十几岁。记得当时娘娘庙被改建成了粉条厂，庙里的娘娘头像被红卫兵给砸了，当时村里人都不敢阻拦，谁阻拦谁就是'四旧'，就是封建毒瘤，要被拉出去批斗的。不过每逢三月初三娘娘过生日那天，村里的一些老人都会在晚上偷偷去娘娘庙附近磕头。"

"文化大革命"结束后，人们对待民间信仰的态度也回归常态，在当地群众的大力呼吁下，经政府批准，孝妇祠开始恢复重建。重建时，向社会积极募捐近 300 万元，孝妇祠的山门、孝妇殿、慈孝堂等建筑按照历史风貌进行重建。重建后的娘娘庙香火也越来越旺，已经成为连云港市的一个重要旅游景点。目前，娘娘庙旁边又新建了汉东海孝妇史迹陈列馆，收集了大量关于东海孝妇祠及东海孝妇传说的史料、文献、碑刻及出土文物。2014 年，"东海孝妇传说"入选江苏省非物质文化遗产保护名录项目。

"仪式是人与神交流的重要方式，是对神灵的祷告和祈求，宗教仪式的本质是神灵信仰。宗教仪式是宗教信仰的表现形式。"[1] 每年农历三月初三是东海孝妇的生日，十月十五为孝妇婆母生日，这两日，前来祭祀的信徒众多。特别是三月初三那天，香客云集，热闹非凡，娘娘庙会举行隆重的祭典仪式。初二下午，孝妇殿前搭起寿棚，棚内外挂上各式宫灯，有圆有方有六角的，有玻璃有罗纱有纸糊的，各个殿堂也张灯结彩，贴挂楹联。附近的香会成员、地方头面人物、香客齐聚娘娘庙参加祭祀仪式。申时一到，祭祀仪式开始，司仪身着长袍马褂，站在殿中间，面对孝妇宣布"祭祀开始"，首先高呼"击祭鼓"，击鼓手一阵击鼓之后，走到殿前，面对娘娘，单腿下跪，报告"击鼓一通"，如此"鼓三通"之后，主祭就位，上香、敬

---

① 张泽洪.文化传播视野下的信仰与仪式——以中国西南少数民族与道教关系为例［J］.宗教学研究，2007（4）：150.

果品、宣读祭文。祭文的内容主要是歌颂娘娘的功德，宣扬孝道，祈求风调雨顺、人寿年丰。祭文结束后，跪拜叩首、奏乐，整个仪式约持续两个小时，司仪宣布礼毕。晚上庙内各处灯火通明，在东山门前的空地上还有一场最吸引人的观赏节目：燃放烟花，烟花的名目很多，有"刘二姐赶会""八仙拜寿""九龄温席""老莱娱亲"等。燃放时，夜空五彩缤纷，院内锣鼓乐队吹打不停，热热闹闹直至深夜。

初三一早，祭祀活动正式开始，祭拜娘娘的信众也更多，有本地的香客，也有外地的香客，锣鼓喧天，人声鼎沸，祭祀活动达到高潮。烧香结束后，人们便去赶庙会。娘娘庙的庙会被称为"云台三十六景"之一，明代海州大儒顾乾在《云台山志》中将此庙会命名为"荒祠春会"。顾乾有诗曰："孝妇荒祠会，年年上巳辰。儿童争击鼓，妇女竞馈珍。一旦冤愆白，千春祭祀新。欢呼陈百戏，奔走动乡邻。"娘娘庙的庙会起初是为了满足信徒的需求而自发形成的商贩货卖，后来逐步形成了大型的物资交流活动。在庙会期间，村民们还会自发组织文艺演出，形象演绎着孝道。童子戏、淮海戏是每年必上节目，童子戏是一种较为古老的剧种，起源于唐朝，主要是祭祀，有为人祈福消灾之用。屈原的《九歌》为其唱词，本是"娱神"，后来至清朝中期转为娱人。传统剧目有三十目四大本、六十八单出。有《下河东》《双莲帕》《李迎春出家》等，劝人行善，劝人行孝悌。淮海戏始于清乾隆年间，是当地土生土长的地方戏，在民间又称为"小戏""三刮调"，它唱腔丰富，生动有趣，有着浓郁的乡土气息，很多村民在干活、休憩时都会哼唱，成为当地村民们文化生活中不可缺少的内容。尽管时代变迁，但三月初三娘娘庙的庙会一直延续至今。近年来，村里为了倡导孝爱文化，在这一天还会组织村里的文艺骨干自编自演以孝道为主题的节目，如《百善孝为先》《身边好婆婆》《称爹》等情景节目深受村民的喜爱。

"村里现在特别重视孝道，现在每逢三月初三，我们村里人也会自编自演一些节目。这些节目都与咱老百姓的生活相关，让年轻人要孝顺长辈，特别接地气，我们全家每年都会去看。"

"去年和婆婆一直闹别扭，两个月没说话，后来我看了咱村里的演出

《身边好婆婆》之后，心里受到了触动，觉得婆婆其实也不容易，公公死得早，她一个人把我老公拉扯大。我们结婚后，她又给我们带孩子。对老人不能太斤斤计较，所以回家之后我就去了婆婆家，跟她道歉了，现在和婆婆关系也还不错。"

与宗教相比，民间信仰既没有高深的教义教旨，也没有严密的教派组织，但佛教中的善恶业报、因果轮回思想却在民间信仰中得以充分展现。信众们一致信奉，善有善报，恶有恶报，娘娘洞悉世间一切，会手拿"伦理簿"，裁定世俗生活的善恶是非。

"对老人不孝顺的子女迟早会受到报应的。村里的李老太太有两个儿子，但两个儿子都不孝顺。李老太太自己一个人住在老房子里，没人照顾，最后喝毒药死了。现在两个儿子遭报应了，大儿子年纪轻轻就得了癌症；二儿子老婆去年跟别人跑了，离婚了。所以，孝顺父母，也是给自己积福。村里孝敬父母的家庭，日子过得都不错，子孙后代也有出息。"

个体的行为一般会受到所处社会结构的影响，信仰的确立不仅是人们对某种抽象化、虚幻化力量的崇拜，它对人间的世俗生活也产生了重要的影响。信仰促使世人明辨是非、弃恶从善，为世人的善行提供了神圣的保证。在马山村，孝道超越了时空的界限，被赋予了神圣化的精神与品格，有着较强的引导和教化作用。人们在潜移默化的信仰崇拜中，将其所信奉的教义教理作为自己行动的准则和是非善恶的评判标准，形成了乡村社会的道德认同，成为维护乡村秩序的重要精神力量。因此，村民们对孝妇的祭拜并不仅仅是对孝妇的膜拜，更是孝妇的内在精神在村民或者信众中产生了强烈的情感体察与道德体验。格尔兹（Clifford Geertz）认为，宗教中的信仰观念与行为实践本身是一套不能被化约的文化体系，它们是精神特质与世界观的融合，人们正是依托宗教而形成了一套道德价值观和情感体系，确定了一个宇宙秩序的图像；并且正是透过宗教行为背后的情绪与动机，意义（客观的概念形式）被赋予了社会和心理的现实。[①] 在马山村，村

①　克利福德·格尔兹.文化的解释［M］.纳日碧力戈，等译.上海：上海人民出版社，1999：125-136.

民们将信仰与世俗生活联系在一起，一种世俗的关于孝道的价值观便在民间信仰中得以确立与传继。

二、精英模式

乡村精英是维系乡村社会秩序的重要力量。在皇权不下县政的传统乡村社会中，乡村精英是指乡村的士绅阶层们，他们扮演着勾连乡村与国家的重要角色，起到了桥梁纽带的作用。他们一般是乡村中有贤德、有才学，为乡人所推崇敬重之人。唐代刘知几的《史通·杂述》云："郡书赤矜其乡贤，美其邦族。"明代汪循认为，"古之生于斯之有功德于民者也，是之谓乡贤"[①]。乡村精英们或以自己的道德品行引领着乡村价值观，抑或以自己的学问闻达于乡里邻间。他们极具桑梓情怀、故土乡愁，引领一邑、示范一方。他们深受儒家文化浸润，秉承着儒家伦理教化思想，形成了高风亮节、匡扶正义、勇于担当的道德品质，他们用自己的人格魅力打造了乡村崇德向善的标杆，成为乡村道德的楷模，在乡村文化传承中发挥着重要的表率作用。"其绅士居乡者，必当维持风化，其耆老望重者，亦当感劝闾阎，果能家喻户晓，礼让风行，自然百事吉祥，年丰人寿矣。"[②]

在现代乡村社会中，乡村精英们也被赋予了新内涵，是指那些受过良好教育，拥有一定的经济实力或者一定的经验、专长、技艺，愿意回乡造福村民、支持乡村建设的人。乡村精英对乡土文化有着天然的眷恋与敬畏，他们身上所具有的文化道德力量可教化村民、反哺桑梓、泽被乡里、温暖故土。

河北省威县孙家寨村党支部书记、村委会主任付宏伟，便是现代乡村精英的代表。孙家寨村位于邢台市威县县城东 10 千米处，东临老沙河，西距大广高速威县口仅 2 千米，交通较为便利。全村目前共有 320 户 1238

---

① 明·汪循.汪仁峰先生文集：卷二十［M］.永嘉考名宦乡贤祠文.四库全书存目丛书.集部第 47 册.

② 张集馨.道咸宦海见闻录［M］.北京：中华书局，1981.

人，其中 65 岁以上老人 133 人，空巢家庭 80 多户。过去孙家寨村在当地是出了名的"空巢老人村"，不仅村里老人多，空巢老人更多，子女们在外打工，很少回家，留守在村里的老人们生活困难、无人照料，日子过得十分艰难。

直到 2010 年，付宏伟任孙家寨村的党支部副书记后才改变了村里的状况。付宏伟出生于 1980 年，是土生土长的孙家寨人。付宏伟自幼家境较贫寒，后来通过自己的努力以优异的成绩考上了医学院。从医学院毕业之后，付宏伟留在了省城石家庄，从事药品销售工作，收入颇丰。付宏伟凭着自己的努力，大学毕业不久便在省城安家落户，过上了有房有车的生活。和在外的很多年轻人一样，付宏伟因平时工作繁忙，很少有时间回家看望父母。2010 年，身体向来健硕的父亲突发疾病，直到住进 ICU 病房抢救，付宏伟才得知父亲病危的消息，他顿时意识到自己赚再多的钱也无法给父亲一个幸福的晚年。父亲住院期间，他一直陪伴在父亲身边。父亲出院后，付宏伟陪着父亲回孙家寨养病，当他回到村里，看到村里有许多和他父亲一样的老人，子女们为了谋生外出打工，老人们独自留守在家里，无人照顾、生活贫困，付宏伟对这些老人的遭遇深感同情。于是他作出了人生中的一个重大抉择——放弃城市的富足生活，返回家乡做孝子孝孙，搞规模种植，引领家乡致富。他的决定也得到了当地党委的大力支持，任命他为孙家寨村党支部副书记。

付宏伟刚上任时，发现村里的一些老人生活极为困难，子女不在身边，连最基本的一日三餐都无法得到保证。为了让这些老人吃饱饭，付宏伟在村口支起了一口大锅，亲自下厨给村里的老人提供免费的午餐，对于行动不便的老人，他把饭菜送到其家里。当地有种说法："老人若吃百家饭，儿女不孝被人贬。"付宏伟的做法无形之中刺痛了这些老人的儿女们的心，渐渐地，老人们的儿女们也会时常送饭给老人，在外务工的子女也会经常性地给老人寄食物。

为了让村里所有的老人都能够乐享晚年，付宏伟还绘制了一张村里 65 周岁以上老人的居住平面图贴在村口，平面图中标明了老人居住的具体地址，还标注了不同符号。其中，标注五角星记号的表示是空巢老人，三角形记号的是独居老人，正方形记号的是与儿女住在一起的老人。对于村里的 7 名空巢老人，付宏伟组织了一批志愿者、义工，一年 365 天，天天给这些老人免费送餐，风雨无阻，送餐时还会陪着这些老人聊天拉家常。老人们渐渐对付宏伟产生了依赖，还没到送餐的时间点，就早早在屋外等候。

"我们每天送餐都有时间规定，早晨 7 点，中午 12 点，晚上 6 点到 7 点。每次去送餐，老人都会拉着我的手聊上半天，他们在家里太孤单了，有的老人十天半个月也不出门，有人能陪他们聊天说话，他们都很开心，有时候甚至聊着聊着忘记了吃饭。"

"我身体不好，行动不方便，这几年多亏付书记的照顾，他像我儿子一样，每天准点送饭给我吃，陪我聊天，还帮我洗脚、理发。我每天都提前到门外去等付书记，要是没有付书记，我都不知道这日子怎么熬过来。"

为了给村里老人提供更周到的服务，付宏伟还拿出自己的积蓄 60 多万元投资建了孙家寨"空巢老人服务站"，服务站澡堂每星期都会为村里老人免费开放两次到三次，同时还有个不成文的规定，凡是年轻人在服务站澡堂洗澡的，必须带着自己的父母一起。服务站的整个装修设计也处处体现出对老人的关爱。比如，考虑到老人的腿脚不好，服务站门口台阶设计得非常低，台阶两侧，还设有缓步台，老人可以扶着走上台阶；房子外围的墙壁也比正常房子厚一些，这样可以保证服务站冬暖夏凉，服务站的卫生间既有蹲位，也有坐便器，以方便老人使用。

为了弘扬孝文化，影响更多的年轻人，付宏伟在村里开办孝道讲习班，以言传身教的方式讲习孝文化。讲习班的所有学员一律免费学习、免费吃住、免费发教材。讲习所将孝文化教育融入学员学习和生活的每个环节，学员们除了理论学习儒家经典，还开展义务给老人送饭、扫街、洗脚、理发等实践活动，将孝爱精神落实到日常生活之中。孝道讲习所在当地影响较大，不少外村的人慕名前来，甚至一些外省的人也前来学习，3 年来讲习班共办了 50 多期，培养了 3000 多名学员，他们中有学生，有干部，有农民，有商人。通过理论与实践的学习，他们都成了孝文化的践行者、传播者。孙家寨孝道讲习所也成为当地弘扬中华优秀传统文化及传统美德的教育阵地。

为了发挥榜样的作用，让孝道模范成为村民身边的榜样、楷模，在村里营造爱老孝老的氛围，付宏伟组织村里每年重阳节那天开展"慈母孝子"的评选活动。凡是被评上"慈母之家""孝子之家"的模范，村里会给予表彰，还有液晶电视、冰箱、空调等丰厚的物质奖励。被选上的孝道模范们胸戴大红花，在村里抱着铜匾伴着锣鼓声游行，非常荣耀。

"谁家要是获得了一台大彩电、大冰箱，锣鼓喧天地抱回家，好不荣耀，大家都很羡慕。我家为什么没选上？是因为做得不够好，要向人家学习。"

付宏伟深知，倡导孝道需要把发展村里的经济放在首位。为了带领乡亲们致富，让在外务工的年轻人能够返乡照顾父母，付宏伟在2016年担任村支部书记时，成功注册了"孝道村"商标，成立了以"孝道村"命名的农业种植合作社，生产销售有机花生油、石磨面粉、莲藕、卤香水晶蛋、九蒸九晒芝麻丸等土特产，形成了较为完整的产业链。村民们的家庭收入也稳步提高了。外出打工的年轻人纷纷回村，选择在本村就业或创业，村里的留守老人越来越少。随着村里孝道氛围的日益浓厚，为了让人们的孝行制度化、常态化，付宏伟将孝道纳入制度建设之中，在村里成立了"乡贤评议会""红白理事会"，他亲自担任会长。"乡贤评议会"主要是用来协调邻里之间、父子之间、婆媳之间等各种家庭关系；"红白理事会"主要是针对村里的铺张浪费、大操大办之风，倡导喜事新办、丧事从俭之风，并制定出一系列规章制度和实施方案。付宏伟还进一步完善了村规民约，将孝敬父母、移风易俗写进村规民约，从制度上规范村民的行为，引导村民自我教育、自我管理，以培育文明乡风。

在孙家寨村，村里人把初一与十五看成每个月最重要的日子，而村里最热闹的日子也莫过于每个月的这两天，因为在这两天孙家寨会举行千人饺子宴。笔者去调研时正赶上十五。一大早，村里就开始反复广播："各位村民注意了，今儿是十五，广场上照例举行孝道午餐，请65岁以上的老人按时参加。"天蒙蒙亮，村里的广场上就支起了5口大锅，四周也挂起了红灯笼，"注重家庭、注重家教、注重家风"的横幅悬挂在戏台子正中央，戏台两边挂着"百善孝为先""家和万事兴"的大匾。一大早，广场上就已经会聚了很多人，据村里人介绍，饺子宴不仅村里老人参加，外地的很多老人也会赶过来参加，饺子宴一般是五六十桌，人多的时候能摆上一两百桌。

上午 10 点左右，民间剧团、前来参观学习的外地代表、记者纷纷赶来，广场上的人也越来越多。志愿者们和村里的年轻人自发分成几个小组，忙着和面、擀饺子皮、择菜、剁馅儿，秩序井然，剧团在戏台子上表演着河北梆子、豫剧、威县乱弹，台下老人围坐在几十张圆桌前一起听戏、包饺子，笑声不断。正午时分，几万个包好的饺子被整整齐齐地码放在了广场边的架子上准备下锅，"饺子宴"正式开始。下饺子、盛饺子都有专人负责，志愿者们把盛好饺子的碗端到老人的餐桌上，中间还会提着饺子汤，挨个儿问要不要再喝点儿汤，老人边吃边拉家常，其乐融融。

据付宏伟介绍，饺子宴已经持续办了 8 年时间，每个月的初一、十五都会举行，从最初的 100 多人到现在的 1000 多人，规模逐步扩大，现在不只是村里的老人，附近村的很多老人都会赶过来，这些老人其实并不是为了来吃顿饺子，而是为了能拉拉家常、聊聊天，还有些单身老人通过饺子宴找到了自己的另一半。付宏伟高兴地说，目前孙家寨村的饺子宴已形成品牌，在全国 20 多个省份千余个社区、农村进行复制推广。

"我是孙家寨人，今年 65 岁了，每月初一、十五我都会参加饺子宴，现在参加饺子宴的人越来越多，还有很多外村的人都来参加，不管认不认识，大家在一起拉拉家常、叙叙旧特别开心。"

"我家住在隔壁村，来这边是做义工的，只要有时间，我基本上每个月都会过来帮忙，能为这些老人服务我也特别高兴，这次正好孩子放暑假，我就带她一起过来了，也让她学会孝顺长辈。"

"饺子宴已经持续办了 8 年，感谢付书记，他为了我们这些老人付出了太多太多，我们村里的人都很感激他。他影响了一大批年轻人，没有他我们村不会变化这么大，现在村里的年轻人也越来越孝顺。"

"我婆婆去世得早，我公公一个人生活很多年，自己还开了个水泥厂，每天饥一顿饱一顿，没人照顾，我自己也有两个孩子需要照顾，平时也没有时间去给公公做饭，很想帮公公找个老伴，想不到通过村里的饺子宴认识了邻村的阿姨，这事情就成了。"

在付宏伟的带领下，孙家寨村由最初的"空心村"变成了远近闻名的"孝道村",村里10年来没有发生过一起虐老事件,家庭纠纷也越来越少,村里已经形成了浓郁的爱老孝老的氛围,村里有些老人被孩子接到城里同住,外出打工过年都不回家的孩子也开始经常回家看望父母,孙家寨村成了没有围墙的敬老院,孝老敬亲已蔚然成风。付宏伟获得了村里人的信任,他自己也荣获"中国好人","全国道德模范"提名奖,"河北省道德模范""感动全国孝老之星""河北十大人物""邢台市十大道德楷模"等称号,孙家寨村志愿服务队获得"河北省优秀志愿服务队"称号。

三、礼俗模式

乡村孝文化的传承离不开村落日常生活中对传统礼俗的强调与贯穿,礼俗是一种自在方式,它是人们在长期的潜移默化的社会示范中自然习得的,并成为自己在日常生活中不假思索便遵循的规则和规范。传统乡村社会是一个礼俗社会,主要依靠传统和习惯的力量来维持乡村秩序。梁漱溟指出,礼俗示人以理想所尚,人因而知所自勉,以企及于那样;法律示人以事实确定那样,国家从而督行之,不得有所出入。……法律不责人以道德;以道德责人,乃属法律以外之事,然礼俗却正是期望人以道德;道德而通俗化,亦即成了礼俗。① 人们凭着礼俗营造着一个富有人情味的乡村共同体,在此共同体内,人们达成了思想上的共识,共享着基本的生活意义。尽管乡村社会经历了重大的变迁,很多传统和习俗被中断或打破,但一些重要的传统礼俗仍然得到了保留,发挥其人伦日用的化育功能。

山东是我国儒家文化的发源地,有着深厚的文化底蕴,儒家创始人孔子、孟子都出生在这里。忙店村位于山东省济宁市嘉祥县万张镇,南临老赵王河、252连接线西500米,全村共有486户1820人,村庄总面积共460亩,耕地面积约2300亩。忙店村历史悠久,始建于洪武年间,相传是

---

① 梁漱溟全集:第3卷［M］.济南:山东人民出版社,1990:121.

从山西洪洞县老鸦窝迁居至此，距今已有 600 多年的历史。因深受儒家文化的影响，忙店村有着浓郁的孝文化氛围，村里的街巷分别命名为孝顺巷、和睦街、感恩巷、行礼街。2009 年 8 月，忙店村被中华慈善总会评为"全国孝心示范村"。

随着现代化进程的推进，与全国其他乡村一样，忙店村的传统礼俗已发生了变化，有些已经销声匿迹，有些随着人们观念的变化而发生了改变，但在婚丧嫁娶、重要的岁时节日中，传统礼俗仪式仍然得到了保存。这些传统礼俗中隐喻着孝文化的价值与规范，孝文化借助传统行为仪式不断得以实践与强化。

婚姻是人生大事，虽然现在年轻人奉行自由恋爱，不再是"父母之命，媒妁之言"。但在忙店村，如果子女谈的对象是本村人，还是要尊重本村的传统习俗，父母在儿女婚姻中的主导权在传统习俗中依然可见。比如提亲，也就是古代六礼中的纳彩这一环节，男方父母要请媒人到女方家中去提亲。提亲之后，就是"换帖""合婚"，由媒人把男方的生辰八字送到女方家，女方的生辰八字送到男方家。父母会拿着子女的生辰八字去"合婚"，看双方八字是否匹配，如果八字不合，婚事就要重新考虑，或者请算命先生用好的风水布局来破解。村里还出现过年轻男女因八字不合，在父母的干涉之下被迫分手的。

接下来是订婚。订婚一般是由男方父母出资准备聘礼，聘礼的礼金一般是男女双方父母协商而定，礼金的数字要吉利，比如一万八、三万八、六万八、八万八等。除礼金之外，金戒指、金项链、金耳环也是必不可少的订婚礼物。订婚后，双方便会按照八字择日结婚。

婚礼也非常讲究，男方家在婚礼前一天，要先祭拜祖先，告知祖宗家里将有婚礼举行，同时邀请亲友中的小男孩在床上翻滚，俗称"压床"，床上要撒上花生、红枣、桂圆、莲子，寓意白头偕老、早生贵子。在女方家里，结婚前一天亲朋好友都要到齐，为新娘暖嫁，晚上还会请一班吹鼓手吹打一番，吹打完毕后，新娘要向父母行"辞娘礼"，以感谢父母的养育之恩。

结婚当日，喜宴座位按照尊卑长幼顺序来安排，遵循着上尊下卑、右尊左卑的顺序，堂屋上方正中是正席，一般是新娘的父亲和舅父坐上首右边席位，新郎的父亲或舅父坐上首左边席位作陪，其余座位便按照尊卑长幼对号入座。除堂屋的正席外，次尊贵的一席摆在新房中，由新娘母亲坐首位，新郎母亲或舅母作陪，其他各席的座位按尊卑次序排定。宾客就座后，便鸣炮开宴，新郎新娘要先到主桌敬酒，对上亲表示感谢，同时新郎要守候在桌边，随时为上亲斟酒，以示尊敬。

尽管在忙店村，受到西式婚礼习俗影响，传统的符号化行为已逐步消失，但是从提亲、订婚再到结婚整个过程的结束，仍然可以窥见传统礼仪的身影，孝道精神也在这些传统礼俗中得以展现。

春节对于每一个中国人来说，都是最重要的传统节日，意味着新的一年的开始。对于忙店村来说，春节就是一次大规模的人口流动，子女们不管身处何地，只要父母健在，都要赶回家中与父母团聚。如果春节子女无法赶回家看望父母的，便会招致村里人的闲言碎语。

子女在外面打工的，平时工作忙可以不回家，但春节肯定是要回来的，除非有特殊情况，不然会被村里人说。再说子女不回家，父母在家过年也没什么意思，孤孤单单的。

忙店村春节拜年的习俗一直流传至今，每逢大年初一，村子里就特别热闹，大街小巷都能见到来来往往前去拜年的人，忙店村的拜年习俗也充分体现了孝文化精神。

村里有个习俗，大年初一吃过早饭要到长辈家去拜年，就算你在外面是大老板或者是领导干部，也要去拜年，小辈们要去长辈家磕头领压岁钱。

大年初一一早，家族成员吃完早饭，便相约前往本家族中的长辈家中拜年，拜年的顺序也是有讲究的，一般是按照由近及远（亲疏远近）、由大到小（年龄大小）的顺序逐次拜年，长辈一般会将自己家族族谱牌位供奉在中堂，前来拜年的晚辈首先要向供奉的祖先牌位行礼磕头，再向健在的长辈磕头。跪拜结束后，按照辈分、年龄、性别分别于中堂厅两侧坐下，座位是分上下和主次的，不能随意坐。

《大戴礼记》曰："丧祭之礼明，则民孝矣。"丧礼最能体现孝道精神。如果说忙店村一些传统习俗已发生了变化，但丧葬的传统习俗却得到了较为完整的保留，在一整套繁文缛节中蕴含着丰富的孝道精神。丧礼是培养村民孝道精神的重要载体，如朱启臻所言："经历过数次丧葬大礼后，即便是目不识丁的村民，也会在心中留下常伦和道德印记。"

"老人去世后的仪式是非常重要的，办完仪式才能入土为安，不然会家宅不安，影响子孙后代。虽然现在村里不让大操大办，但以前的老传统还是保留着，该有的环节一个都不能少。"

在忙店村，老人去世要举行追悼仪式，凡是年满70岁的老人去世的，称为"喜寿"，追悼仪式过程较为烦琐，具体包括小殓、吊孝、入殓、出殡、祭奠等一系列程序。在小殓阶段，子女要准备好寿衣，在老人临终前替他更衣，因村民们比较忌讳"死"字，所以村民们称"穿寿衣"，寿衣面料一般是棉质的，寓意后代子孙绵绵不绝。寿衣面料忌用皮毛，怕来世投胎为牲畜。寿衣穿戴完毕后，子女要将老人抬至一张下面铺满庄稼秸秆的草席垫子上，移至堂屋当门的床上，头南脚北放置，俗称"上灵床"。老人身着寿衣，于灵床上咽气为"寿终正寝"。老人的脸上覆黄元纸，也称为"蒙脸纸"，灵床前置"长明灯""香炉""倒头饭"。

等老人逝去后，家人要第一时间报丧给亲朋好友，村里人也称为"把信"。"把信"的人是家里的男性，多为孝子、长孙或者侄孙。接到报信后，至亲们在大殓前及时前来奔丧。老人去世后家里要搭设灵堂，灵堂是安放老人灵柩之所，灵堂上供奉着水果、点心、香炉、白色烛台。孝子们在灵堂前不断上香，迎接前来吊唁的亲朋好友。每有人来祭奠，孝子们都得陪同磕头，开吊那天还要请来唢呐班，通过唢呐的吹唱让老人的灵魂在黄泉路上不再孤单。因丧事琐事较多，子女们的心情又处在悲痛之中，村民们这时候一般会自发前来帮忙，记账、管理财物、搭棚、接待各有分工。丧葬的礼仪很多，村里人认为，如果子女不遵照传统礼仪去办，就是对父母亡灵的大不敬，以后也会对子孙后代造成不利影响。因此，孝子们通常会请村里一位既懂丧葬礼仪又德高望重的长者前来主持丧事。入殓后，儿子要带着供品去土地庙烧香，俗称"告庙"，意思是给老人去报阴间"户口"，子女与近亲要穿戴"孝服"，孝服的穿戴也非常有讲究。根据血缘亲疏关系，一般老人的子女和至亲需穿白衣、戴白帽、穿白鞋，儿子还要腰系苘麻绳，手执一长约一尺半的木棒，俗称"哭丧棒"，表示在悲痛之中难以自主，需哀杖支持。

　　老人下葬当天，由抬棺人（一般由 8 名青壮年组成）将棺材从灵堂抬到路祭处进行路祭。路祭结束后，唢呐班走在最前面，鸣锣开道，长孙打着"影不旗"，孝子手持哀杖随后，其他至亲手举花圈或者纸扎祭品紧跟棺后。这时候，村民们也会自发前来烧纸悼念，送老人最后一程。丧葬队伍在村里绕行一周后，便直接驱车前往火葬场，送葬回去的路一般不允许走回头路，回家后必须要洗手，以驱除晦气。

　　忙店村以前盛行土葬，孝子们把装有老人遗体的棺材埋入地下，聚成坟堆，当然事先要请阴阳先生看好风水选好址，村里人认为墓地风水很重要，风水的好坏直接关系到家族后代的兴旺，自 20 世纪 90 年代以来，忙店村响应国家号召，老人去世后一律改为火葬，老人墓地也是由村里统一划定区域，个人不能任意选址埋葬。所以老人遗体经火葬场火化后，孝子们会直接将老人的骨灰捧至集体公墓区进行安葬。

　　老人下葬后第三日，子女便要到坟地烧纸祭奠，俗称"赴三"，并将坟头添土，俗称"圆坟"。此后就是"七祭"，也就是每隔七日，子女都要到坟前烧纸祭奠。其中，"头七""五七"最为隆重，要摆供品、烧纸扎房屋等。接下来就是"百日祭"和"周年祭"。周年祭要连祭三年，三年期间，子女不准穿红着绿，不准家办喜事、不准贴春联，直到三年祭满后，方可按通常习俗祭祀。

　　此外，忙店村的清明节、中元节、冬至日也都要上坟祭祖。每逢这三个节日，家族成员都会带着纸、香和供品去墓前祭祀，祭祀时一边烧纸一边念叨，向逝去的长辈表达哀思，祈求他们保佑家族平安。这时候，家族里的大人们也会向小辈们介绍祖先生前的种种逸事，在小辈们的心中，祖先不再是眼前的坟头，而是一位值得尊重的长者，人们在祭祖的同时也明确了自己对家族的责任义务，并努力去实现人生的意义。"节庆是重温族群以及家庭集体记忆的过程，构成节日内容的历史、典故、仪式、习俗，也正是族群道德伦理、精神气质、价值取向之所在。"① 在忙店村，传统礼俗通

---

① 王琛发．马来西亚华人民间节日研究［M］．吉隆坡：艺品多媒体传播中心，2002：11-12．

过对过往场景的再现，起到了一种勾连历史的作用，它将孝文化的回忆以一定形式固定下来并使其保持现实意义，让乡村孝文化的记忆鲜活生动起来，将本来隐而不显的孝道精神变得清晰可辨。由此，孝道文化在不同的主体与时空中获得了传承的连续性，建构起了一段绵延的乡村记忆。在这里每个人都是描绘者与建构者，记忆与共。孝文化以一种礼俗的模式一代代传承下去。

四、宗族模式

秦晖曾指出："国权不下县，县下惟宗族，宗族皆自治。"在传统乡村社会中，宗族对于村民日常生活的运转、乡村秩序的维护起到了积极作用，承担着乡村的经济生产、祭祀、教化、救助、秩序维护等功能。村民所有的社会生活均是在家族中展开，他们没有独立的意志，没有私人的财产，服从宗族给予他们的身份、规则，如同梁漱溟所说，除了家（宗）族外，就没有社会生活。在乡村宗族制度中，祠堂、公产、族谱是三大基本要素，祠堂是供奉祖先、举行祭祀活动、宗族议事的场所，是家族的象征；公产是宗族赖以存在发展的物质基础，它为宗族内部的公益事业、救贫济困提供经济来源；族谱记录了宗族起源、迁徙与繁衍的历史，规定了宗族内部的人伦关系和族人的行为方式。这三个基本要素在强化人们的宗族意识、维系宗族团结与凝聚力等方面发挥着重要的作用。

源于血缘、地缘的宗族关系较为复杂，需要通过一定的伦理规范加以调节与规范，而孝道伦理便是调节宗族制度的思想基础，孝道伦理所倡导的孝敬、顺从的伦理精神适用于宗族内部管理。学者徐梓从明清两代和民国时期的家范中选择了142种家范进行条款归纳分析，发现敬祖孝亲类的条目最多，共409条，约占整个条目总数（1896条）的21.6%。[1] 因此，宗

---

① 徐梓 . 中华文化通志·家范志［M］. 上海：上海人民出版社，1998：306.

族制度是孝文化的重要载体。

中华人民共和国成立后，宗族作为封建社会残留受到了批判与否定，宗族的主要标志——祠堂、公产、族谱，被强行没收或者摧毁。随着宗族制度的瓦解，村民们也从宗族关系中解放出来。但是制度化宗族的解体并不意味着基于血缘和文化机制的宗族关系的解体。改革开放之后，随着人民公社制度的瓦解、国家权力的收缩，乡村社会的意识形态控制逐渐放松，宗族开始复兴起来，重建祠堂、重修家谱、回乡祭祖现象越来越多。周大鸣指出："宗族的复兴有其内在必然性……是基于自然的世系关系的共同起源而形成的，是一种客观的存在，并非出于利害关系或是某项活动而人为组织的临时组织。可以这样说，涵盖了血统、身份、仪式、宗教、伦理和法律等诸多要素的宗族理念早已内化为民族精神的一个组成部分，它可能会在酷烈的无能为力中被压制得无声无息，绝不会被彻底摧毁，一旦环境许可，又会顽强地展现其生命力。"[①] 当然，新兴的宗族与传统的宗族相比，无论是内部结构还是外在功能都发生了变化。宗族制度的狭隘性决定了它难以恢复昔日的权威。尽管如此，宗族认同仍然存在，它能够为村民提供社会支持网络，强化村民的凝聚力，特别是以浙江、江西、福建等地最为典型。课题组于 2019 年 8—9 月对浙江省余姚市大岚镇柿林村进行深入调研，观察柿林村村民的日常生活、社会交往、宗族文化，深入考察孝文化在宗族制度中的传承。

柿林村位于四明山大岚镇东南部，距大岚镇政府驻地约 5 千米，距离余姚城区 50 千米，距宁波市区 60 千米。村庄地理位置非常险峻，依山而建，四周都是高耸的山峰，海拔约有 550 米，是宁波市海拔最高的村落之一。柿林村是典型的浙东峡谷地貌，土壤多为黄泥土和砂石土，光照和雨水较为充足，柿林村是赤水和北溪两条溪流的交汇之地，村内有国家 4A 级景区"丹山赤水风景区"，整个乡村呈现出"负阴抱阳"的太极八卦建筑布局，也是余姚市第一个风景名胜区。现在的柿林村是由原柿林、小岩岭头、

---

① 周大鸣.当代华南的宗族与社会［M］.哈尔滨：黑龙江出版社，2003.

黄泥岭三个行政村撤并而成，区域面积 6.05 平方千米，共有 289 户 650 人，8 个村民小组，耕地面积约 3054 亩，山林面积约 6202 亩。村里因盛产柿子而得名，当地主要产业有柿子、茶叶、竹笋、花卉等。关于竹笋，在柿林村还流传着一个传说——"孟冬哭竹"。传说孟冬是一个孝子，在一年冬天，他双目失明的母亲忽然想吃笋。但当时正值寒冬腊月，大雪封山，山上根本没有笋。但孝顺的孟冬为了满足老母亲的心愿，带着锄头来到山上挖竹笋，久寻无果，急得他大哭起来。没想到，他的孝心感动了上天，就在他眼泪滴落的地方，忽然出现了笋芽，孟冬欣喜若狂，马上带回家，给母亲煮了一锅笋汤。从此，在四明山上，冬天也有竹笋了。为了纪念孟冬，人们把这时产的笋称为"冬笋"。

柿林村历史悠久，形成于元末明初，距今已有 650 余年历史。相传早在东汉年间，就有许多道教名士来此隐居修身，被道家称为"三十六洞天之第九洞天"，是唐朝时期中国道教第九洞"神宫道观"的所在地，因此柿林村在史书典籍中又名为"丹山赤水"。柿林村是典型的血缘村落，全村人只有沈氏一姓。据资料记载，周文王第十子冉季封于沈，是沈氏始祖，于元末明初迁居至此，现在的村民都是周文王和北宋政治家沈括的后裔。"耕读传家，忠孝为本"是沈氏宗族的族训，历史上出现过很多科举官吏和文人雅士，第二十四世孙沈括，官至龙图阁大学士；第二十九世孙沈绅，官至翰林院直学士兼给事中，授少师衔。南宋高宗皇帝曾御笔亲敕沈氏后代为"簪缨继世，科第传家"，柿林村因人才辈出也曾称为"仕林"。

柿林沈氏宗族将"显亲扬名"作为宗族的最高利益追求，要求族内子孙勤奋读书，考取功名，以显亲扬名。若成年子孙游手好闲，便被视为不孝。据村里老人介绍，在以前，沈氏宗族还有田产，这些田产的收成除了祭祖、救济族人之外，还用来奖励读书有成的子孙，凡家中有子孙考中秀才、举人、进士者，均可得双份祭祀品。村里人在"耕读传家"族训的规训下，纷纷以祖先为楷模，崇尚读书，村里几乎人人识字。在外做官的柿林人很多，他们年老后一般会回到乡村，成为士绅，参与宗族事务。据村里人介绍，现在的柿林沈氏大家族中，大、中专毕业生已有 300 多人，其中考入北大、清华等重点大学的就有十几人。这些孩子不少已经成为社会各领域的领军人物。但他们不管身居何位、身处何地，从未忘记过族训，"耕读传家，忠孝为本"的族训已经融进了他们的血液里。

忠孝本是一体，在革命战争年间，不少柿林村的儿女把对宗族的孝转化为对国家的忠，毅然投身到轰轰烈烈的革命中，村里涌现出 20 多位革命烈士。面对敌人的残酷打击，没有一个柿林人背叛革命。例如，地下党员严彩花，在丈夫"北撤"后仍坚持地下斗争，被敌人抓住后经受了严刑拷打，仍没有出卖组织。1939 年 5 月，浙东四明山地区第一个共产党支部在村里成立。党组织成立后发动群众积极抗日，如楼明山、朱之光、黄连等革命先辈曾在这里发动过茶农暴动等革命行动。从 1939 年 5 月到 1943 年 8 月，中共在四明山区共建立了 34 个党支部，发展党员 182 名，为浙东四明山革命根据地的创建打下了基础。为了纪念这些革命先辈，柿林村设立了中共四明山第一党支部纪念馆。

宗祠是宗族文化中最具代表性的象征，是整个宗族组织运行的核心与纽带。在柿林村最宏伟古朴的建筑便是沈氏祠堂，沈氏宗祠初建于清道光四年（1824 年），之后又经历了多次破坏与修葺，现存的祠堂是 1994 年重新修建的。宗祠坐落在村西南角，坐南朝北，占地约一亩，是一座两进两厢、四合院式的明清建筑。大门外是一堵八字形照墙，据说一般照墙是一字形，因沈氏家族出过贡元，所以建成八字形。

宗祠前厅有两扇厚重的黑色大门，大门上方挂有"沈氏宗祠"匾额，左、右设便门两扇，右首便门上方有"贡元"匾一块。后进靠南墙，原先是历代祖先牌位的供奉之地，正中最高处供奉着林十五公神主，然后按元亨利贞四派排列，后来在"文化大革命"期间被毁。

宗祠檐下左首悬"玉洁冰清"匾，是朝廷表彰绍能公姚氏孺人"青年守志，操同松柏"事迹的，檐下右首"钦旌节孝"匾是赐给景公徐氏孺人的。据说，清道光十一年（1831 年），姚氏嫁到柿林当天，其夫在查看祖坟时，不幸被老虎拖走。新婚丧夫的姚氏没有再嫁，孝敬公婆，照料侄子，直至晚年双目失明，还把家产赠送给侄子，其节孝感动了朝廷。中堂两侧还挂有两块"节孝"匾，一块是清光绪元年（1875 年）浙江巡抚奉旨为作臣胡太孺人做的，另一块是清光绪二十三年（1897 年）五品同知绍曾上表奏请表彰万丰公黄氏孺人的。

后进正厅的正中悬挂"忠清堂"匾额，相传光绪三十一年（1905）七月，上虞黄钟韩在《续修宗祠序》中写道："今沈子惧长幼之易于错杂也，必先寻其绪而后表其目，一有不明，虽汗流浃背而不病劳，非忠而何；恐存亡之多所脱漏也，必欲征诸文而又考诸献，一有所疑，虽遍户采访而不厌烦，非清而何，忠且清，而犹病其私焉偏焉……今沈氏忠其事，清其源，无愧乎衷，无负乎祖宗，忠清命堂之义焉，得矣，何有他求哉。"

沈氏祠堂是宗族内部祭祖议事之地。据村民介绍，以前每到七月十三祭祖之日、清明节、冬至日，族长、房头都要聚在祠堂，举行祭祖仪式，报告一年族里的开支以及来年的预算情况。此外，这里也是族长行使族权的地方，如与外村发生纠纷或者本族人违反族规，如子女不孝顺老人，族长便会与房头在这里商讨处理解决，所以这里也曾是道德的法庭。虽然现在的沈氏宗祠已不再是道德的法庭，但仍然承担着祭祀祖先的功能。祖先是家族的起源，对祖先的祭奠仪式是沈氏宗族孝道文化的重要内容之一。柿林村的祭祖仪式分为家祭、墓祭和族祭，族祭是在祠堂里举行的。祭祀当天，即使是在外地的沈氏后代们也都要尽量赶回来，祭祀仪式开始前，要在祖先灵位的正前方摆放好祭祀物品，一般是供奉一个煮熟了的完整猪头，猪头的下面摆放印糕、红福糕、云片、甘蔗、橘子等。祭祀仪式一般由族长主持，族长宣布祭祀仪式开始。首先，族长要带领族人朗诵祭文。祭文内容一般为追思先祖，歌颂先祖功绩，激励沈氏后辈们要向先辈学习，继承先祖留下的优秀传统文化，使之发扬光大。朗诵结束后，族长要带领族人们上香、敬酒、烧纸钱、磕头。祭祀结束后，族人们依序退下。整个祭祀氛围庄严、肃穆。

根据村里的老人说，以前祭祖结束之后，家族的男丁都会领到供品，还有猪肉，分配的数量主要是根据年龄的大小，一般年龄大的领到的供品就多，有些老人甚至过年都不用买猪肉。现在，族人们也会像过去一样领供品回家，但分配的原则主要是根据家庭的经济条件，如若是家族中的孤寡老人，分配的供品就多一些，这也充分体现了沈氏宗族的抚恤传统。族人们因为难得相聚，祭祀结束后一般还会在一起用餐，也称为"祠堂酒"，大家相互问候、相互交流，气氛活跃，族人的情感便在"祠堂酒"中不断地流淌。

通过宗族仪式的展演，关于沈氏宗族的记忆便在历史演变中不断得以重现，在族人们的记忆中不断得以构建。保罗·康纳顿指出，集体记忆或者集体认同的建构并不是强行地灌输，是附着在特定的仪式展演上，通过仪式性的操演来传达的。"有关过去的形象和有关过去的回忆性知识，是在（或多或少是仪式性的）操演中传送和保持的。"[①]"在纪念仪式中，我们的身体以自己的风格重演过去形象，也可以借助继续表演某些技艺动作的能力，完全有效地保存过去。"[②]仪式的展演将集体记忆以一定的形式固定下来并使其保持现实意义，从而构成了现实生活中群体的归属感和身份认同的基础。

沈氏宗族除了会定期举行宗族仪式之外，还立有沈氏族规，世代相传，以劝诫训勉之词规定族人的言行举止，沈氏族规中将孝道视为族人的立身之本。

父母有疾，当晨昏定省，亲尝汤药，慎弗疴痒不关，自违明教，忍居不孝。为子孙，婚娶不必求诸财势人家，只择其教养端正及女子之德，性纯良者为佳。若徒慕财物，妄娶淫泼之妇，风俗败坏，门第玷污。朱子明训：娶媳求淑女，勿计厚奁。愿世之为父母者戒。子孙尽祖父母与父母之丧，无论富贵贫贱，唯求慎终追远，方是大孝根本。然丧具称家之有无，苟能竭尽心力，微报涓涘，斯亦无愧为人之后。

沈氏族规中对鳏寡孤独者给予特殊照顾，彰显着宗族的孝道精神。

族内有鳏寡孤独亲邻无告者，同宗之人，当难为苦楚，更加怜恤。文肃公曰：以吾祖宗视之，均是子孙。斯言无非欲后世子孙仁慈隐恻为怀。子孙不幸而乏嗣者，依律须令同宗昭穆相当之侄承继，先侭同父周亲，次及大功小功缌麻。如俱无，方许择立远房及同姓为嗣，毋得以非族妄继起

---

① 保罗·康纳顿.社会如何记忆［M］.纳日碧力戈，译.上海：上海人民出版社，2000：1.
② 同上.

嚚，家庭紊乱，宗祀戒之。

柿林村作为传统古村落，仍然保留着浓厚的宗族文化，孝文化作为宗族文化中的重要内容，得到了大量的保留，并通过祭祀、族规、抚恤等多种形式呈现出来。同时，柿林村由于特殊的地理环境和社会风貌，儒家孝文化呈现出了浓郁的地域文化色彩。在柿林村，老人们的地位比较高，既可以在村里参政议政，村里年轻人如发生家庭纠纷，也会去找老人调解。在宗族的影响下，孝文化在柿林村得到了传承与发展，形成了孝文化传承的宗族模式。

五、产业模式

文化产业是市场经济的产物，是一种兼有文化属性和经济属性的综合性产业。作为一术语，最早是由法兰克福学派阿多诺和霍克海默提出，但当时法兰克福学派对文化产业所持的是一种否定态度，他们站在批判的立场上，历数工业化的生产模式对文化的侵害。而后，随着全球经济社会的发展，文化产业逐渐与各国的发展战略紧密联系在了一起，学者们对文化产业也不再持否定批判态度，而是从推动产业升级、提高国家经济社会综合竞争力的战略高度上去研究。在我国，改革开放以后，随着市场经济的深入推进以及人们的精神文化需求的不断增强，文化的产业属性已得到了普遍认可，文化的经济功能也得到了充分发挥，文化产业已成为我国国民经济中的重要组成部分，被称为"第四产业"。

乡村社会蕴含着无限的文化生长空间和市场拓展空间，以文化产业化的方式推动孝文化的传承是新时代孝文化创新性发展与转化的重要方式，不仅能够有力促进乡村社会经济的发展，还能增强村民的文化自信和身份认同感，使孝文化能够在更广阔的社会空间以及广泛的文化交流中得到传承与保护。

位于陕西省榆林市的李孝河乡便通过产业化的手段以及合理的商业运作来推动孝文化传承发展。李孝河乡属子洲县，1958 年建李孝河公社，

1984 年改乡。面积约 80 平方千米，人口 0.8 万。李孝河乡属于典型的黄土高原丘陵沟壑区，交通极为不便，距离县城 50 千米，曾经被当地人称为"子洲的西藏"。李孝河乡虽然交通闭塞，但历史较为悠久，孝道氛围浓厚。据说李孝河以前称为李小河，清朝末年，村里出了一个"朱善人"，此人心地善良、乐善好施、孝顺父母。有一天，山里的土匪来村里烧杀抢掠，村民纷纷躲进深山，只有"朱善人"没有离开，他在家伺候病重的老母亲。土匪闯入"朱善人"家，看到"朱善人"正跪地一口一口地为母亲喂饭，一向凶悍的土匪被"朱善人"的孝心深深感动，便停止抢掠离开了村庄。此后，"朱善人"孝心感动土匪的事情广为流传，成为佳话，李小河便改名为李孝河了。李孝河村的后人们以"朱善人"为榜样，敬老孝老便成为李孝河人的优良传统，代代相传。

在现代化进程中，李孝河乡和中国其他地方乡村一样，也面临着传统文化资源流失的问题。为了探索新时期孝文化的传承路径，李孝河人将孝文化与文化产业相融合，倡导"商行大道，孝融天下"的理念，积极打造孝文化旅游风景区，将孝文化资源优势转化成产业发展优势。

窑洞是陕北特有的民居形式，具有浓郁的民俗风情和乡土气息，坐落于李孝河乡的刘家大院便是典型代表，刘家大院共有老、旧、新三个院落，三个院落修建时间不同，建筑风格也有所差异。老的院落修建于清朝末年，由刘氏先祖刘仁泰先生组织族人修建。旧宅修建于 20 世纪 50 年代，为八孔石窑洞，窑檐为仿古式挑石长廊，既古典雅致，又不失传统窑洞风格。新宅修建于 2013 年，由刘振清先生出资兴建，新宅是一座两进式仿明清四合院建筑，占地约 16 亩，总建筑面积 3900 平方米。上下两院雅致大方，门窗摆设颇为讲究，门窗是用核桃木与榆木板镂空雕刻的菱花样式，窗棂造型别致多样，窑内家具皆为缅甸花梨木，明代款式，各种雕刻图案栩栩如生，极具审美价值。

在李孝河乡，刘氏家族居此 200 余载，乐善好施，襄助公益，誉满乡里。为了传承良好家风，2015 年，在地方政府支持下，刘振清先生出资将老宅重新修葺，建设成"子洲县孝文化展览馆"，此展览馆也是目前陕西省唯一一个以孝文化为主题的展览馆。馆内设有孝河长流、百孝壁、孝文化专栏、传统二十四孝人物展廊、新二十四孝浮雕墙、家谱收藏室等 15 个展室以及孝道文化资料、图片展，从不同角度揭示孝文化的精神内涵。展览馆不仅是子洲县践行社会主义核心价值观的学习基地，也是李孝河村民的德孝大讲堂，大力推进孝文化的继承与创新。

据工作人员介绍，自孝文化展览馆建成之后，来参观刘家大院的游客络绎不绝。地方政府和刘振清先生看到了商机，决定发展以孝文化为主题的乡村旅游产业，投资建设孝文化旅游景区。项目总投资 800 万元，通过政府引导、企业投资、贫困户参与的形式建立起"企业＋基地＋贫困户"模式，推动景区建设。孝文化旅游景区占地总面积 96 亩，共分为儒家道德文化景区、孝道文化景区、乡愁怀旧景区、农耕文化景区、垂钓园景区、采摘园景区六大景区，以子洲孝文化展览馆、刘家大院景区为中心，沿线林果园区为基点连成一线，形成一个集孝德文化建设、宣传教育、休闲农业、生态宜居和旅游、餐饮、娱乐为一体的美丽乡村旅游地，来此参观的游客数量不断增多，平均每年接待游客 5 万余人，有效带动了李孝河乡村旅游产业发展，同时为家庭贫困的村民提供了 100 个就业岗位，人均月工资 2300 元，带动十余户贫困户发展农家乐，户年均增收 6000 元。

在现代化的侵袭之下，传统乡村文化资源不断流失，在此背景下儒家孝文化应如何去传承发展，李孝河乡找到了一条孝文化产业化发展路径，以乡村旅游产业推动孝文化的再生产，布迪厄用文化再生产的概念来表明社会文化的传承是一个动态的不断变化的过程，是在既定时空中不同文化力量作用的结果。在当前市场经济环境下，市场经济这只"无形的手"触及了乡村的角角落落，传统乡村社会中所形成的伦理道德、人情往来、生活方式、习俗礼仪都要接受它的洗礼，市场经济对孝文化的作用力量无疑是巨大的。李孝河乡以一种经济的眼光赋予孝文化以新的传承形态，不仅使孝文化获得了新的关注点，成为乡村经济的增长点，而且凝聚了人心与共识，赢得了村民对孝文化的认同感，重拾了村民们对传统文化的信心。

以上 5 个乡村分布在我国的不同区域与省份，由于历史条件、自然与人文环境、产业基础都存在着较大差异，孝文化的传承模式也各具特色。

虽然传承模式有所差异，但也存在着共同点，即各个乡村都能够充分整合利用本土的传统与资源，高举孝道伦理大旗，弘扬孝道文化，践行社会主义核心价值观。而且孝文化作为乡村宗族伦理文化的核心，它的传承发展又能够充分发挥凝聚人心的功能，医治当前乡村社会日趋个体化、原子化、离散化之病症，以凝聚共识，塑造文明乡风，实现乡村社会的善治。

第七章

嵌入内生：乡村现代化进程中孝文化传承的机制

乡村孝文化传承是一项系统性工程，它不是单一传承方式的独立运作，而是内外部不同要素之间相互作用、相互协调所构成的一种稳定性的传承运作模式。本章将以乡村社会为界，从外部嵌入机制与内生机制两个方面探讨乡村孝文化传承的机制，实现对乡村孝文化传承问题由表层结构到深层结构的把握。

第一节　嵌入机制：乡村孝文化传承的外部机制

马克思曾指出："人的本质并不是单个人所固有的抽象物，在其现实性上，它是一切社会关系的总和。"[①] 人是社会中的人，个体的行为总是受到宏观社会结构的影响制约，将孝文化嵌入国家的制度规范设计之中，充分利用制度的规范功能来规训村民的孝道行为，以形成稳定的秩序性结构，这便是乡村孝文化传承的外部机制。

---

① 马克思恩格斯文集：第 1 卷［M］．北京：人民出版社，2009：501．

一、嵌入理论：一个理论解释框架

从理论溯源上来看，嵌入理论最早是由英国经济社会学家卡尔·波兰尼（Karl Polanyi）提出。他认为，经济活动并非一个独立存在的系统，政治、文化、宗教等非经济制度都是经济活动的重要影响因素，"经济作为一种制度过程，是嵌入在经济和非经济制度之中的"，"人类经济嵌入并缠结于经济与非经济的制度之中，将非经济的制度包括在内是极其重要的"。在波兰尼看来，经济活动是一种人与环境互动的制度化过程，经济活动总是嵌入在社会系统之中。政治、宗教和经济之间的嵌入性造就了一个社会开放系统，他从互惠、再分配和交换三种经济形态中明确了不同制度环境下的嵌入方式，在前工业革命社会中，经济制度中的非经济关系使社会组织嵌入社会体系中；在后工业革命社会中，社会与市场不但相互嵌入，而且社会的运行与前工业革命社会相反，社会关系被嵌入在经济体系之中，而不是经济行为被嵌入在社会关系之内。[①] 波兰尼试图通过嵌入理论来分析经济体系与社会体系间的关系与逻辑，拓展了人们分析经济活动的思维和方法，对新经济社会学领域产生了较为深远的影响。

随后，社会学家马克·格兰诺维特（Granovetter）在波兰尼的研究基础上，对嵌入理论展开了进一步的研究与深化。他在《经济行动与社会结构：嵌入性问题》一文中首先对古典和新古典经济学家的理论假设表现出强烈不满，指出古典经济学都是假设理性的，认为人的追求利益行为完全不受社会关系影响，这其实只是接近于思想实验的理想化状态。人是社会中的动物，人的行为完全取决于社会化的过程，社会关系、社会情境对人的行为起到了制约作用。为此，他对社会学、经济学领域中出现的低度社会化和过度社会化方法进行了批评，他认为这两种观点表面上看似相互对立，但实际上它们都是通过原子化的个人来实现决策和行动的，前者的原子化来源于对自我利益的狭隘功利追求；后者则产生于个人业已内化的行

---

① 杨玉波. 嵌入性理论研究综述：基于普遍联系视角［J］. 山东社会科学，2014（3）：173.

为模式中，二者的共同点是都把个人现时的决策和行为与个人当下所处的社会关系割裂开来。在批判的基础上，格兰诺维特指出："关于人类行为分析的丰富的研究成果需要我们避免对不充分社会化和过度社会化观点中的原子化理论的盲从。他们不会像游离于社会联系之外的原子那样进行决策和行动，他们也不是像奴隶一样死守他们凑巧占据的社会范畴的特定交汇点为他们写就的脚本。相反，他们尝试进行有目的行为是嵌入具体的、正在进行的社会关系体系之中的。"①

　　格兰诺维特进一步细化了嵌入的不同类型，提出了嵌入性的分析框架，他将嵌入类型划分为关系嵌入（relational embeddedness）和结构嵌入（structural embeddedness）两种类型。关系嵌入是指经济行动者嵌入人际关系网络之中，规则性期望、对相互赞同的渴求、互惠性原则是经济行动者在经济决策行为中所要面临的主要社会因素；结构嵌入是从宏观社会结构层面指出经济行动者嵌入更广阔的社会关系网络之中。格兰诺维特的嵌入理论受到了学术界的普遍好评，认为格兰诺维特的嵌入理论打破了不同学科间的壁垒，是社会学进入经济学研究领域的标志，为研究人类经济社会活动开创了一种新的方法论工具。此后，学者们对嵌入理论开展了更为广泛深入的研究。例如，社会学家 Burt 提出了"结构洞"理论，他认为个体参与社会网络中行为是一种逐利竞争行为，竞争优势取决于结构洞的资源优势与位置优势。

　　总体而言，嵌入理论细化了人们对社会行为的研究，它将对某一事物或现象的研究置于更为宏大的社会背景中去考察，为事物的研究提供了更广阔的视野。嵌入理论虽然讨论的是人们的经济行为受到相应社会关系和社会结构的影响，但正如格兰诺维特所言，不仅是人的经济行为，甚至人的一切行为都是嵌入关系网络之中的。因此，嵌入理论作为一种理论分析工具，可以为其他诸多社会行为提供解释。可见村民对孝文化的践行并不是一种孤立的个体行为，而是受到社会结构与社会关系的制约与影响。将

---

① 慈玉鹏 . 格兰诺维特的"镶嵌理论"［J］. 管理学家 . 2011（6）：72–81.

孝文化嵌入国家的制度规范设计中，利用制度的规范功能来规训村民的孝行，是乡村孝文化传承的外部机制。

二、嵌入机制：制度的吸纳

制度是规范、规则和惯例的集合，是社会成员所遵循的一系列的行动准则，它通过提供关于他人行为的预期而充当未来行动的指南，形塑持久的行为模式。制度主义理论认为，制度是影响个体行为的结构性制约因素，制度具有"适当性逻辑"（logic appropriateness），适当性逻辑可理解为一种角色理论，人的个体行为角色既受到自利和获利观念约束，也受到责任与义务的控制。制度为人的个体行为提供"意义框架"的象征系统、认知模式和道德模块，从而影响个体的基本偏好和自我身份的认同，在制度的约束之下，个体行为趋于稳定、规则、可预测。如马奇和奥尔森认为，制度是相互关联的规则和惯例的集合体，它们从个体角色与周围的环境的关系角度界定适当的行动，这个过程涉及要决定环境是什么、要实现什么角色，以及这个角色在环境中有什么职责。[①] 谢普斯勒（Shepsle，1989）认为，个体是理性地追求私利（self-interest）的存在，追求效用的最大化是个体行为的基本动机。但如若每个个体都在追求自我效用的最大化，非但不能实现个体效用的最大化，还会出现集体层面的非理性结果，导致"集体行动困境"的产生。解决集体行动困境的唯一途径就是设立制度。首先，制度是行为者的事前约定，它能够推动行为者之间的合作，保证合约的履行。也就是说为解决集体行动的困境，基于理性经济人之间的合约（contract），创造能够建构个体行为的制度。S. 克劳福德（Sue E. S. Crawford）和埃里诺·奥斯特罗姆（Elior Ostrom）指出，制度首先是一种均衡，制度是理性个人在相互理解偏好和选择行为的基础上的一种结果，呈现出稳定状态，稳定的

---

① B. 盖伊·彼得斯. 政治科学中的制度理论："新制度主义"［M］. 王向民，段红伟，译. 上海：上海人民出版社，2011：29.

行为方式就是制度。其次，制度是一种规范，它认为许多观察到的互动方式是建立在特定的形势下一组个体对"适宜"和"不适宜"的共同认识的基础上的。这种认识往往超出当下手段－目的的分析，很大程度上来自一种规范性的义务。再次，制度是一种规则，它认为互动是建立在共同理解的基础之上的，如果不遵守这些制度，将会受到惩处或带来低效率。[①] 理查德·斯科特在总结学者们观点的基础上，将制度的内涵归结于三个方面的要素：规制性要素（regulative）、规范性要素（normative）、文化－认知要素（culture-cognitive）。规制性要素强调制度对个体行为的规范性约束，制度通过建立奖惩机制为行为者提供积极或消极的激励。制度的规范性要素强调制度的价值维度与道德约束性，制度向行动者提出一种规范性期待，迫于制度的压力，行动者在作出行动选择时会考虑制度对自身的规范性要求，合理抑制、规避工具主义行为，选择适当的目标与行动。制度的文化－认知要素可理解为一种集体的共享意义，制度为行动者提供认知框架、理解图式，赋予周遭世界以意义，从而预设了行动者的行动逻辑，作用于行动者的行为。

学者们通常根据制度发挥的作用不同将制度划分为正式制度、非正式制度两种类型。正式制度是指成文的、正式的行为规范，它们在组织和社会活动中具有明确的合法性，如法律法规、政策制度等。非正式制度是指人们在交往中无意识形成的行为准则，包括传统习俗、文化传统、伦理道德等。对于乡村社会来说，正式的社会制度是一种外来制度，它来自国家政权体系的供给，是国家供给到乡村社会的法律规范，如村民自治制度、计划生育制度；非正式制度是村民们在长期的乡村共同体生活中所形成的一种约定俗成的且被共同认同的行为准则，如乡风民俗、伦理道德、村规民约等。与正式制度不同，非正式制度是一种内生性规则，它产生于乡村的田间地头、村民的日常生活交往中，是村民们内化于心的行为准则。

在传统乡村社会中，由于国家治理能力有限，正式制度的触角并未延

---

① Sue E.S. Crawford, Elior Ostrom, A Grammar of Institutions [J]. *American Political Science Review*, 1995, 89（3）: 582-599.

伸到乡村社会，非正式制度构成了乡村社会的秩序逻辑。

在现代乡村社会中，乡村社会已不再是"天高皇帝远"的灰色地带，国家力量已经全面渗透到乡村社会之中，正式制度在乡村治理中居于主导地位，具有较强的权威性、约束力，以一种强制力为村民们的行为提供了"可为"和"不可为"的导向和约束，规训着村民们的行为，对乡村社会秩序的维持起到了显性的作用，成为影响村民们思想行为的主导性力量。因此，充分利用正式制度的导向规制功能，将孝文化嵌入国家制度设计之中，构建养老、孝老、敬老的政策体系，形成孝文化传承的稳定性秩序结构，能够保障孝文化获得有效传承。具体来说，就是要将孝文化嵌入正式制度之中，使之成为正式制度的基本条款与要约。如封建统治者们通过举孝廉、表彰孝贞、引孝入律等制度设计，使孝文化为历代统治者和普通百姓所尊崇，从而获得稳定性传承。当然，我们在这里倡导将孝文化嵌入社会制度设计之中，并不是要回归传统，行封建复古的做法，孝文化毕竟是封建小农经济和宗法制度的产物。在现代社会中，孝文化已无法再次成为社会主流文化，但我们仍然可以给予制度上的引导与支持。例如，进一步完善细化现有的法律法规，对子女的赡养义务进行进一步细化，加大对子女不孝行为的惩罚，在老年人权利诉讼救济上，推进"涉老案件"审理机制的创新，充分保护老年人的合法权益。在社会保障制度中，加强现有的乡村社会保障制度，健全老年家庭保护、社会保险、社会养老服务、社会救助等制度，给予乡村老人更多的关爱与保障；在文化制度中，保护建设与孝文化相关的物质文化遗产与非物质文化遗产，通过嵌入正式制度的方式形成有利于孝文化传承发展的体制机制。

科尔曼指出："社会规范是人们有意创造的，如果规范为社会成员所遵守，他们将获益；如果人们违背规范，他们将受到伤害。"[①] 根据科尔曼"理性人"的观点，个体在采取行动时一方面会考虑到自己的利益；另一方面也会兼顾制度、规范、价值观等因素的制约，经过综合分析后会采取一种

---

① 詹姆斯·S.科尔曼.社会理论的基础［M］.邓方，译.北京：社会科学文献出版社，1990：284.

对自己最有利的行动。因此，村民作为"理性人"，在社会制度规范的约束下奉行的既不是一种宿命论，被动地按照制度规范的要求去行动，而忽视个人的利益追求，也不是一味追求个人利益的最大化，而是会综合各种因素的影响选择一种有利于自身的行动策略。将孝文化吸纳到社会制度之中作为一种正式的制度安排，村民如果能够从中获益，不仅能对村民表面上的言行形成一种规制，而且能使孝道伦理内化为他们的心理定式和认知定式，促进孝文化的传承发展。

第二节 内化：乡村孝文化传承的内部机制

除了制度吸纳，乡村孝文化传承最终要落脚于村民对孝文化的内化和依赖。内化是社会意识向个人意识转变的过程，对于绝大多数的村民来说，其生存的智慧来源于他们的日常生活实践，乡村孝文化的传承最终取决于孝文化能否融入乡村社会的日常生活实践之中，能否内化为村民的心理共识。本节将从礼俗展演、村规民约、话语营造、道德教化等方面阐述乡村孝文化传承的内部机制。

一、礼俗展演：集体的记忆

乡村社会是一个礼俗社会，村民凭借着礼俗传统营造了一个温馨的富有情感的乡村共同体。在这个共同体内，村民们守望相助、出入相友、疾病相抚，相互之间共享着基本的意义世界，孕育着集体的认同。尽管随着乡村社会的快速转型，很多传统习俗被中断或已消失，但却没有完全消失，婚嫁丧娶、岁时节令的礼俗传统在乡村社会中仍然得到了保留，在这些重要的礼俗传统中，孝文化精神依然清晰可见。比如在婚嫁之礼中体现了"继往开来""传宗接代"的孝道精神；在丧葬之礼中体现了"葬之以礼""慎终追远"的孝道精神；在祝寿之礼中，体现了"孝亲敬老""尊老爱老"的孝道精神。在清明、冬至、中元等传统节日中，体现了"祭之以礼""尊宗敬祖"的孝道精神。

乡村社会的礼俗传统承载着丰富的孝道伦理精神，通过对传统礼俗的展演与重现，乡村社会关于孝道的记忆立刻鲜活生动起来，本来隐而不显的孝道精神变得清晰可辨，村民关于孝道的集体记忆也在潜移默化中被唤起，由此，孝道文化在不同的主体与时空中获得了传承的连续性，并附着于每一位村民身上，建构起一段绵延的乡村记忆，形成关于集体的共同记忆。法国社会学家莫里斯·哈布瓦赫认为生活中的人们是在社会参照框架下形成与保存记忆的，即便是最私人的记忆也是源自社会群体内部的交流与互动。在哈布瓦赫看来，记忆是关于一个集体或者群体中的人们所共享、传承以及一起建构的事或物，呈现出一种情感与价值的共生关系，它不仅重构着群体间的关系，而且定义着群体的本质与特征。他将集体记忆定义为"一个特定社会群体之成员共享往事的过程和结果"。①哈布瓦赫认为，集体记忆能够转化为一种规训群体成员思想行为的集体意志，而这种集体意志又会借助于惯习、道德等形式化身为一种权威力量，形成一个强大的权力场域，形塑群体的秩序，增强群体的凝聚力。因此，通过乡村礼俗传统展演，把乡村社会中的历史场景拉进当下的叙事框架之中，唤醒人们的集体记忆，能够增强村民的归属感和身份的认同感，形塑乡村秩序。

二、村规民约：身体的规训

村规民约在我国历史悠久，从最早的口耳相传、约定俗成逐渐发展成后来的系统化、文本化规范。

---

① 莫里斯·哈布瓦赫.论集体记忆［M］.毕然，郭金华，译.北京：人民出版社，2002：35.

《吕氏乡约》是目前公认的中国历史上最早成文的村规民约。《吕氏乡约》以儒家思想为指导，劝民为善，提出了"德业相劝、过失相规、礼俗相交、患难相恤"四个基本原则。黄宗羲曾给予《吕氏乡约》高度的评价："吕大钧，字和叔，于横渠为同年友，心悦而好之，遂执弟子礼，于是学者靡然知所趋向。横渠之教，以礼为先。先生条为乡约，关中风俗，为之一变。"①

按照制度类型的划分，村规民约属于非正式制度，它是乡村社会内部的运行法则，是村民们合意性的外在表现。所谓合意性，是指村民们在自主意愿的基础上，通过相互协商、相互妥协所达成的一致意见或者约定。村规民约的实施不是依靠外在的规范约束，而是依靠村民们内心的情感、良心的心理认同以及利益价值、利益取向的共同性来维系。因此，与正式制度相比，村规民约更具有乡土气息，也更接地气，在乡村社会中有着群体的认同性与权威性，起到了"小宪法"的作用，成为村民们"事实上的行为依据"，发挥着重要的价值导向与规训功能。尽管在现代化语境中，正式制度在乡村社会中起到了显性作用，但是仍无法消弭村规民约的运行空间。《中华人民共和国村民委员会组织法》明确规定："村民会议可制定和修改村民自治章程、村规民约，并报乡、民族乡、镇的人民政府备案。"2018年民政部、中央组织部、中央政法委等7个部门联合出台的《关于做好村规民约和居民公约工作的指导意见》中指出，村规民约是"创新党组织领导下自治、法治、德治相结合的现代基层社会治理机制的重要形式"。这也就意味着村规民约在乡村社会中的地位被进一步明确与强化，既有来自村民们合意为基础的内生权威，又有来自国家法律支持的合法性权威。

村规民约通过契约关系与惩罚性措施对村民行为进行规制和调节，规定乡村共同体的成员们应当履行的义务与责任，对村民存在的陋习、恶习或者违规行为给予威慑、惩戒，使村民的行为方式能够保持在乡村社会所

---

① 《宋元学案·吕范诸儒学案》.

要求和预期的范围之内，进而培养出一种健康文明的行为习惯。自古以来，村规民约中都将孝道作为一项重要内容，如在徽州望族的族谱《汪氏统宗正脉·汪氏族规》之中，把孝道列为首位，"君子惧其族之将纪也，思有以维持安全之，于是作家规，以垂范于厥宗。规凡四类，敦孝悌者首之，崇礼义者次之，勤职业又次之，息词讼终焉。夫孝悌者，百行之本也；礼义者，行之大端也；职业者，生人之务也；词讼者，颠覆之阶也。"①

以村规民约为载体，促进孝文化传承就是要将孝道写进村规民约中，通过乡村共同规范的设立，倡导孝亲敬上、与人为善的乡村文化，运用制度的力量规范、约束村民的行为。一方面通过共同规范的设立，在乡村社会中形成正确的价值导向，明确向村民们表明倡导什么、反对什么，形成一种普遍性的约束机制，规训村民的言行；另一方面促进村民个体行为与村规民约间的整合互动，村民在践行村规民约的过程中，如若能深刻体悟到村规民约与自身切身利益的相关性，便会采取积极行动维护村规民约的施行，从而形成良性的循环，成为提升乡村治理绩效的重要资本。如学者钱海梅指出，个体角色的行为如若能和村规民约最大限度地一致，能不断促进个体角色的互动和村规民约的深化完善，个人的角色和行为也就深深嵌入村级治理的网络结构当中。②

三、话语营造：隐性的规训

话语是信息的载体，是人类意识与思维的存在形态。借助话语，人类改变了与动物混同存在的命运，构建起了自我的意义世界，找寻到自我生存的意义与价值，从而建立起了属人的世界，人类的活动意义不再局限于满足维持自身生命有机体的存在，它关联着人的思想、意识与情感，蕴藏

---

① 汪氏统宗正脉·汪氏族规［M］.上海图书馆藏，明隆庆四年（1570）刻本.

② 钱海梅.村规民约与制度性社会资本——以一个城郊村级治理的个案研究为例［J］.中国农村观察，2009（2）：69-71.

着现实世界的意义。

马克思、恩格斯认为，话语是社会交往的产物。他们在《德意志意识形态》一文中指出："语言也和意识一样，只是由于需要，由于和他人交往的迫切需要才产生的。"① 他们深刻揭示了话语的本质，从人们的交往实践出发阐述话语的产生与本质。受马、恩话语思想的影响，哈贝马斯指出，交往主体是通过话语交往而达成的共识。在哈氏看来，"不是语言符合事物，而是语言构造事物，不是外部事物赋予语言以意义，而是事物的存在和意义要由语言来认定"②。话语是主体同外部世界相联结的符号系统，只有通过话语，人们才能够深刻把握现实世界的意义与价值，形成对现实世界的理解，达成理解的共识。瑞士语言学家费尔迪南·德·索绪尔认为，话语承载着人们对生活世界意义的理解，支配着主体的思维方式，影响着主体间的交往行动，"人的理性有一种先验的结构能力，它在意识中支配人的行为，所以，一种由人类行为构成的社会现象，不管它在表面上如何，都蕴含着一定的'结构'在支配它们的性质和变化"③。因此，话语是村民们日常生活中的一种交往表达方式，通过话语的沟通与交流，能够增进村民们之间的情感关联，达成了相互的"理解"与"共识"。与此同时，话语通过语言的表述能够实现规范与制度的建构，呈现出的是一种规范性力量，规范着人们的思想和行为，维护着乡村秩序，村民将日常生活中的琐事进行加工，并通过语言的表述来评判日常生活中的是非曲直，形成强大的道德权威与社会权威。在这里，话语如同政治法律制度一样，对人的思想、行为起到了约束与束缚作用，村民在内心深处形成一种自我约束和监视的自我管理机制，从而成为一种身体规训之术，塑造着乡村生活秩序。因此，乡村社会要充分重视话语载体的重要作用，借助话语的引导规范功能，通过道德讲堂、标语宣传等多种手段向村民宣传孝文化，通过引导性话语在乡村社会营造爱老孝老的话语氛围，形成乡村舆论，使村民能够清晰地意识到什

---

① 马克思恩格斯选集［M］.北京：人民出版社，1995：81.
② 李文阁.生成性思维：现代哲学的思维方式［J］.中国社会科学，2000（6）：45-53.
③ 徐崇温.结构主义与后结构主义［M］.沈阳：辽宁人民出版社，1986：15.

么是孝、什么是不孝，当他们的行为合乎孝道规范时便会获得肯定与称赞，当他们的行为一旦与孝道规范发生偏离时，这种行为会因不正当而受到舆论的"谴责"，从而形成一种话语评价机制。利用乡村社会熟人关系网络中的"人情""面子"，使孝道伦理成为村民自觉遵守的行为准则，在乡村社会中营造出浓郁的爱老孝老的话语氛围。

四、道德教化：心灵的涵化

从字面上来理解，教化一词有教育感化之意。《诗经·周南·关雎序》曰："美教化，移风俗。"许慎在《说文解字》中解释："教，上所施，下所效也。""化，教行也。教行于上，则化成于下。""教化"二字连在一起，意思就是将主流社会所认可的思想观念、价值标准与道德规范传递给社会成员，使其内化为他们自身的道德品质，外化为符合社会所要求的行为模式。历代的统治者都非常重视教化的作用，将它作为维护治国理政、维护封建统治的重要手段。《礼记·经解》指出："故礼之教化也微，其止邪也于未形。"西汉董仲舒将教化比作阻止洪水的堤防，指出："夫万民之从利也，如水之走下，不以教化堤防之，不能止也。是故教化立而奸邪皆止者，其堤防完也；教化废而奸邪并出，刑罚不能胜者，其堤防坏也。古之王者明于此，是故南面而治天下，莫不以教化为大务，立太学以教于国，设庠序以化于邑，渐民以仁，摩民以谊，节民以礼，故其刑罚甚轻而禁不犯者，教化行而习俗美也。"①

在西方哲学中，教化一词同样具有丰富的人文意蕴。在古希腊语中，"教化"意指"教并使习于所教"，习惯于一事，并逐渐使之成为一种习俗。苏格拉底始终坚信人的德行是可教的，美德是人先天获得的一种东西，但它藏匿于人的内在理性之中，不会自发显现出来，所以需要通过教化的力

---

① 汉书·董仲舒传［M］.北京：中华书局，1962.

量，将美德从理性中引出来。在苏格拉底的理解中，教化的重要方法就是对话式的"助产术"，通过对话，启迪人的思考，挖掘潜藏于人内心深处的善，从而引导人们走向德行的殿堂。黑格尔认为教化使人超越了个体的自然存在与感觉的直接性，使得人与动物最终相区分开来，教化是个体赖以"取得客观效准和现实性的手段"。黑格尔强调："动物不需要教养，因为它天生就是它应该是的东西。它只是一种天然的存在物。但人必须使自己两方面协调起来，使自己的个别性方面符合自己的理性方面或者使后者成为主宰的方面。"①教化使人获得了普遍性的提升，"普遍性"是教化的本质，通过教化，人从盲目的个体生活中脱离出来，成为普遍性的精神存在，获得普遍性的合理生活。伽达默尔从解释学理论角度对教化进行了阐述，他认为，教化指对能力和才能的培养。教化这个概念的发展实际上是唤醒了古老的神秘主义传统，根据这个传统，人类就在心灵上架起了他据此被创造的神像，而且人类应在自身中去创造这神像。②

人不仅是自然存在物，人之所以为人在于人的社会性本质，正如马克思所指出的："人的本质并不是单个人所固有的抽象物，在其现实性上，它是一切社会关系的总和。"③没有人可以在这个世界上孤立存在，总是与他人以"共在"的方式生活着，总是与周遭世界发生着各种各样的关联，这种"共在"与"关联"便构成了人的生命本质。人生活在世界上必然要经过社会化，而社会化的过程就是教化的过程，教化便是将个体生命引入周遭世界，并与周遭世界建立起真实关联性的重要手段。通过教化，人超越了生物属性，获得了社会属性，从而拓展生命的内涵与价值，使个体真实地生活在世界之中，成为文化精神的实践主体，成为真正意义上的人。

人作为自然的存在物，生物的本能属性使人的生存表现出盲目性，教化的过程是一个心灵不断趋向完善的过程，内含着真善美的多维旨趣，指

---

① 黑格尔全集：第 10 卷［M］.张东辉，译.北京：商务印书馆，2012：350-351.

② 汉斯－格奥尔格·伽达默尔.真理与方法［M］.王才勇，译.沈阳：辽宁人民出版社，1987：12.

③ 马克思恩格斯文集：第 1 卷［M］.北京：人民出版社，2009：501.

向人与人、人与社会以及人与自然关系的和谐，"人心与所教之事相融相洽，由此使心灵得以转变并被充实提升，即个体能认识到善（好）的价值的优越性，把它整合为自己的本质，从而达到'从心所欲不逾矩'的'化'境"①。教化通过对个体的规训与引导，使得个体生命不断走向真善美，使有限的生命更加丰满充盈，生命的个体以一种更加积极有为的方式充分释放自身的潜能，绽放自己的精彩，找寻到自己的人生价值与意义。从此，个体的生命不再是自然的肉体存在，而是一种价值的存在、德行的存在。

教化是乡村孝文化传承的重要机制，通过教化，将孝文化传递、渗透到村民的内心，启蒙村民的心智、丰盈村民的内心、提升村民的品质，从而成就乡村社会的良风美俗。教化的主体既可以是家庭，也可以来自乡村精英或者学校。家庭是培养孝道精神的重要场域，家庭教育贯穿人的一生，亲代的言传身教对子代起到了潜移默化的作用。乡村精英是孝文化的倡导者与践行者，他们引领着乡村价值观，用自己的人格魅力打造乡村崇德向善的标杆，从而形成强大的榜样示范作用。学校作为孝文化传承的重要主体，通过学校的系统教育，制定出一整套的教育内容、教育方法、教学材料，从而有效帮助学生系统学习孝道文化、领悟孝道精神，促进孝道文化的传承与发展。

内化是一个由外部向内部转变的过程。具体而言，是外在规范要求与个体自我意识相融合，并在实践中生成为精神结构的过程。康德认为，纯粹的理性只能制定道德规则，并能以道德规律的观念来决定意志，而真正能够听从道德规律命令的意志品质则是内心的品德。制度规范仅仅是外部的制约，并无法抵达个体的内心世界，因为现实生活中并不缺乏"阳奉阴违"之人。因此，实现孝道文化的传承发展最终依靠村民对孝道伦理精神的内化，只有内化为村民的自我意识，获得坚实的内心力量，才能真正发挥作用。当村民的行为完全是出于内心的德行，其行为便是展示自身的一种外在表现。如果外在的规范要求无法内化为自我的德行，只能算是一种

---

① 詹世友.论教化的三大原理［J］.南昌大学学报（人文社会科学版），2000（3）：29-36.

被动的遵从。内化的过程就是他律和自律走向统一的过程，在这个过程中，既需要环境的熏陶，也需要个体丰富的情感体验、知行的合一。村民在内化过程中获得与外部世界适度的体悟能力和合宜的行为能力，明白事理之必然与当然，胸怀宽广、目光远大、仁慈善良。

第八章
策略与行动：乡村现代化进程中孝文化的传承路径

孝文化传承是一项系统性工程，既需要国家的顶层策略，也需要顶层策略下的实践行动。国家通过顶层策略，指引着孝文化的传承路向，为孝文化的传承提供制度保障。但顶层策略并不足以架构一切，最终还需落实于具体的实际行动中，镶嵌于具体的乡村日常生活情境中，才能转化为现实。为此，在这里，我们将国家的顶层策略与乡村的实践行动进行有效衔接，从制度保障、乡村日常生活、乡村精英、乡村教育四个方面深入探讨乡村孝文化的传承路径。

第一节 国家在场：构建孝文化传承的制度保障

"文化进入制度层面，制度冠以文化之名，无疑是文化与制度的双赢，有效地主宰着社会的价值选择、支配着百姓的文化意义和生活世界。"[①] 国家在场是乡村孝文化传承中不可忽视的重要背景和影响因素。那么，如何发挥国家在场的正向功能，建构形成孝文化传承的长效机制，让孝文化在现

---

① 解丽霞. 制度化传承·精英化传承·民间化传承：中国优秀传统文化传承体系的历史经验与当代建构 [J]. 社会科学战线，2013（10）：9–14.

代乡村社会中发挥重要作用？新儒家学者余英时指出："怎样在儒家价值和现代社会结构之间建立制度性的联系，将是一个不易解决的难题。"[①]

一、国家与乡村社会的关系

长期以来，国家与乡村社会间的关系一直是学术界关注的热点话题，乡村社会自卷入现代化浪潮后发生了翻天覆地之变化。国家力量不断向乡村社会进行渗透，导致自上而下的正式权力与内生于乡村社会的非正式规则相互交织、相互作用，从而为学者们提供了丰富生动的研究素材。

从历史上来说，对于乡村社会来说，国家始终是一个真实的存在。在传统社会中，虽然皇权不下县政，国家的行政管理只到县一级，乡村社会表面上似乎处在一种自治或者半自治状态之中。但事实上，乡村社会也并非完全游离于皇权控制之外，"在国家与社会之间存在着一个重要的中间阶层或曰乡绅，或曰族长，或曰乡保，或曰村老。该阶层作为链接国家与社会相互交织的'第三领域'和'第三区间'，是'国家权力与村庄共同体之间的重要交接点'，在乡村社会与底层国家之间进行斡旋，是乡村治理中的主角。"[②]国家通过培植乡村精英，将国家政权的力量渗透到乡村中，以达到对乡村社会的有效控制，确保了在长期的封建王朝统治中，乡村社会虽历经农民的反叛、朝代的更替，但仍然维持着稳定的社会秩序。到了晚清后期，晚清政府到处割地赔款导致国家财政愈加困难，国家政权便深入乡村社会，通过田赋以及各种摊款榨取更多民脂民膏。杜赞奇指出，晚清政府通过培育"营利型经纪人"以实现对乡村社会的权力控制。营利型经纪人，是一种收费经纪，以榨取村民利益为目的，他们横征暴敛，破坏了乡村社会的原有秩序，造成国家政权的内卷化达到了顶点，加剧了乡村社会与国家的对立。

---

① 余英时. 现代儒学·序［M］. 上海：上海人民出版社，1998：6.

② 马良灿. 中国乡村社会治理的四次转型［J］. 学习与探索，2014（9）：45–50.

　　1949 年中华人民共和国成立之后，乡村社会的治理结构与运行逻辑也发生了改变。国家权力强势下沉到乡村，对乡村社会进行全面的控制。首先，我党展开了大规模的土地改革，彻底摧毁了控制乡村社会的地主恶霸、营利型经纪人与宗族势力。土地改革完成之后，新生的革命政权在乡村社会中确立了合法性地位。随后，国家对乡村社会进行社会主义改造，建立起了"政社合一"的人民公社体制。人民公社是国家基层政权的代表者，通过"三级所有，队为基础"的管理模式，将乡村社会的生产资料和土地资源全部集中在国家与集体手中，实行统一核算、统一分配。广大村民被改造为公社社员，原有的亲缘、地缘关系被打破，对家族的认同被弱化，乡村社会被完全吸纳进国家的政治系统之中，处在了国家政权的严密控制之下。国家权力的网络延伸到乡村社会的每个角落，对村民的日常生活进行严格管控与支配。

　　改革开放之后，随着人民公社的解体，国家与乡村社会之间的关系也发生了重大变化，国家权力逐步从乡村退场，乡村社会建立起了村民自治制度。在 1982 年《中华人民共和国宪法》的修改中，明确了村民委员会为群众性自治组织，标志着乡村社会的治理模式从人民公社的全能型模式转变到村民自治模式。村民通过民主选举、民主决策、民主管理、民主监督的方式来实现自治。

　　但乡村自治并不意味着与国家权力相隔绝。美国社会学家迈克尔·曼（Michael Mann）细分了两种类型的国家权力，一种是强制性权力（despotic power），即由精英阶层享有的，而无须与市民社会团体进行例行的、制度化的谈判的行动；另一种是基础性权力（infrastructural power），即"国家能渗透市民社会，并依靠后勤支持在统治疆域内有效实施政治决策的能力"。这两种权力在乡村社会呈现出此消彼长的局面。改革开放之后，国家的强制性权力在乡村社会逐步削弱，但是基础性权力却不断增强与完善。国家通过制度化的权力运作对乡村社会进行渗透式管理，同时随着市场经济对乡土逻辑的消解，使得这种权力的渗透更加容易。国家力量以一种隐性和精巧的手段对乡村进行治理与管控，通过制定统一的规则体系、意识形态的宣传渗透、价值观念的引导使得国家始终存在于村民的"集体的无意识"

当中。特别是随着交通、通信、互联网技术的快速发展，国家的技术性治理能力日益提高，国家对乡村社会的控制有了更强大和更有效的手段，国家通过传统媒介以及新兴媒介手段能够将国家意志有效渗透于乡村社会之中，不断强化村民对国家权力的合法性认同，使得村民能够主动服膺于国家权力运作的逻辑。学者董磊明指出，村民自治不仅未能削弱国家对乡村社会的治理能力，反而改善了农民与国家的关系，提升了国家在广大乡村民众中的权威以及国家对乡村社会有效整合的能力。[①]

当前，国家作为一种"政治性符号"，通过动用其所掌握的权力资本与社会资源，塑造着乡村社会的价值观与价值认同，从而达到勾连和控制乡村社会的目的。因此，探讨乡村孝文化的传承路径，应充分发挥国家在场的功能，对孝文化传承在制度上加以规范、确认，正确引导乡村孝文化传承发展路向。

二、引领与保障：发挥国家在场的正向功能

在封建社会，封建统治者将孝文化嵌入国家制度设计之中，通过孝文化与封建制度的融合，形成了稳定的秩序性结构，孝文化从而获得了有效的制度化传承，受到历代统治者和普通百姓的尊崇，成为整个封建社会时期的主流文化。在现代社会中，乡村孝文化传承发展仍然不能忽视国家在场的作用与意义。一方面，国家需要对乡村孝文化传承进行发展路向上的指引；另一方面，国家可以通过相关政策的制定为乡村孝文化传承提供制度性保障。

首先，以社会主义核心价值观引领孝文化的发展路向。价值观是一个历久弥新的话题，是指人们在价值评价中所持有的观点、尺度和标准。在不同的社会形态以及历史时期，社会不可能只有一种价值观，而往往是多

---

① 董磊明.从覆盖到嵌入：国家与乡村1949—2011［J］.战略与管理，2014：3-4.

种价值观并存。核心价值观就是在价值观体系中居统治地位、起主导作用的价值观，核心价值观是社会意识形态的集中体现。马克思认为，意识形态是统治阶级的思想，是一个社会中占统治地位的统治阶级面向社会成员所提出的思想观念体系。马克思指出，统治阶级为了维护巩固自己的统治地位，总会为自身的统治做合法性的辩护，展开意识形态教育与宣传。意大利共产党创始人葛兰西认为，统治阶级的领导权主要是文化领导权，如若仅凭暴力统治，而违背被统治者的内心意愿，易造成政权的分崩离析，统治阶级要确保自己的统治地位坚如磐石，需要彰显与强化其"文化领导权"，通过有效的意识形态宣传，使被统治阶级自觉接受，并心甘情愿地将自己纳入统治阶级的历史叙事之中。在此基础上，葛兰西进一步指出，资产阶级需要一套意识形态国家机器，无产阶级也必须发展出一套自己的、从内容到形式均取得"精神、意识形态"的国家机器。无产阶级政党必须坚持文化领导权，使自己的思想与意志与广大人民群众的思想、意志保持一致。社会主义意识形态便是以马克思主义为指导，以实现最广大人民根本利益为出发点，以实现共产主义为奋斗目标的思想体系。这与西方资本主义国家的意识形态是完全不同的，虽然他们也会宣称自己是"社会普遍利益的代表"，但西方资本主义国家是建立在生产资料私有制基础之上的，这就决定了西方资本主义国家只能是"少数人的代表"，代表着资产阶级的利益，与广大人民群众的根本利益是相对立的。

社会主义意识形态体系内容庞大，包含着经济、政治、文化、社会等诸多方面的内容，并且各个内容所处的地位、功能也有所不同。为了使各组成部分形成一个有机统一体，必然要有一个核心部分，能够统摄社会主义意识形态的各个组成部分的性质与内容，如希尔斯指出："意识形态需提供一个相应的积极幻想，以取代现存的社会模式及其文化，提供一种知识能力以明确表达这个幻想，即它既是宇宙秩序的一部分，位于宇宙的中心，也是道德上的基本主题。"①

---

① 解丽霞.制度化传承·精英化传承·民间化传承：中国优秀传统文化传承体系的历史经验与当代建构［J］.社会科学战线，2013（10）：9–14.

在我国目前阶段，社会主义核心价值观便是这个核心。社会主义核心价值观从国家、社会、公民三个层面明确了不同主体的行为规范与价值追求，表达了当代中国人的精神追求，集中体现了当前中国人民价值观的"最大公约数"，是人们思想上精神上的灵魂与旗帜，它能够有效整合社会意识，保障社会系统得以正常运转、社会秩序得以有效维护。特别是在当前，我国处在快速的社会转型期，各种思潮此起彼伏，各种观念交相杂陈，各种价值观念同时并存，社会主义核心价值观能够有效统摄各种纷繁复杂的社会思想观念，避免化解因社会转型所带来的价值观念的对立和混乱，最广泛地形成价值共识，成为中华民族赖以生存与发展的精神支柱。

社会主义核心价值观作为凝魂聚气、强基固本的基础工程，既是社会主义意识形态的本质体现，同时引领着我国孝文化的发展路向。孝文化的内容庞杂、优劣并存，有些内容已明显与现代社会不相适应，甚至与现代精神相互冲突。如孝文化中的愚孝思想，对个人自由、独立人格的否定与剥夺以及对权力的盲目顺从等，都与现代精神相背离。那么，在现代化语境中，我们到底应该倡导传承什么样的孝文化？这就需要用社会核心价值观去引领孝文化的传承发展路向，赋予其符合时代要求的新内涵、新诠释。社会主义核心价值观承载着中华民族的精神追求，是评价当前社会是非曲直的价值标准。社会主义核心价值观运用马克思主义立场、观点、方法，有鉴别地对待、有批判地继承孝文化，旗帜鲜明地告诉民众应该继承弘扬什么，应该摒弃抛弃什么，将"民主""公正""法治""自由"等现代精神充实进孝文化的内容之中，重铸孝文化的精神内涵，实现孝文化的创造性转化与创新性发展。

在社会主义核心价值观的引领下，孝文化能够摒弃原有的狭隘性、落后性、保守性，获得崭新的、广阔的自我发展空间，以一种更加开放、包容、积极的姿态适应现代社会，服务于现代乡村社会。与此同时，孝文化也是涵养社会主义核心价值观的重要源泉，如习近平总书记所指出的："培育和弘扬社会主义核心价值观必须立足中华优秀传统文化。牢固的核心价值观，都有其固有的根本。抛弃传统、丢掉根本，就等于割断了自己的精神命脉。"①孝文化蕴含的利他主义、仁爱精神、克己为人、爱国情怀已形成了一种人文导向，不仅滋养着中华儿女的精神品格和道德情操，而且形成了中华民族独特的精神气质，影响着一代又一代的中国人，成为中华民族宝贵的精神财富，不论过去还是现在，都有着永不褪色的价值，也是涵养社会主义核心价值观的重要源泉。社会主义核心价值观也因烙上了孝文化的精神印记，展示出深厚的历史底蕴和中国气派。

其次，通过以法律政策为核心的制度建设，形成乡村孝文化传承的长效机制。引孝入律是孝文化在封建社会获得有效传承的重要原因之一。"宗法家族伦理与法律规范之间不存在严格的界限。宗法伦理是法的价值标准、法的渊源，也是罪与非罪、罚与不罚，以及罪与罚的轻重缓急的衡器。"②封建社会的法律规范以孝为核心理念，厘定"利亲""善事""慎终"三个层次，最终形成了一整套完整的法律体系。在《唐律疏议》中，涉及孝道的法律条款有 58 条，占全部条款的 11% 左右。③当然在现代社会中，我们不可能重拾旧章，别籍异财、子孙违反教令、丧期作乐等在封建宗法社会基础上建立的条款已无法适用于今天，存留养亲、代父受刑、宽容复仇等屈法律而全孝道之司法制度我们也不可能再继续沿用，但我们在当前的法律制度中仍然可以保留对孝道精神的尊重和运用，对老年人的合法权益给予更多保护，体现更多的人性关怀。具体来说，从我国现有法律规范体系来看，对于如何去实现老年人合法权益，法律调控的力度和范围还较为有限，实际可操作性不强，责任也不明确，特别是对老年人合法权益受到侵害时如何救济，对于不孝行为如何惩罚并没有明确的规定。刑法中虽设有虐待罪、遗弃罪等罪名，但是定性标准过于严格，须达到"情节恶劣"的程度，才能构成犯罪。在乡村社会，老年人一般会碍于亲情与面子，认为家丑不可外扬，一般不会轻易控诉子女，即使有些老人通过法律途径要求子女履

---

① 习近平把培育和弘扬社会主义核心价值观作为凝魂聚气强基固本的基础工程［N］.人民日报，2014-02-26（01）.

② 俞荣根.儒家法思想通论［M］.南宁：广西人民出版社，1998：152.

③ 郑显文.唐代律令制研究［M］.北京：北京大学出版社，2004：16.

行赡养义务，但执行起来却很困难，"一旦上了法庭，那么，双方就成了法律关系，而不再是建立在血缘基础上的父子关系，子对父也就没有了最起码的认同，那合约的执行也就成了问题"①。老人更多地选择沉默，忍气吞声地接受一切，导致大量的不孝行为被掩盖。此外，目前法律规范中对老人的赡养主要集中在物质赡养方面，较少涉及精神赡养层面，虽然《中华人民共和国老年人权益保障法》中规定子女有精神赡养义务，但只是作为一种倡导性、原则性的规定。为此我们需要在现有的法律制度上进行诸多完善，使其真正起到保护老年人合法权益的作用。例如，子女对父母除了必要的物质赡养外，对父母的精神赡养要求可以更加细化、具有可操作性；对于不履行赡养义务，虐待、遗弃父母的子女，可以考虑加重处罚的力度；对于子女的行孝行为可以给予物质或精神上的褒奖，如在韩国的《孝行奖励资助法》、新加坡的《赡养父母法令》中明确规定，对于子女的行孝行为，政府通过工作优惠、购房优惠等方式进行奖励；对老人的司法救助可以提供特别保护，如对于乡村社会的赡养纠纷案件开通绿色通道，优先受理、优先审理、优先执行，这些内容都需要在现有的法律制度上有所创新与完善。

在政策层面，国家应出台相关文化政策，通过政策文本的呈现与规范，使孝文化的传承落到实处。文化政策对于传统文化的传承发展起到了决定性作用，这种作用不在于它对于社会文化现象或是文化发展规律的解读，而在于通过政策的制定、实施，实现国家对传统文化发展的引导与管理。根据马克思的观点，支配着物质生产资料的阶级，也支配着精神生产资料，按照自己的意志所需的方式进行支配。这种方式抽象为文化行为原则，上升为规范性的理论形态，便形成了文化政策。在不同的历史时期，文化政策不同导致社会文化的发展路向也有所不同。比如：在"文化大革命"时期，文化政策的意识形态化达到了顶峰，人们通常以阶级性作为衡量传统文化优劣的唯一标准，孝文化往往被作为封建旧思想而予以否定，将其与

---

① 赵晓峰．孝道沦落与法律不及［J］．古今农业，2007（4）：14–16.

马克思主义理论相对立，导致孝文化的批判继承出现了偏差。改革开放之后，我党开始了拨乱反正工作，在这一时期文化策略也作了相应的调整，孝文化也终于迎来了新的发展阶段，1986 年党的十二届六中全会通过了《中共中央关于社会主义精神文明建设指导方针的决议》（以下简称《决议》）。在这项《决议》中，党明确表明了新时期的文化政策，提出中国文明复兴，不但要创造出高度发达的物质文明，而且将创造出以马克思主义为指导的，批判继承历史传统而又充分体现时代精神的，立足本国而又面向世界的社会主义精神文明。①《决议》首次明确了传统文化的发展方向，即马克思主义理论指导与批判继承相结合，为孝文化的当代传承发展指明了方向，表明了党的文化政策更加理性成熟。特别是进入党的十八大以来，以习近平为核心的党中央高度重视我国的传统文化建设，将传统文化的传承与发展置于国家发展的战略高度，出台了一系列文化政策。2014 年，教育部印发《完善中华优秀传统文化教育指导纲要》，要求把中华优秀传统文化教育系统融入学校课程和教材体系，增强中华优秀传统文化教育的多元支撑。2017 年 1 月，中共中央办公厅、国务院办公厅联合出台了《关于实施中华优秀传统文化传承发展工程的意见》（以下简称《意见》）。在《意见》中，第一次以中央文件的形式全面深刻地阐述了新时代传统文化传承发展的重要意义、指导思想、基本原则和总体目标，对传统文化传承发展的基本途径、主要措施、重点工作进行了重大部署，为传承和发展中华优秀传统文化指明了方向和具体路径。此外，山东、浙江、湖北、江苏等地方政府也出台了相关传统文化保护与传承的政策，这些文化政策成为当前指导孝文化传承发展的指导性文件。

　　文化政策是国家文化意志的体现，政策的赞成、保护或是反对、抑制，往往会牵涉到文化乃至整个政治和意识形态决策系统各个组成部分间结构的分化和力量的重组，从而在宏观上决定着孝文化的发展路向。同时，文化政策可以起到优化孝文化传承环境的作用，通过制定既具有指导性、目

---

　　① 　中共中央文献研究室编.十二大以来重要文献选编（下）［M］.北京：中央文献出版社，2011：125.

标性，又有实际可操作性的文化政策，指导、规范孝文化的传承发展方向与路径。具体而言，加大孝文化传承的政策支持，对祠堂庙宇、孝碑陵墓、民间庙宇、民间艺术等孝文化物质遗产以及非物质遗产制定专项保护规划；鼓励与孝文化相关的文学艺术作品的创作与传播；完善孝文化传承发展的激励表彰制度，对孝道模范人物、孝文化传承发展作出突出贡献的人物给予表彰；加大中央和地方各级财政支持力度，积极推进全国或者地方性慈孝文化示范村、示范基地建设；建立传统文化传承发展相关领域和部门合作共建机制，提高文化政策的协同性。

再次，健全完善农村养老保障制度。家庭是孝文化传承场所，面对乡村家庭养老功能的弱化，孝文化也面临着解构的风险。为此，国家应完善农村养老保障制度。如陆益龙（2007）所指出的，乡村社会的养老问题不应该是家庭的内部事务，更不应该成为老年人独立承担的事务，政府和社会的力量在乡村养老中不能缺位，特别是政府的力量。张秀兰等指出："赡养老人对任何家庭来说都需要动用很多资源，资源的短缺是影响家庭发挥功能的重要因素，但政府却并未从政策上对这一成本予以承认。"[1] 从目前我国农村社会保障制度来看，近年来，政府在农村出台了"新型农村社会养老保险制度"，通过个人、集体、政府多方筹资，将符合条件的村民纳入参保范围，达到规定年龄时能够领取养老保障待遇。这项制度的推行对于抵御养老风险、保障乡村老年人基本生活需求发挥了重要的作用。但总体上而言，农村养老保障制度仍然存在着层次低、保障程度低、财政资金缺乏、区域差异大等问题。据调查数据显示，在农村有 70.79% 的老年人领取养老金，其中只有 17.22% 的老人能够依靠养老金维持基本生活，农村养老金的中位数只有 60 元，难以满足农村老年人的基本生活需求。[2] 同时与城市相比，乡村养老服务供给严重不足。据数据显示，城市社区养老院的覆盖率为 21.2%，而农村为 10.33%；托老所 / 老年日间照料中心拥有率，城市为

---

① 张秀兰，徐月宾．建构中国的发展型家庭政策［J］．中国社会科学，2003（6）：84-96.

② 杜鹏等．中国老年人的养老需求及家庭和社会养老资源现状——基于 2014 年中国老年社会追踪调查的分析［J］．人口研究，2016（6）：49-61.

27.7%，农村仅为 4.89%。①

　　赡养老人不是"家务事"，政府承担起养老保障的社会责任，加强顶层设计，完善健全乡村养老保障制度，通过制度的健全完善来改善乡村养老供需不足问题，满足乡村老人的养老生活需求，提高老人的幸福感、安全感，在全社会营造孝老爱老的氛围。具体来讲：一是提高乡村养老保险待遇水平。各级政府加大对农村养老资金的投入，承担起农村养老保险的财政支持责任、资金管理和运营的责任，建立起多层次的养老保险体系和养老基金保值增值机制，提高农村社会养老保障水平。二是加强农村养老服务设施建设。加大对农村养老服务的投入，充分发挥社会力量的主体作用，鼓励企事业单位、社会团体和个人参与农村养老服务建设，建立多渠道的资金筹措机制，并通过政策倾斜，给予土地、房屋、资金补贴、税费减免、贷款等方面的优惠。三是以农村留守老人、高龄、失能老人为重点服务人群，建立农村养老关爱服务体系。对于乡村留守老人、空巢老人，进一步放开户籍限制，完善老年人口随子女迁移政策，鼓励有条件的企事业单位设立探亲或者护理照料假日，让子女有时间回家陪伴照顾父母，从制度上倡导和保障子女的"侍亲行为"。对于高龄、失能老人的家庭给予税收减免或者适当现金实物补贴、护理补贴，在农村保障性住房分配中，鼓励子女与老人同住，并对赡养老人的家庭给予优惠政策；为高龄、失能老人家庭提供喘息服务，提供临时性看护，让长期照顾看护老人的身心疲惫的子女得到"喘息"机会，缓解看护压力。四是提供信息、技能与心理支持，利用基层政府购买服务、社会组织运作实施等方式，做好农村社区日间照料和家庭支持服务，解决老年人的基本生活照料，给予精神慰藉与关爱，切实提升老年人的生活品质。

---

①　杜鹏等 . 中国老年人的养老需求及家庭和社会养老资源现状——基于 2014 年中国老年社会追踪调查的分析［J］. 人口研究，2016（6）：49–61.

第二节　日常生活：营造孝文化传承的文化空间

在哲学视域中，日常生活世界具有本体性地位，它既是个体和社会生存和发展的基础，也是一切社会关系与社会实践活动生成与发展的前提。因此，乡村社会的日常生活是孝文化传承的现实载体与根基，孝文化只有置于日常生活这一本体场域中，才能够获得有效传承。

一、日常生活理论：一个理论解释框架

从形而上的观念世界走向日常生活世界是现代哲学的一个重要转向。进入 20 世纪以来，以胡塞尔、维特根斯坦、许茨、舍勒、海德格尔、哈贝马斯为代表的哲学家们不约而同地将理性的目光聚焦于人们的日常生活世界中，认为日常生活世界是一个本体性世界，提出了关于生活世界的种种设想与理论，探讨生活世界中人的生存与交往、价值与意义。

德国现象学大师胡塞尔首先拉开了西方哲学向生活世界转向的序幕，胡塞尔在《欧洲科学危机和超验现象学》一书中指出，欧洲的科学已经陷入深刻的危机之中，而危机的根源在于过分沉迷于实证科学理论。"实证科学正是在原则上排斥了一个在我们的不幸时代中，人面对命运攸关的根本变革所必须立即作出回答的问题：探问整个人生有无意义。"① 胡塞尔认为科学世界只是人们出于生存的功利性目的在"生产"主题指引下构造出来的"主体化"世界。这种主体化世界具有先天的片面性与狭隘性，它"抽象掉了作为过着人的生活的人的主体，抽象掉了一切精神的东西，一切在人的

---

① 埃德蒙德·胡塞尔.欧洲科学危机和超验现象学［M］.张庆熊，译.上海：上海译文出版社，1988：6.

实践中的物所附有的文化特征，使物成为纯粹的物体"①。它是一个无法被实际知觉的经验物质世界。在胡塞尔看来，实证科学的理性把人排除在科学世界之外，因此这是一场哲学的危机、人的危机，而拯救危机的唯一办法就是回归日常生活。

生活世界与科学世界相反，是一个非主体化的世界，是人们通过知觉实际地被给予的、被经验到并能被经验到的世界。②在这里，一切都是感性的、生动的、触手可及的，它不是某个个体所独占的世界，而是所有人共同拥有的世界，充实着他者主动性行为或者交互主体性的世界。生活世界是无限开放的、充满着无数可能性的世界，科学世界乃至整个世界都是建立在生活世界基础之上的，生活世界是一个预先被给予的世界，总是一个有效的世界，并且总是预先存在着的有效世界，每一种目的都是以它为前提的，即使是科学的真理中能认识到的普遍目的，也是以它为前提的。

受胡塞尔现象学的影响，德国存在主义哲学家海德格尔站在生存论立场，试图构建一种超越先验哲学和意向性理论的"有根本体论"，在人的日常共在中探讨生活世界及其意义。海德格尔认为，哲学本体论的基本问题就是"存在"，"存在"关系到人安身立命之根本，若不对其进行深入的追问，人便无法找寻到其生存的根基，也便无法把握生命的意义。因此，海德格尔围绕着"人在世界之中存在"展开了他的理论学说。

海德格尔认为探讨人的存在意义，首要探讨"此在"的意义，"此在"是"存在"的切入点，只有通过把握"此在"，才能把握"存在"的意义，但"此在"不是预先设定的，而是在人的存在之中，通过存在呈现出价值与意义，"此在"的本质在于它的生存。③海德格尔指出，此在的世界始终处在一种开放的状态，是自我与外物以及他者的共同存在，"由于这种有共

① 埃德蒙德·胡塞尔.欧洲科学危机和超验现象学［M］.张庆熊，译.上海：上海译文出版社，1988：71.

② 同上，58.

③ 马丁·海德格尔.存在与时间［M］.陈嘉映，王庆节，译.上海：上海三联书店，1987：49.

同性的在世之故，世界向来已经总是我和他人共同分有的世界。此在的世界是共同世界。'在之中'就是与他人共同存在。他人的世界之内的自在存在就是共同此在。"①

海德格尔认为，共在的世界接近于日常生活世界，他用闲谈、好奇、两可来描绘日常生活中的共在方式，并统称为"沉沦"。日常共在的世界是个体的异化的、非本真的世界，日常主体把本己消解在他人的存在方式中，成为丧失个体性的常人，由此产生了前所未有的精神危机。在这里，海德格尔揭示了理性主义的虚妄，理性主义把人的个性消弭在日常生活状态中，遮蔽了人的本真存在，制造了一群常人。海德格尔对日常生活的批判揭示了理性统治下人的异化状态，拓展了更为广阔的生活世界和哲学运思。

东欧新马克思主义的代表人物阿格妮丝·赫勒从社会学、社会历史学的角度对日常生活的基本结构以及变革模式进行了深入的研究。赫勒认为，传统哲学将日常生活论题排除在视野之外，她主张现代哲学要摆脱狭隘的理性主义限制，面向日常生活整体，从社会存在和内在活动图式两个层面对日常生活进行深入的描述。立足于社会存在领域角度，赫勒将日常生活界定为"个体的再生产要素"的集合，"如果个体要再生产出社会，他们就必须再生产出作为个体的自身。我们可以把'日常生活'界定为那些同时使社会再生产成为可能的个体再生产要素的集合。"②赫勒指出，个体再生产有别于社会再生产，社会再生产是一种宏观社会制度、体系的再生产，指向的是社会的良性运行和协调发展，而个体再生产是具体社会中具体的人的再生产，指向的是个体的生存和发展。在赫勒看来，个体再生产领域对于社会来说非常重要，存在于每一种社会形态中。无论是在自然经济状态下还是市场经济状态下，无论他在社会劳动分工中的地位如何，每个个体都有自己的日常生活。对于个体来说，日常生活领域是一个既定的世界，从他出生那天起就已注定。为了在这个世界上谋求生存发展，个体必须要学会相应的技能，从而使其自

---

① 马丁·海德格尔.存在与时间［M］.陈嘉映，王庆节，译.上海：上海三联书店，1987：146.

② 阿格妮丝·赫勒.日常生活［M］.衣俊卿，译.重庆：重庆出版社，1990：3.

身对象化。"他降生于具体的社会条件，一系列具体的要求、具体的事物和具体的惯例中，他必须首先学习运用事物，掌握习俗，满足其社会的要求，以便能以那一定社会给定环境中所期待和可能的方式进行活动。这样，个体的再生产总是存在于具体世界中的历史的个体的再生产。"①

为了进一步阐释作为个体再生产的日常生活领域，赫勒从日常生活的内在运行机理与图式对日常生活世界进行剖析。赫勒认为，人类的活动领域可划分为三种类型，分别是"自在的类本质对象化""自为的类本质对象化""自在自为的类本质对象化"。赫勒认为，"自在存在"是指尚未被实践和认识的东西。在人类社会中，人们在日常生活中的实践具有不自觉性，立足于既定的规则体系，具有自在存在性，可视为"自在的类本质对象化"领域。哲学、宗教、艺术属于"自为的类本质对象化"领域，社会、政治、经济等制度属于"自在自为的类本质对象化"领域。赫勒对"自在的类本质对象化"领域给予了高度关注，认为"自在的类本质对象化"既是人活动的结果，也是人所有活动的前提条件。这也就意味着在人类所有的活动领域中，日常生活是最基本的领域。"任何人如果没有踏入这一领域并从而成为一个特殊的社会系统的个人，他也就不可能进入其他领域。在这一领域中所获得的东西是交往、认识、想象、创造和情感的可能性的基础。"②

赫勒认为，自在领域的日常生活可划分为三个不同组成部分：一是人造物、工具和产品的世界；二是习惯的世界；三是语言。这三部分具有不同功能，工具主导着个体的物质操作活动，习惯支配着个体的态度和社会姿态，语言是个体日常生活的媒介，个体通过对这三个部分的占有，开展着自己的日常生活。赫勒对日常生活的态度是双重性的。一方面，她认为日常生活是个体再生产以及社会再生产的前提，无论对个体的存在还是社会的整体存在都是不可或缺的基础；另一方面，日常生活结构又具有保守、惰性以及阻碍个体发展的特点。因此，赫勒提出要实现日常生活的人道化，追求有意义的生活，让生活成为为我所有的生活，唯通过此途径，日常生

---

① 阿格妮丝·赫勒．日常生活［M］．衣俊卿，译．重庆：重庆出版社，1990：4.

② 阿格妮丝·赫勒．日常生活是否会受到危害［J］．国外社会科学，1992（2）：60.

活才会变成一个充满生机、促进个性发展的世界。

哈贝马斯在批判继承胡塞尔日常生活理论学说的基础上，通过分析现代的交往行动，进一步深化了生活世界的理论研究。与胡塞尔、海德格尔一样，哈贝马斯直面现代人的生存境遇，充分展现了对人类生存状况的深度关切。但哈贝马斯认为，生活世界并不是一个先验的、原发性的存在，他将生活世界引入社会学视野中，关注生活世界中交往主体的社会共生关系，而不是主体的生存体验。

哈贝马斯将"生活世界"的内在结构划分为文化、社会和个性三大要素。文化是指"知识储存"，正是依赖于知识的储存，交往参与者才获得了对某一事物的理解与共识。社会是指"合法的秩序"，交往参与者通过合法的秩序，获得了集体的归属感，并增强了相互的关联与团结。个性是指交往参与者在语言能力和行动能力方面具有的权限，借助它，参与者能够保持自己的同一性。哈贝马斯认为，生活世界就是一个错综复杂的关系网络，在关系网络中这三个要素发挥着不同的功能，包含着交往行动所必备的理解、行为规范和社会化功能。他认为以往的现象社会学理论仅仅把生活世界看成行动者在文化上的知识储存和理解背景，生活世界被简单理解为行动者在行动交往过程中的一个理解的过程，是片面的、不全面的。哈贝马斯对生活世界的理解是复杂的，他认为，生活世界既是交往行动的活动背景，是一个明白确然领域，这种背景为交往行动提供了绝对的界限，任何交往行动都离不开此背景展开。同时生活世界也是交往行动的活动结果，人们的交往实践过程，生活世界所包括的文化、社会和个性三大要素都得到了再生产，具体而言，文化与传统获得了更新，社会得到了整合，个体成为具有责任心的行动者。由此，生活世界获得了再生产。哈贝马斯的日常生活理论将生活世界由先验哲学概念转变为社会哲学概念，清除了日常生活的虚妄色彩，从交往行动中阐述生活世界的本质，实现了理论与实践的统摄，开辟了日常生活理论研究的新路径。

马克思、恩格斯经典著作虽没有对日常生活理论展开系统阐述，但在经典著作中却蕴含着丰富的日常生活思想，对日常生活的思考与探索贯穿于马克思主义理论的始终。马克思始终强调他的理论的出发点是"从事实际活动的人"，即处在"现实生活中的人""不是处于某种虚幻的离群索居和固定不变状态中的人，而是处在现实的、可以通过经验观察到的、在一定条件下进行的发展过程中的人"①。在这里，马克思就与唯心主义"抽象的人"彻底划清了界限。马克思认为，现实中的人是从事实践活动的人，"人们为了能够创造历史，必须能生活。但是为了生活，首先就需要吃喝住穿以及其他一些东西，因此第一个历史活动就是生产满足这些需要的资料，即生产物质生活本身。"②马克思揭示了日常生活世界的本质属性，即人类的实践活动。接着，马克思进一步指出，生活世界是专属于人的世界，表征着人的存在方式，只有在生活世界中个体才能获得生长、丰富与完善，生活具有本体论意义，是社会活动的前提与基础，认为社会结构和国家都是从人的生活世界中产生的，"个人怎样表现自己的生活，他们自己就是怎样。"③"意识在任何时候都只能是被意识到了的存在，而人们的存在就是他们的现实生活过程。"④"不是意识决定生活，而是生活决定意识。"⑤

综上所述，西方学者和马克思主义经典著作从不同角度对日常生活进行了阐述。胡塞尔批判了理性科技带来的人的异化，主张回到没有受到科学技术浸染的传统日常生活中，重建人的意义世界；海德格尔从生存论的角度，在人的日常共在中探讨生活世界，并对科技理性统治下的日常生活世界进行了深刻的批判；赫勒在深入分析日常生活的内在运行机理和图式的基础上，提出了日常生活人道化的设想；哈贝马斯从交往行动的视角关注生活世界中交往主体的社会共生关系。马克思揭示了日常生活世界的本质特征，认为日常生活是以物质资料的生产为基础，是以实践为纽带的人的感性的、现实的真实存在的世界。学者的理论观点为我们勾勒了日常生活理论的基本框架，虽然理论各异，但不难发现他们都认为生活世界首先

---

① 马克思恩格斯选集：第 1 卷［M］.北京：人民出版社，1995：73.
② 同上，1995：79.
③ 同上，1995：67–68.
④ 同上，1995：72.
⑤ 同上.

是一个本体性世界，它既是个体和社会生存发展的基础，也是一切社会关系和社会实践活动生成的前提。生活世界是一个文化的世界，对人的生存方式和社会运行的内在机理的探讨，实质上正是文化所蕴含的价值、意义、传统与习俗。正如约瑟夫·祁雅理所言："从克尔凯郭尔到马克思，从柏格森到胡塞尔和海德格尔，思想不再关心它自身和作为客体的世界之间的关系，转而关心它自身和通过主体或'定在'而生活其中的世界之间的关系。"①生活世界不再是纯粹的客观世界，而是作为主体的人在"主体间性"的生活世界中构建的意义世界。

二、日常生活世界：乡村孝文化传承的空间

日常生活世界是一个文化的世界，一方面，日常生活世界是文化世界的现实根源，人们在日常生活世界中形成了各式各样的意识体验，构建起了生活世界的意义，文化世界便是人们在日常生活场域中形成的意义构成；另一方面，人们在文化世界的建构中赋予日常生活世界意义与价值，并通过话语、艺术、仪式等文化表征体系呈现出人们对生活世界的理解与叙事。

我国学者衣俊卿认为，日常生活世界是人们依靠传统、习惯、经验以及血缘、情感等因素而加以维系的世界。日常生活世界涉及日常消费、日常交往、日常观念等活动领域。在传统社会中，日常生活领域异常强大，几乎涵盖了人们全部的社会活动，传统、习惯、经验、常识构成了乡村日常生活中的自在图式，它们调节并支配着日常生活的运行，构成了乡村日常生活中的自在图式。人们习惯于接受传统的约束，完全以传统、习俗、经验等既定的规则和生存法则去生活，以此来应付日常生活中的问题。在这种不分秦汉、代代如是的环境里，人们所面对的只是一年春夏秋冬的四

---

① 约瑟夫·祁雅理.二十世纪法国思潮［M］.吴永泉，等译.北京：商务印书馆，1987：55.

季转化，日复一日、年复一年，周而复始，祖祖辈辈重复着同样的事情，不用去思考，完全靠着自发的模仿或者前人的经验就可以应付日常的生计。"言必尧舜"而好古，是日常生活的保障。

孝道是天经地义之事，不用去思索与质疑，以过去为定向，按照祖辈留传下来的传统规范，在现实生活中去践行即可，代代如是。孝道镶嵌于村民的日常生活世界之中，生老病死、衣食住行、婚丧嫁娶、人情往来等方方面面都承载着孝道精神。孝文化不再是一种形而上的理念，而是人们可以去体验、领会与践行的。例如，以四合院为代表的房屋结构体现了长幼有序、尊祖敬宗的伦理精神；丧礼中的"五服"制度，以血缘关系的亲疏为差等，规定了斩衰、齐衰、大功、小功、缌麻五种丧服服制；日常生活中的"冬温而夏清，昏定而晨省"的事亲之礼，"思死不欲生""水浆不入口"的丧葬之礼以及"追养祭孝"的祭祀之礼。孝文化以一种无处不在、无处不见的方式渗透于日常生活的方方面面，人们在潜移默化中受到了孝道的熏陶，对孝道的遵循成为人们日常生活中的一种无意识，最后转化为人们所熟悉的一种情感、一种习俗，甚至是一种信仰、一种生活方式。儒家学者林安梧指出："儒学所强调的实践是通极于道的，但它又必然与广大的生活世界及丰富的历史社会总体结合在一起。它既是一本体的实践（即道德的实践），同时是一日常的实践，亦是社会的实践。"① 梁漱溟先生亦指出："中国的问题不是向外看，是注意在'生活的本身'，讲的是变化，是生活。……从孔子起以至宋、明……他们传给人的只是他们的生活。"②

日常生活世界如同一条浩瀚奔腾的生命之流，连接着过去、现在与未来，在人类的历史长河中不断流淌着，日复一日、年复一年，周而复始、亘古如斯，它承载着人类的记忆与生活，蕴含着深沉的文化意蕴。在日常生活世界中，每一个个体都是日常生活世界的主体，他们是日常生活世界的塑造者与建构者，在日常生活世界中，他们尽情地展演着自己的全部生命历程，喜怒哀乐、爱恨情仇、悲欢离合，他们以自己的方式不断建构起

---

① 林安梧.当代新儒家哲学史论［M］.上海：文海学术思想研究发展文教基金会，1996：217.
② 梁漱溟.梁漱溟全集：第 7 卷［M］.济南：山东人民出版社，1993：874–875.

生活的意义，探寻着生命的价值。

日常生活世界不仅是一个本体性世界，而且是一个文化的世界，承载着丰富文化符号。人们通过各种各样的符号来呈现丰富的文化世界，构建出专属于人的意义世界。文化符号包括"能指"（signifier）和"所指"（signified）两个方面。"能指"指向的是符号的形体存在，如文字、声音、形象；"所指"是指符号所反映的事物的意义概念。"能指"和"所指"结合的过程就是"意指"，文化符号就是意指系统，它将人的外部世界符号化，通过符号来传递文化的思想、观念、情感。

当前探讨乡村孝文化的传承路径，必然要立足于乡村日常生活这一现实场域和思维框架之中，只有如此，孝文化的传承发展才能落地生根。在日常生活世界中，孝文化符号形式多样，祠堂、族谱、谱碑、仪式、葬礼、拜年、祭祀、节日、民间艺术等都是孝文化符号的表现形式，借助文化符号，孝文化可以在不同的主体与时空中流动。具体而言，就是将孝文化以具象化的方式融入乡村社会的日常生活中，通过衣食住行、房屋建筑、婚丧嫁娶、节日礼仪、民间艺术等载体，让孝文化符号鲜活生动起来，让村民们亲身去感受、去体验、去践行，并借助于文化的内化机制和塑造功能，激发村民们对向善行孝优秀品质的认同，明确辨别是非与善恶，丰富处世智慧，追求精神的丰盈与身心的和谐。

诚然，与传统乡村社会相比，现代乡村社会的日常生活世界已发生了改变，村民的生活方式和价值观念呈现出了异质化、多样化的现实样态，传统的生活样态、礼俗传统也逐渐消失。尽管如此，日常生活仍然是孝文化传承的深层基础与重要领域，如赫勒所言："在这一领域中所获得的东西是交往、认识、想象、创造和情感的可能性的基础。"① 为此，一方面，我们要肯定日常生活的世俗价值，立足于乡村社会的日常生活世界去传承发展孝文化，特别是要针对乡村日常生活中出现的新特点、新变化，探索孝文化传承的新路径、新方法；另一方面，我们要对乡村日常生活世界秉持着

---

① 阿格妮丝·赫勒. 日常生活是否会受到危害［J］. 国外社会科学，1992（2）：60.

一种理性的批判态度，强调孝文化融合于日常生活，并非要求孝文化一味迎合于乡村的日常生活，而是要用孝文化去引导改造乡村的日常生活，立足于人们对美好生活的向往，构建一种尊老爱幼、互助友爱、乡风文明的日常生活世界，使之成为人们的精神家园与意义港湾。

第三节　乡村教育：孝文化传承的稳固根基

"教育是传统从一代人传到另一代人的媒体，是一个移植传承的过程，这种过程使教育者得以接受进一步变异和完善的传统。"① 家庭、学校、社会是开展乡村孝道教育的主要路径，当前探讨孝文化的传承路径，应充分发挥家庭教育、学校教育、社会教育的育人功能，夯实乡村孝文化传承的稳固根基。

一、家庭孝道教育

家庭是个体出生后的第一个教育场所，是个体社会化的起点，在家庭场域中，父母通过自己的言传身教与家庭生活的实践，使子女习得社会规范与道德准则，形成了最初的价值观念、人生态度、处世方式，为未来的道德能力的发展奠定基础。父母是孩子的第一任老师，个体最早的道德教育是在家庭中完成的。根据弗洛伊德的人格发展理论，他认为个体的人格在儿童早期，即 5 岁时就已形成，人格结构中的本我、自我和超我以及自我防御机制的生成都依赖于个体出生后前 5 年的性心理的发展，这也意味

① 爱德华·希尔斯. 论传统［M］. 傅铿，吕乐，译. 上海：上海人民出版社，1991：327.

着家庭教育对个体成长的重要作用。

与其他教育形式相比，家庭教育具有明显的特殊性，有着自己的规律与特点。一是情感性。家庭是以婚姻为基础、以血缘为纽带的基础单位，血缘关系的天然性和密切性，使得父母与子女之间结成了深厚的情感，情感性在家庭教育中起到了强烈的感染作用，表现为子女对父母无限的依赖与信任，子女愿意接受父母的教育，对父母的教诲深信不疑。父母与子女关系越亲密，感染作用就越强。二是非正式性。与正规教育不同，家庭教育没有统一的"程序"，可以不受时间、场地和条件的限制，在日常生活中随时随地进行。家庭教育主要通过父母的言传身教以及家庭环境的潜移默化，对孩子加以教育与引导。三是连续性。家庭教育具有较强的连续性，从孩子出生到长大成人离开父母独立生活，一般都是生活在稳定的家庭环境中，少数特殊家庭除外。在家庭教育中父母能够根据孩子在不同年龄阶段的发展特征，连续性地对子女施加教育，通过反复训练、反复强化，有利于孩子的道德品行的养成。四是继承性。家庭教育的继承性表现为"家风"或是"门风"。家风是指一个家庭在长期的家庭生活中所形成的稳定的生活态度、生活做派。子女在家庭里接受家庭教育之后，等自己成家立业之后，也会用在父辈那里接受的教育内容去教育影响自己的后代，代代如是，便形成了家风，连续影响下一代。家风是一个家庭中的文化氛围，是一种无言的教育、无字的典籍、无声的力量，是家庭教育中的重要影响力量。

我国传统社会是一个家国同构的社会，家是个人与国家、天下的连接点，齐家既是修身的目标，又是治国的基础，为此，家庭承担着多种职能，家庭教育被赋予了重要的社会意义，受到历朝历代的重视。在浩瀚如烟的传统文化典籍中有着大量的家庭教育著作。诸如诸葛亮的《诫子书》、嵇康的《家训》、司马光的《家范》、朱熹的《家礼》、曾国藩的《曾国藩家训》等，他们将自己立身、治家、处世、为学的经验进行整理传给后世子孙，教育子女立身处世之法。家庭教育的形式也是多种多样，有家训、家诫、家范、家规、家法、家仪、家约、家箴、家语、家书、家鉴等形式。孝首先作为一种重要的家庭伦理，在古人的家庭教育中，孝道教育自然被放在首要位置。如在《颜氏家训》中，颜之推占用了大量篇幅来谈论孝道。他认为，父母仁慈有爱是对子女进行孝道教育的前提，做到"父母有慈"后，子女才会"畏慎而生孝"，"夫风化者，自上而行于下者也，自先而施于后者也。是以父不慈则子不孝，兄不友则弟不恭，夫不义则妇不顺矣。"为人子女要对父母做到言辞恭敬，按照父母的心意办事，使父母感到心情舒畅。《何氏家规》开篇就强调孝亲敬长之规："今之人以能养为孝者何？盖缘不顾父母而私妻子，倒行逆施者众，彼善于此，故与之耳。殊不知孝之道，岂养之一事所能尽哉？要有深爱婉容，而承颜顺志，尊敬谨畏，而唯命是从。稍有斯须欺慢违忤，或伤教败礼，取辱贻忧，虽日用三牲之养，犹为不孝也。"① 在《温公家范》中，孝道是一条重要主线，司马光从养亲、敬亲、葬亲、祭亲等方面阐述了自己的孝道观。他认为，子女不仅在经济上要孝顺父母，还要让父母精神上愉悦，父母去世后要做到以礼安葬。袁采在《袁氏世范》中指出子女对父母行孝，皆是受恩于父母，对于父母抚育之恩的报答就是行孝，行孝最根本的一条就是要做到诚心诚意，即使细节上有所疏漏，也是可以感动天地鬼神的。正是因为家庭孝道教育的世代相传，孝文化才能在几千年的历史发展中虽历经波澜，却依然经久不衰，并内化为中国人的精神内核。

我国自古以来就是一个家庭本位的社会，家庭在整个社会中占有与众不同的地位，而孝作为家庭伦理，自然首先应在家庭环境中去培养。

首先，父母要创造家庭教育的良好环境，家庭孝道教育首先是一种爱的教育。子女年幼时，父母要关心爱护子女，给予子女足够的关心、照顾与安全感，建立起良好的亲子关系。子女只有深刻感受到父母的关爱，长大后才会心甘情愿地去行孝。

其次，父母要重言传、重身教。《春秋纬·元命苞》曰："教之为言，效也，上为下效，道之始也。"家庭孝道教育不仅仅是言传，更是身教。父母在日常生活中能够以身作则，处处做到以礼侍亲，无疑对子女的孝行起到了榜样示范作用。如苏联教育家马卡连柯所指出的："父母对自己的要

---

① 何伦.何氏家规（丛书集成续编）[M].第61册.

求，父母对自己家庭的尊敬，父母对自己一举一动的检点，这是首要的和最基本的教育方法。"① 通过父母的言传身教，子女在日常生活中受到了熏陶和感染，能够认同接受孝文化，并且将其外化为自己的行为，等子女长大成家立业之后，也会将孝道文化传递给下一代，代代如是，孝道文化便会被延绵不断地传承下去。

习近平总书记指出："家庭是社会的基本细胞，是人生的第一所学校。不论时代发生多大变化，不论生活格局发生多大变化，我们都要重视家庭建设，注重家庭、注重家教、注重家风，紧密结合培育和弘扬社会主义核心价值观，发扬光大中华民族传统家庭美德，促进家庭和睦，促进亲人相亲相爱，促进下一代健康成长，促进老年人老有所养，使千千万万个家庭成为国家发展、民族进步、社会和谐的重要基点。"② "染于苍则苍，染于黄则黄"，家庭是社会的基石，是孝道教育的起点，加强家庭孝道教育，培育优良家风是乡村孝文化传承的重要路径。

二、学校孝道教育

学校是一个专门化、正规化的组织机构，是个体社会化的重要场所。学校能够依靠自身组织和知识优势对学生开展长期性、系统性教育，传授社会价值规范，教育学生学会服从、遵守社会规范。在我国，学校最早产生于夏商时期，《孟子·滕文公上》记载："夏曰校，殷曰序，周曰庠，学则三代共之。"这里的"校""序""庠""学"便是学校的最初形态。当时这些机构集政治意义与教化意义于一体，由官方所设，故也称之为官学。西周之后，学校教育已初具规模，各乡纷纷建立了乡学，由大司徒"掌施十二教，以乡三物教万民"，③ 形成了国学与乡学并存的教育体系。到了春秋

---

① 马卡连柯全集［M］.北京：人民教育出版社，1957：783.
② 习近平.在2015年春节团拜会上的讲话［N］.人民日报，2015-02-18（02）.
③ 张传燧.中国教育史［M］.北京：高等教育出版社，2010：19.

战国时期，私学逐渐出现并盛行起来，各家各派都办有私学，打破了官学传统。直到汉武帝独尊儒术之后，儒学成为社会的主流文化，为了推行传播儒家思想，董仲舒主张设立太学进行道德教化。

今废先王之德教，独用执法之吏治民，而欲德化被四海，故难成也。是故古之王者，莫不以教化为大务，立大学以教于国，设庠序以化于邑。教化以明，习俗以成，天下尝无一人之狱矣。①

太学的创办标志着儒家官方教育体制的形成，太学的教师由博士担任，传授五经与孔子思想，旨在为国家培养"经明行修"的官吏。此外，为了扩大儒家思想在民间的传播，地方上还广设学官，教授五经，利用社会精英的影响力增强儒家文化在民众中的影响。

到了唐朝时期，科举制度的确立使得封建官学制度逐渐完善，建立了从中央官学到地方乡学的教育体系。唐高祖武德七年下诏："诏诸州县及乡，并令置学。"②唐玄宗于开元二十六年（738年）、天宝三载（744年）两次下诏，"古者乡有序，党有塾，将以弘长儒教，诱进学徒，化人成俗，率由于是。其天下州县，每一乡之内，里别各置一学。仍择师资，令其教授。"③"乡学之中，倍增教授，郡县官长，明申劝课。"④

宋明时期书院教育兴起，培养了大批儒家子弟。元朝时期创办了社学，使得乡学进一步普及并获得了制度化保证。"诸县所属村疃，五十家为一社，择高年晓农事者立为社长。""每社立学校一，择通晓经书者为学师，农隙使子弟入学，如学文有成者，申复官司照验。"到了清朝年间，义学逐步取代了社学，成为乡学的主要形式。

陈翊林认为："教育在整个历史中，不单于本身上具有继续性，而与经济社会文化彼此关联，相互影响。"⑤从学校教育的产生与发展历程来看，历

① 《汉书·礼乐志》.
② 《旧唐书·礼仪志四》.
③ 《旧唐书·玄宗本纪下》.
④ 同上.
⑤ 陈翊林.最近三十年中国教育史［M］.上海：上海太平洋书店，1932：1-8.

代封建统治者们都将学校教育作为传达统治思想、教化民风的最有效途径，通过对知识生产与传播的控制而使得封建政权得到了进一步巩固，学校教育成为维护封建统治的重要工具。在学校教育中，孝道教育是重要内容。从汉代开始，封建统治者便将孝道教育纳入学校教育中，使之成为学校教育的重要内容，《孝经》不仅是统治者必读之书，也成为各级学校的必修课程。据《汉书·平帝纪》记载，平帝元始三年，安国公奏立学官"序庠置孝经师一人"。汉武帝时期，在包括乡村学校在内的各级学校均置《孝经》师。元朝明文规定："凡读书，必先《孝经》。"①

蒙学教育也以孝道教育为主要内容，如《三字经》作为民间流传最广、影响最大的蒙学读物，包含着丰富的孝道内容。"香九龄，能温席。孝于亲，所当执。融四岁，能让梨。弟于长，宜先知。首孝悌，次见闻……扬名声，显父母，光于前，裕于后。"《弟子规》的核心思想就是宣扬孝悌仁爱，涉及大量的孝悌的行为规范。"父母呼，应勿缓。父母命，行勿懒。父母教，须敬听。父母责，须顺承。冬则温，夏则清。晨则省，昏则定。……丧尽礼，祭尽诚。事死者，如事生。"此外，《小学》《幼学琼林》《醒世要言》《增广贤文》等蒙学读物中都含有大量丰富的孝道内容，以生动活泼、浅显易懂的语言，引导教育孩子知孝、行孝。

学校教育的系统性、专业性特点有利于学生系统深入地学习孝文化。当前探索乡村孝文化的传承路径应充分发挥学校教育的优势作用，将孝文化纳入学校教育体系之中，学校要针对学生身心成长规律和特点建立一套比较完善、具有可操作性的孝道教育体系。一是将孝文化深度融入课程与教材体系中，开设儒家经典诵读、书写、讲解专门课程，引导学生学习研读儒家经典，树立正确的孝道观、文化观、国家观，增强对孝文化的认知与理解。二是将孝文化融入校园文化建设中。校园文化是学校所特有的精神环境和文化气氛，文化虽然无法直接触摸到，但生活在校园中的人却能够时时体会感受到，它对学生价值观的形成有着潜移默化的影响，将

---

① 《元史·选举志》.

孝文化融入校园文化建设中要注重校园孝文化氛围的创设，利用学校宣传栏、文化墙等载体宣传孝道，向学生传递孝文化的价值观和行为期望，利用第二课堂或者传统节日，积极开展孝文化教育实践活动，让学生的心灵时刻浸润着孝德文化。三是将孝文化纳入学生的评价体系中。在学生的评价体系中，孝道应作为一项重要的评价内容，使学生孝道素养发展形成明确导向。

苏联教育家苏霍姆林斯基曾说过："农村学校是农村最主要、最重要，有时候还是唯一的文化策源地。它对农村的整个智力生活、文化生活和精神生活有很大的影响。"[1] 在现代化语境下，乡村社会逐渐沦为文化的荒芜之地，包括孝文化在内的传统文化面临着凋敝与解体，呈现出碎片化和边缘化的现实样态，人们对孝文化的认同感日益降低。乡村学校应自觉承担起孝文化传承发展的重要使命，通过乡村学校教育，培养延续传承乡村孝文化的主体力量，使孝文化在乡村社会中重获新生，为推进新时代乡村振兴战略筑起强大的精神堡垒。

三、社会孝道教育

社会教育是家庭教育和学校教育的延伸与补充。与家庭教育、学校教育相比，社会教育的范围更为广泛，形式也更为多样。社会教育在我国的历史也较为悠久，早在春秋时期便有"乡饮酒礼"之做法，通过举行乡饮酒礼的形式，对民众进行孝德教育，从而达到"无一人而不亲其亲而孝，不长其长而弟"的效果。《礼记·乡饮酒礼》曰："君子之所谓孝者，非家至而日见之也；和诸乡射，教之乡饮酒之礼，而孝弟之行立矣。"汉武帝时期，为了推行"孝治天下"的治国方略，通过旌表孝悌、忠臣义门对民众进行社会教化。宋、明、清时期的"乡约制度""圣训六谕""圣谕十六训"

---

① 苏霍姆林斯基. 农村学校的特殊使命［M］. 杜殿坤，译. 北京：教育科学出版社，2000.

等，都属于社会教育。

在乡村社会开展孝道教育的形式也较为多样，可以通过村规民约、话语宣传、榜样示范、舆论引导、景观打造等方式对村民开展孝文化教育。例如：四川省邛崃市固驿镇公义村，打造了全国首家孝道博物馆，通过实物、文字、图片、影像等形式向村民传递孝道文化。在这里笔者主要从乡村舆论的角度探讨社会孝道教育。

乡村舆论是指在乡村社会中人们对某一事件或现象的态度、意见或者言论，有时也被称为乡村的"闲言碎语"。对此，美国传教士明恩溥曾有过生动描述："除了最忙碌的季节外，我们在每个中国村庄中都能见到成群的男人聚集在小庙这样的乡村公共场所，冬天在太阳下，夏天是在荫凉里，坐在几根树段上交谈。即使在隆冬时节，他们也会挤在一起，以求温暖和亲密。他们整天地聊呀聊，直到吃饭时才散去。从前、现在和以后的天气状况、集市行情、小道消息，尤其是最新官司的细节，都构成了这类无休无止闲谈的经和纬。"[①] 传统的乡村社会是一个"熟人社会"，大家日出而作、日落而息，抬头不见低头见，每个人都在别人的注视中生活，基于熟人社会的交往规则，村民之间建立起了共享的价值观与道德规范，乡村舆论便是共享道德规范的传播机制和渠道。乡村舆论传播的速度很快，发生在家里的事很快会传遍全村。为了避免自己成为舆论的中心，维护自己在熟人面前的脸面，大家不得不约束自己的行为，心照不宣地遵循着乡村社会的基本道德规范，循规蹈矩地去生活。脸面是乡村社会中重要的社会资本，代表着一种地位与声望，大家都想有脸面地生活，而对于村里极少数不顾脸面的村民，也必然会招来他人的议论、排斥与谴责。如博登海默所说："当习惯被违反时，社会往往会通过表示不满或不快的方式来做出反应；如果某人重复不断地违反社交规范，那么，他很快就会发现自己已被排斥在这个社交圈以外了。"[②]

---

① 明恩溥.中国乡村生活［M］.北京：时事出版社，1998：308.

② 博登海默.法理学：法律哲学与法律方法［M］.邓正来，译.北京：中国政法大学出版社，1999：379.

乡村舆论是乡村社会教化的重要手段，村民将日常生活中的琐事进行加工，并通过语言的表述来评判日常生活中的是非曲直，形成强大的道德权威与社会权威，在舆论的传播中，村民能够清晰知道村里在提倡什么、反对什么，进而会采取与乡村价值观和道德规范相一致的行为，塑造着乡村生活秩序。正如涂尔干所说的："舆论在根本上是一种社会事物，是权威的来源；甚至可以设想，舆论是所有权威之母。"①

"子女不孝顺虽然是别人家的家务事，但村子里一传十、十传百，很快全村人都会知道谁家子女对父母不孝顺、虐待父母。人言可畏，这家子女在村里以后也抬不起头来。"

乡村舆论以质朴的方式生动展现了村民的生活世界，并通过一种特殊的话语沟通形式，成为村民自觉遵守的软规范，呈现出一种规范的力量。这种规范如同法律制度一样，对人的思想、行为起到了约束与束缚作用，村民在内心深处形成一种自我约束和监视的管理机制，实现对身体的规训。长期以来，乡村舆论便凭借着这种强而有力的舆论监督，以一种潜移默化的方式教民于礼，对村民进行道德教化，以净化乡村风气，维护着乡村秩序。

当前，随着乡村社会流动的加快以及村民个体化趋势日益显现，乡村舆论的约束效力减弱，村民似乎更倾向于采取视而不见、集体缄默的态度，人们似乎不愿再在公开场合议论、批评，即使有些人会站出来批评指责，但也只能是点到为止，并没有太大约束力。贺雪峰指出："没有了公共舆论，也没有了对村庄公共舆论的顾忌，村庄的公共性和伦理性日益衰竭，村庄本身也越来越缺乏自主价值生产能力。人们开始肆无忌惮地做任何事情，年轻人开始频繁地抛弃父母、虐待老人……农村社区成为无规制之地，丛林原则肆虐横行，成为当下农村治理无可回避的问题。"②阎云翔教授通过对黑龙江下岬村的调研，指出那样"沉默的公共舆论"是"中国传统文化养老机制的关键"（孝道衰落的重要原因之一）。

乡村舆论不仅是村民的一种表达方式，更是乡村社会中重要的监督机

---

① 埃米尔·涂尔干.宗教生活的基本形式［M］.渠东，译.北京：商务印书馆，2011：289.
② 贺雪峰.现代化进程中的村庄自主生产价值能力［J］.探索与争鸣，2005（7）：26-27.

制，因此，乡村孝文化的传承应充分发挥乡村舆论的重要作用，重构乡村舆论的价值基础。一是打造乡村舆论的公共空间。公共空间是村民重要的社交活动场所，也是乡村舆论产生的重要场域。乡村公共空间包括有形空间与无形空间两种类型。有形空间是村民交往活动的物质场所，包括祠堂、寺庙、广场、水井等地方；无形空间是村民因传统习俗而形成的一些活动形式或交往形式，如村里的节庆祭祀的活动、红白喜事等。打造乡村舆论的公共空间，就是要从公共空间、公共行动与公共记忆三个方面着手，对乡村空间进行合理布局安排，加强生活型和娱乐型公共空间的供给，特别是考虑乡村公共空间的物理可达性，方便村民出行与使用，同时要以乡村公共生活为载体，唤醒村民的主体意识，培育乡村公共精神。二是要传播正确的价值观，对乡村舆论进行积极引导，对正面的舆论给予肯定与宣传，对负面的乡村舆论予以制止与引导，在乡村中要树立孝老爱老的道德标杆，发挥榜样在乡村社会中的示范作用，营造爱老孝老的舆论氛围，着力发挥乡村舆论的功能。

第四节　乡村精英：培育乡村孝文化传承的引导力量

自传统社会以来，乡村精英始终是乡村建设中的一股重要力量，扮演着勾连乡村与国家的重要角色。他们以自己的道德品行引领着乡村的价值观，用自己的人格魅力打造了乡村崇德向善的标杆，成为乡村道德的楷模，他们是乡村文化的建设者与引领者，是乡村孝文化传承的引导力量。

一、精英理论：一个理论分析框架

"精英"一词最早产生于 17 世纪的法国，意指"精选出来的少数""优秀人物"，而后在 V. 帕累托、G. 莫斯卡、R. 米歇尔斯等社会学家的深入研究与探讨下，形成了较为清晰的理论框架和研究方法，推动了古典精英理论的产生与发展。精英理论的理论逻辑与前提是承认人类社会中权力与资源分配的不平等性，少数人统治多数人是普遍现象。帕累托将精英区分为执政精英与非执政精英两种不同类型，执政精英是指决策者、当权者，即执行政治或社会领导职能的一小部分人。非执政精英是指社会各领域出现的典范人物，他们具有超群的才能和本领，能在普通人群中脱颖而出。帕累托指出："在每一项人类活动中，对每人的能力都能打一个类似考试时得的分数。……我们将在自己活动领域内拥有高分的人们形成一个阶级，并称之为'精英阶级'（精英）。"[①] 帕累托认为社会发展的过程是新精英替代旧精英的过程。旧精英落后腐朽，而社会中涌现出新精英群体，强大而富于纪律性，他们向旧精英提出挑战并取而代之。但是，新精英一旦掌握权力之后也会走向腐朽，与旧精英一样最终被另一个新精英阶层替代，如此循环便构成了精英循环，在帕累托看来，精英循环是社会发展的必然，唯有如此才能保证社会的平衡。

针对精英循环理论的缺陷，莫斯卡提出了"精英再生产"理论。他认为，一切社会形态中都存在着两个阶级，即统治阶级与被统治阶级，统治阶级是少数人的群体，即精英。他认为精英的形成有两种方式：一种称为渐变机制，即社会的底层人通过地位的提升，最终取代现有的精英，类似于精英的循环；另一种称为突生机制，即统治阶级与被统治阶级。二者都有着各自的精英，且两种精英在权力斗争中互相流动，类似于精英再生产。在莫斯卡看来，无论选择哪种方式，实质上都是为了维护统治集团或精英集团的利益最大化。

早期精英理论主要关注政治领域，强调人的先天素质与社会作用，着重于思辨性研究，忽视民主制度在政治过程中的作用，具有反民主倾向，因此受到了诸多批评。到了 20 世纪 50 年代后，在 H.D. 拉斯韦尔、C.W. 米

---

① V. 帕累托. 普通社会学纲要［M］. 田时纲，译. 北京：生活·读书·新知三联书店，2001：296-298.

尔斯、J.熊彼特等学者的研究推动下，精英理论研究获得新的发展。新精英理论虽然是沿着早期精英理论的研究路径展开的，但学者们开始关注到其他社会精英甚至公民在社会关系中的意义与作用，他们宣称"价值中立"的研究立场，试图通过多学科的实证研究方法阐明社会权力关系和民主政治的有效性。

拉斯韦尔沿着帕累托精英理论研究路径，将"精英"一词扩展为政治之外的领域，使之成为一个纯粹性的分析概念，用于表述分类与描述，而不再内含价值判断。萨托利曾指出："拉斯韦尔在一点上是无人可比的，他确立了'精英'作为一个普遍范畴，用来讨论我们效法他而称呼的'统治精英模式'。"① 拉斯韦尔还对精英统治的内在机理进行了深入探讨。他指出，精英主要是通过象征、暴力、物资与实际措施等手段达到特定的目标。共同命运的象征是精英为自己辩护，赢得统治合法性的旗号；暴力是统治阶级维护其统治的一种重要手段；物资的配给是精英有效控制集体态度的重要方法；实际措施指精英地位的维持取决于其所采取的实际措施，精英要把效率和可接受性明智结合起来。

米尔斯以整体性的思维视角，将"精英"看作一个社会阶层，认为精英阶层身份的获得主要由他们所在机构角色的位置所决定，而非他们所拥有的社会财富或者权力，精英所拥有的权力、财富和声望都依附于制度化的机构，一旦脱离了制度化机构，精英也就丧失了所谓权力。米尔斯指出，对精英的研究要与社会的权力结构结合起来，现代社会的等级制度是权力精英的权力手段，是精英们获得财富、权力与声望的基础。在社会等级制度中占据高位的人可以获得更多的信息与资源，更加有利于巩固他们的精英地位。

熊彼特立足于西方政治实践，对早期的民主理论进行了修正，提出了"竞争性精英民主理论"。他认为，民主并不意味着由人民统治国家，而是由人民通过自己的选票有机会选择接受或者拒绝谁来统治他们。换句话说，

---

① 乔·萨托利.民主新论［M］.冯克利，阎克文，译.北京：东方出版社，1993：150.

民主政治实质是政治精英竞选政治领导权与人民抉择领导人的过程，是一种"竞争的选举过程"，政治精英统治的合法性来自人民的选择。政治精英们要想竞选成功，获得领导权，需要获得人民的支持。因此，政治精英们在竞选时，会根据选民的偏好提出相应的政治纲领和政策，争夺选票。但熊彼特认为，在政治生活中，民众的思想容易受到诱导与蛊惑，因而时常无法作出理性的判断与选择。熊彼特主张限制民众参与政治，政治事务就应交给政治精英处理，他们拥有他人所不具备的政治才能与素养。可见，熊彼特将政治精英和民主制度有效结合起来，试图在"精英政治"和"人民意志"之间寻求相应的平衡，既能够代表民意，又能使精英治国得以实现。这也是熊彼特精英民主理论的基本目标。

之后，社会学家撒列尼、倪志伟等学者进一步丰富了精英循环理论。撒列尼研究发现，匈牙利在市场化改革之后，从事私有家庭农业经营并获利的是那些在20世纪40年代拥有土地而被共产党集体化剥夺政策剥夺的后代，而不是已经拥有政治权力的干部。受撒列尼的启发，倪志伟在对1989年中国多个省份农村进行的抽样调查的基础上，提出了"市场转型理论"，该理论提出了市场权力、市场刺激、市场机会三个命题。市场权力是指市场转型使权力从再分配者转移到了直接生产者手中；市场刺激命题是指直接生产者因获得了处置自己的产品和劳动力的自主权，从而激发了其生产的积极性；市场机会命题是指市场转型开辟了新的社会流动通道，一批农民企业家在市场经济中取得成功，成为社会上层。作为精英循环理论的批判与修正，精英再生产理论认为，市场改革的主要受益者不是旧体制中的剥夺者，而是旧体制中的政治精英。

总体来看，从早期精英理论发展到现代精英理论，学者们对精英理论的研究已不再仅仅局限于政治权力领域，精英被看作某种典范人物，存在于社会各领域中，与普通人相比，他们拥有更高的社会地位，享有较多的权力和资源，具有较高的影响力。精英理论对我国乡村精英研究提供了理论借鉴。

二、乡村精英：孝文化传承的引领者

精英理论为我国乡村精英研究提供了理论分析框架。乡村精英是乡村社会中的少数人物，他们凭借自身的优势，在乡村社会中拥有较多资源，在村务决定和村庄生活中具有较一般村民更大的影响。早在 1899 年，明恩溥就通过对中国乡村的深入考察指出，中国的村子的管理并非交由全体村民承担，而是由少数几个人承担，他们一般是村子里的年长者或是家境殷实者、有学问者，通过一种自然选择而处于既有的位置，有时间和能力处理与官府有关、与村子有关及与私人有关的三类事务。[①] 法国社会学家孟德拉斯在 1964 年出版的《农民的终结》一书中用大量篇幅对乡村精英进行了描述，他称乡村精英为乡村的"显贵人物"。他认为，一般农民的视野比较狭隘，认为遵循"传统"是理所当然之事，"一切传统的影响和整个社会体系都阻止他们成为革新者"。在传统农业生产中，革新意味着风险，是一种富人的奢侈品，"显贵人物"是"唯一具有足够的经济余力来冒这个风险的人"[②]，这些"显贵人物"会将外部的革新技术引入乡村内部，能够扮演革新者的角色。

在我国传统社会中，乡村精英是乡村的士绅阶层，士绅们通过科举考试、地方举荐或者通过土地占有、宗族特权、政府捐纳而成为乡村中最有权势的阶层，成为乡村社会的领导者，代替地方官府行使治理乡村的职能。乡绅阶层享有巨大的声望和特权，是乡村建设、风习教化、乡里公共事务的主导力量，他们对于维护乡村社会秩序、促进乡村社会发展起到了不可替代的作用。

士绅们深受儒家文化的熏染，他们通过村规民约、撰文、办学、慈善救济等方式对村民进行道德教化，宣传儒家思想。"其绅士居乡者，必当维持风化，其耆老望重者，亦当感劝闾阎，果能家喻户晓，礼让风行，自然

---

① 明恩溥. 中国乡村生活 [M]. 午晴，唐军，译. 北京：时事出版社，1998.
② 孟德拉斯. 农民的终结 [M]. 李培林，译，北京：社会科学文献出版社，2005.

百事吉祥，年丰人寿矣。"[①] 士绅们身居乡里，是村民们的道德楷模、行为表率，他们身体力行，以自身的行动践行着孝道文化。据史料记载，一些士绅们为使村民受益，不惜花费巨资建立义庄。赡养是义庄的一项重要功能，《济阳义庄规条》规定："贫老无依，不能养者，无论男女，自五十一为始……每日给米六合。年至六十本拟间岁酌给棉衣，今特加给月米，听其自行置办。六十一给米七合，七十一给米一升。八十一，日给一升五合，九十一岁日给二升。百岁建坊，贺仪从厚，以伸敬老之意。"[②] 同时规定："族中子弟，如有不孝不弟，流入匪类，或犯娼优隶卒，身为奴仆，卖女作妾，玷辱祖先者，义当出族，连妻子均不准支领赡米。"[③] 在士绅阶层的推动之下，儒家文化在乡村社会得到有效的传承与维护。

近代以降，置身于动荡不安的时代背景下，乡村社会也历经了千年未有之大变局。特别是科举制的废除、新式教育的兴起，削弱了士绅阶层的地方权威，士绅们也失去了昔日的风光，随之发生了蜕变。有的离开乡村移居城市寻求新的发展机会，有的留在乡村则转化为杜赞奇所称的"营利型经纪人"。士绅们不再充当乡村社会的保护者与当家人，为了追求个人利益，他们不惜鱼肉乡里、横征暴敛，乡村政权日益痞化，乡村的权力不再由传统精英所掌握，取而代之的是武化和劣化的地方精英，乡村政权也陷入了"内卷化"的陷阱之中。

中华人民共和国成立之后，在先后经历了土地革命、农村集体化、人民公社化之后，乡村社会的权力结构发生了重大变化，乡村精英的身份也随之改变，原有的乡村精英，不管是传统士绅还是土豪劣绅都被彻底打倒。"新的乡村精英是来自贫苦家庭、未受过教育、政治思想觉悟高的青年党员干部。"[④] 他们大多出身贫寒，不具备财富、知识、声望等资本，但因根正苗

① 张集馨. 道咸宦海见闻录［M］. 北京：中华书局，1981.
② 张翔凤. 近代苏州碑刻中的乡绅自治和宗族保障［J］. 史林，2003（4）：71-76.
③ 王国平，唐力行. 明清以来苏州社会史碑刻集［M］. 苏州：苏州大学出版社，1998：276.
④ 刘博. 精英历史变迁与乡村文化断裂——对乡村精英身份地位的历史考察与现实思考［J］. 青年研究，2008（4）：477.

红，被选拔为乡村精英。新的乡村精英不再具备知识、声望、财富等资本，政治出身是乡村精英的唯一标准。"一方面，党和国家以强制性资源再分配的方式使他们拥有了土地和财产，并通过入党、担任村干部而获得精英身份；另一方面，他们自身没有掌握任何可以和国家交换的稀缺资源，也就不具备传统士绅精英那样与官方讨价还价的余地。党和国家对这些政治精英进行考核评判的主要标准，也不再是对地方公共事务的贡献，而是对国家权力的忠实程度和对国家意志的贯彻程度。"① 这也就意味着乡村社会的内生文化权威被政治权威替代，乡村社会进入了政治权力无限扩张阶段。

改革开放之后，随着人民公社体制废止、农业集体化时代的终结，单一固定的政治精英格局逐步瓦解，涌现出一批新的乡村精英。一方面，乡村自治制度的建立，确立了村民委员会是农村基层群众自治组织的性质，从而改变了乡村精英权力授予的来源，即从上级组织授权转变为基层认可，通过乡村自治制度出现了一批政治精英；另一方面，随着市场经济的深入，乡村社会出现了一批经济精英，他们是带动乡村发展的致富能人或者农民企业家，他们中的一部分人可能没有担任任何职务，但却因本人或家族掌握着较多的经济资源，在村里有一定的威望和影响力，在乡村的日常事务管理中具有一定的发言权。

王汉生（1990）认为乡村精英的变动，既有新精英对旧精英的替代，也有旧精英集团内部的差异和转换。贺雪峰（2003）认为，当代乡村精英是传统型精英与现代型精英并存，传统型精英是指那些以名望、地位等为前提而形成的乡村精英，构成此类精英的人物往往具有既定的身份和品质，比如党员身份、在外当过兵见过世面、曾参与村务决策的村民等。现代型精英是指在市场经济中脱颖而出的经济能人，如种养大户、建筑包工头等。② 还有学者将乡村精英划分为体制内精英与体制外精英。

从乡村精英的历史嬗变过程来看，在不同的历史时期，乡村精英的构成也在发生着变化，呈现出不同的特质。总体而言，乡村精英在我国乡村

---

① 李里峰.乡村精英的百年嬗蜕［J］.武汉大学学报（人文科学版），2017（1）：5-10.

② 贺雪峰.乡村治理的社会基础［M］.北京：中国社会科学出版社，2003：156.

社会发展中扮演着重要角色，具有较高的权威。权威是指支配他人行动的权力，马克斯·韦伯关于权威理论的阐述是 20 世纪以来权威研究中最经典的论述。韦伯认为，在日常生活中，被支配者并非总是从功利计算的角度决定对支配者服从与否，人们服从权威的深层动机就是相信支配者具有某种"合法性"，只有建立在"合法性"基础上的服从才是稳定的服从。权威是具有合法性的支配，他将权威划分为三种类型：传统型权威（traditional authority）、魅力型权威（charismatic authority）（或称卡理斯玛权威）和法理型权威（legal authority）。传统型权威是一种最古老的权威形式，它是建立在遗留下来的制度和统治权力的神圣的基础上，对他们的服从是传统赋予他们的固有尊严。魅力型权威是先天性权威，它是建立在超自然的或者超人的，或者非凡的，任何人都无法企及的力量或素质基础上的。法理型权威是建立在正式制度的规则和指令权力的正当性基础之上的。按照韦伯的观点，不同于传统型权威与法理型权威，卡理斯玛权威的获得不是依靠外部权力的赋予，而是以个人魅力的正当性为基础的。卡理斯玛式领袖是神圣的、超凡的，当卡里斯玛存在时，人们将听从其召命而行动当成自己的职责。

在传统乡村社会中，道德评价总是优先于经济评价的，德行成为一种独立的品性，获得乡村社会评价上的优先性。换言之，乡村精英们的权威是建立在德行的基础上的，他们秉承着儒家伦理教化思想，用自己的人格魅力打造了乡村社会崇德向善的标杆，赢得了村民的拥护，道德权威便成为传统乡村社会生成和不断延续的经济和社会基础，成为一种重要的权威力量。在现代社会中，乡村社会的权威构成已发生了根本性变化，乡村社会的评价标准也呈现出多元化的基本态势，经济因素或成为乡村精英权威构成的主要因素。尽管如此，乡村精英们的道德权威仍然存在，他们依靠个人的人格魅力获得信任与支持，成为乡村社会的道德楷模，他们也是乡村孝文化的建设者与引领者。当前，在乡村孝文化的传承建设中，也应充分发挥乡村精英们的重要作用。

在现代乡村社会中，乡村精英们获得更坚实的生长根基，村民自治制度为乡村精英们提供了乡村治理的制度保障与生存逻辑，他们可以通过选举获得乡村治理的合法权利，能够拥有或支配调动更多的社会资源。贺雪峰认为，乡村精英凭借自己在乡村中掌握的优势资源，而在村务决定和村庄生活中，具有较一般村民更大的影响。

那么，当前应如何发挥乡村精英的文化引领作用呢？一是建立乡村精英的培育与开发机制。随着城镇化进程的快速推进，乡村精英们不断向城市流动，造成了乡村精英的大量流失，孝文化因失去了传承主体，进一步加剧了断裂与解构。为此基层政府要采取积极措施，制定激励优惠政策吸引乡村精英回归，鼓励其投身到乡村的建设与发展中，对那些愿意反哺桑梓、泽被乡里的乡村精英应积极吸纳到体制内，通过基层民主的竞选方式进入村两委班子，赋予他们更多的权力与资源，使他们以合法、合理的身份介入乡村社会发展的实践中去，更好地发挥他们在孝文化建设中的引领作用。二是引导乡村经济精英投身于孝文化建设。改革开放以来，乡村社会涌现出了一批以个体工商户、私人企业主、种植养殖大户为主的经济精英，他们凭借着自己的经济优势，得到村民的认同、赞誉甚至是崇拜。引导他们投身于孝文化建设中，释放他们的美德力量、榜样力量，能够树立起乡村社会的价值标杆、道德标杆。例如，四川省邛崃市公义村建立了国内首家以孝道文化为主题的博物馆，博物馆是在由乡村精英杨现文先生投资建立的，博物馆总建筑面积3000多平方米，总投资 800 余万元。孝道博物馆成为公义村孝文化宣传的重要载体，中央电视台、《人民日报》、中共文明网、央广网、腾讯等全国 70 多家主流媒体纷纷进行了报道，在社会上引起了较大反响。三是培育文化精英，加强对孝文化现代内涵的挖掘与宣传。乡村精英们一般都受过良好的教育，有一定的学识与才能，利用精英们的学识专长，可以加强乡村孝文化的宣传。比如连云港马山村组建了一支以"文化精英"为主体的乡贤宣讲队伍，开设"孝道大讲堂"，编写《孝行录》《百善箴言》《孝善马山》等孝道教材，将精英文化与孝道文化结合起来，重建乡村的文化土壤，充分发挥了乡村精英教化村民、改良世道人心的表率引领作用。

乡村精英们曾以自己的嘉言懿行垂范乡里，是乡村孝文化传承的主要力量。在现代化背景下，尽管乡村精英的产生方式、类型以及作用功能发生了变化，但他们仍然是乡村孝文化的建设者与引领者，是乡村孝文化最重要的传承主体。

余　论
走向文化自觉

　　文化自觉的概念最早是由费孝通先生提出的，面对愈演愈烈的全球化趋势，费孝通提出了"全球化"对"乡土文化"侵袭与解构的担忧。费孝通试图通过"文化自觉"运动来重塑乡土文化的根基。在费孝通看来，文化自觉是指"生活在一定文化中的人对其文化有自知之明"，意指正确认识自己比了解他人更为重要。这里的"自知之明"是指对本民族文化的"自知之明"，明白它的来历、形成与发展过程，了解它所具有的特色以及未来趋向，在与其他文化的交流中，能够积极反思并形成文化的创新与发展意识，实现对本民族文化的超越。

　　传统文化传承离不开文化自觉，文化自觉不是简单地回归过去，而是一种富有想象力的构建，确立一种建构主义的态度比重读经典更为重要，这能够使我们获得更多的文化自觉。正如黑格尔所指出的："普遍的东西在此后的每一阶段，都提高了它以前的全部内容，它不仅没有因为它的辩证的前进而丧失什么、丢下什么，而且还带着一切收获和自己一起，使自己更丰富、更密实。"[①] 从本质上来说，文化自觉的过程是文化主体本质力量不断得以充分彰显的过程，具有反思性、实践性、创新性等特征。

　　反思性是一种把握文化内在本质的思维活动。从哲学视域下看待反思，指向的是思想的自我意识，属于一种间接性的思维方式。康德认为，反思

---

　　① 黑格尔.逻辑学（下）[M].杨一之，译.北京：商务印书馆，1982：544.

是一种联结表象的心灵状态，在这种状态中，方能去发现达到概念的主观条件。黑格尔认为，反思是一个把握绝对精神发展的辩证概念，它是本质自身中的映象，只有通过反思，才能把握事物的内在本质，使思想从自发状态进到自觉状态。从哲学角度而言，文化反思不是一种空洞的想象，而是在本质层面把握文化内在性的一种思维活动，是一种终极性的"寻根究底"思维。在传统社会中，以习俗、经验、常识为主的经验主义活动图式构成了人们的现实生活世界，文化呈现出一种非反思性图景；在现代社会中，人们不再满足于现状，而是在不断寻求着自我的超越，将自己投入自我设定的挑战中，不断去征服和创造未来，反映在文化层面，表现为人们在社会实践中对文化现实投射反思与批判意识，能够清晰地认识和把握文化存在的问题与危机，以减少人们文化实践的盲目性与随意性，实现文化的自觉。

对孝文化"寻根究底"的反思主要包括两个方面的内容：一是对生存状态的反思。从本质上来说，文化反映着现实生活中人的生存状态。胡适曾把文化定义为"人们生活的方式"①。在传统社会中，人的生存状态呈现出一种伦理化图景，孝道伦理是村民们日常生活中遵循的行为准则。现代乡村社会是一个流动的、开放的社会，村民们从土地与封建伦理道德的束缚中解脱出来，成为独立的富有现代精神的个体，传统孝道伦理显然已无法表征新时代农民的生存状态。因此，对孝文化反思就是要在村民的现实生存样态中去理性认识与看待孝文化，认识到传统孝文化糟粕与精华并存，一些主张与规范要求已完全不符合现代社会精神，孝文化的嬗变具有历史的必然性。二是关于孝文化价值的反思。价值即文化的有用性，它一般包含两方面的规定性：一是存在着满足一种文化需要的客体；二是存在着某种具有文化需要的主体，当主体发现能够满足需要的客体并通过一定方式占有时，便产生了文化价值。从这个意义上来说，文化价值是一种反映主体与客体的关系性范畴，作为主体的人始终是文化价值的承担者。李凯尔

---

① 胡适选集［M］.北京：人民出版社，1991：18.

特指出："在一切文化现象中都体现出某种为人所承认的价值，由于这个缘故，文化现象或者是被生产出来，或者是即使早已形成但被故意地保存着的。"①因此，孝文化的价值反思主要体现在孝文化是否能够满足现代人的需要，如果满足，那么孝文化就有存在价值，否则孝文化便没有存在的必要，终将被时代淘汰与抛弃。在历史上孝文化虽遭受过否定与批判，却至今仍薪火相传、生生不息，这就意味着孝文化必定包含着普遍意义的内容，具有跨越时空的永恒价值。孝文化已经超越了它所依附的政治和社会制度，成为中华民族一种独特的文化传统与心理定式，特别是在缓解当前人口老龄化引发的乡村养老危机问题上能够发挥重要功能。

文化自觉是一个实践范畴。文化自觉不仅仅是人的主观认知，它指向的是人的实践活动，是一种实践的自觉，体现出了高度的实践性。实践是马克思主义哲学体系中的核心概念，马克思认为："全部社会生活在本质上都是实践的。凡是把理论引向神秘主义的神秘东西，都能在人的实践中以及对这个实践的理解中得到合理的解决。"按照马克思的观点，只有从实践的高度去把握文化及文化自觉，才能真正把握文化自觉生成的内在机理。

马克思认为，实践是人的一种对象性活动，通过实践活动，人类打破了与自然世界的对立状态，从传统哲学中一种抽象的存在转变成具体的存在，不断提升自己、发展自己、完善自己，使得人的本质力量不断得以充分彰显。文化自觉是以人类实践活动为基础的，人类每一阶段的实践形态的变迁都会引起自觉的样态的相应变化。学者温宪元有言："文化自觉，不管其表现形式如何，不论其具体内容怎样，归根到底是在人们实践活动的基础上形成和发展起来的，也是为实践活动服务的。时代和社会发展对文化自觉的要求，最终都体现在人们的实践活动之中。"②孝文化本身就是一种实践性文化，并非存在于经史子集等故纸之中或者被抽象为一种行而上的文化精神或者生活哲理无法被常人理解，而应立足于人们的实践活动，在新时代的伟大实践中推动孝文化的传继。

---

① 李凯尔特.文化科学和自然科学［M］.涂纪亮，译.北京：商务印书馆，1986：21.
② 温宪元，陈金龙.民族精神的实现途径［N］.光明日报，2003-05-06.

创新性是指文化的再生产。文化并非自然界与生俱来的，而是人类智慧的结晶。人作为文化自觉的主体，能够从理性高度去认识和把握文化的发展规律与发展趋势，对传统文化进行改造与创新，以创造出符合自己期望的新文化。孝文化的传承并不是以"复制"的方式来传继，而应是以一种创新的方式实现孝文化的再生产。孝文化的再生产是在遵循孝文化自身发展规律的前提下而衍生出的自主性和开放性发展，用以观照当代人的现实生活。具体来说，一是理论层面创新。理论层面创新关乎于我们所秉持的文化立场。立足于新时代，孝文化的理论创新是以马克思主义理论为指导，坚守中华文化立场，立足当代中国现实，有鉴别地对待、有批判地继承孝文化，对孝文化中的一些落后腐朽的、不合时宜的内容、形式和要求予以摈弃，同时将"民主""法治""自由"等现代因子融进孝文化内容之中，重铸孝文化的精神内涵，实现孝文化的创新性发展，使孝文化以一种更加现代、开放包容的姿态服务于现代乡村社会。二是实践层面的创新。文化自觉不仅仅是人的主观认知，它指向的是人的实践活动，是一种实践的自觉，体现出了高度的实践性。因此，我们要立足于现代乡村社会的现实生活，不断创新孝文化的传承路径，增强孝文化的说服力与感染力，特别是在现代新媒体时代，孝文化在传承路径、传承广度以及传递机制等方面与传统时期有着诸多不同特点，孝文化传承要充分运用现代新媒体技术，运用动漫、音乐、图片、短视频等技术手段，将孝文化生动活泼地展现出来，形成广泛的渗透力。

自传统社会以来，乡村社会始终是城市的"蓄水池"。如果乡村社会的"蓄水池"干涸了，那么城市也会随之枯竭。如果乡村文化走向凋敝，那么我国的工业化、城镇化便会成为一种与人相对立的社会和文化的"异化"。"中国文化是孝的文化"，因此，孝文化的传继不仅对于乡村文明建设，而且对于当前整个中国社会的精神文明建设，都有着极其重要的现实意义。文化自觉是新时代孝文化传承的理想图景，走向文化自觉的孝文化不再是僵化的思想教条与伦理规范，而是一种与新时代相契合的鲜活存在。

附录一
访谈对象基本情况

访谈对象基本情况

编码	访谈对象	性别	年龄	职业	子女情况	访谈地点	访谈时间
001	LDX	男	67 岁	村民	2 儿 1 女	马山村	2017 年 8 月 16 日
002	ZQ	男	43 岁	村民	1 儿	马山村	2017 年 8 月 16 日
003	ZB	男	66 岁	村民	2 女	马山村	2017 年 8 月 18 日
004	ZZH	女	54 岁	村民	2 儿	马山村	2017 年 8 月 18 日
005	WH	男	79 岁	村民	3 儿 2 女	马山村	2017 年 8 月 20 日
006	WM	女	47 岁	村民	2 女	马山村	2017 年 8 月 20 日
007	LXF	男	50 岁	村民	1 女	马山村	2018 年 7 月 15 日
008	WH	女	38 岁	村干部	1 女	马山村	2018 年 7 月 15 日
009	ZWY	男	44 岁	村干部	1 儿	马山村	2018 年 7 月 16 日
010	LJ	男	68 岁	村民	2 儿	马山村	2018 年 7 月 16 日
011	WJH	男	55 岁	村民	1 儿 1 女	马山村	2018 年 7 月 18 日
012	ZJP	女	56 岁	村民	1 女	马山村	2018 年 7 月 18 日
013	YCH	女	48 岁	村民	1 女	武家村	2018 年 10 月 4 日
014	CBL	男	56 岁	村民	2 女	武家村	2018 年 10 月 4 日
015	WCG	男	62 岁	村民	2 儿 1 女	武家村	2018 年 10 月 5 日
016	CXD	男	68 岁	村民	1 儿 1 女	武家村	2018 年 10 月 5 日

续表

编码	访谈对象	性别	年龄	职业	子女情况	访谈地点	访谈时间
017	CH	女	28 岁	村民/外出打工者	无子女	祠堂头村	2018 年 5 月 25 日
018	JH	女	26 岁	村民/外出打工者	无子女	祠堂头村	2018 年 5 月 25 日
019	LCM	女	32 岁	村民	1 儿	祠堂头村	2018 年 5 月 26 日
020	LX	女	33 岁	小学教师	1 儿	祠堂头村	2018 年 5 月 25 日
021	XH	男	38 岁	村干部	1 儿 1 女	孙家寨村	2018 年 7 月 13 日下午
022	XB	男	40 岁	村干部	1 儿	孙家寨村	2018 年 7 月 13 日下午
023	WX	男	35 岁	村民	1 儿	孙家寨村	2018 年 7 月 15 日
024	LXH	女	72 岁	村民	2 儿 2 女	孙家寨村	2018 年 7 月 15 日
025	FHW	男	38 岁	村书记	1 女	孙家寨村	2018 年 7 月 15 日
026	YJ	女	45 岁	村民/外出打工者	1 儿 1 女	孙家寨村	2018 年 7 月 15 日
027	YXH	男	67 岁	村民	2 女	孙家寨村	2018 年 7 月 15 日
028	HB	女	47 岁	村民	1 女	孙家寨村	2018 年 7 月 16 日
029	YXF	男	75 岁	村民	1 儿 2 女	孙家寨村	2018 年 7 月 17 日
030	WXH	男	73 岁	村民	1 儿 1 女	孙家寨村	2018 年 7 月 17 日
031	ZNN	男	38 岁	村民	1 女	孙家寨村	2018 年 7 月 18 日
032	LJ	男	25 岁	大学生	无子女	孙家寨村	2018 年 7 月 18 日
033	JYY	女	24 岁	大学生	无子女	孙家寨村	2018 年 7 月 18 日
034	SJJ	男	36 岁	村民	无子女	柿林村	2019 年 8 月 20 日
035	SGB	男	65 岁	村民	1 儿	柿林村	2019 年 8 月 20 日
036	SXF	男	66 岁	村民	无子女	柿林村	2019 年 8 月 21 日
037	SX	女	58 岁	村民	1 儿	柿林村	2019 年 8 月 22 日
038	SHF	女	60 岁	村民	1 儿	柿林村	2019 年 8 月 22 日
039	SBG	男	62 岁	村民	1 儿 1 女	柿林村	2019 年 8 月 24 日
040	SGM	女	66 岁	村民	1 儿	柿林村	2019 年 8 月 24 日

编码	访谈对象	性别	年龄	职业	子女情况	访谈地点	访谈时间
041	DYH	女	56 岁	村民	1 女	柿林村	2019 年 8 月 26 日
042	HYJ	女	58 岁	村民	1 女	柿林村	2019 年 8 月 26 日
043	TL	女	45 岁	村民	1 女	柿林村	2019 年 8 月 27 日
044	SBY	男	66 岁	村民	无子女	柿林村	2019 年 8 月 27 日
045	CBZ	男	67 岁	村民	2 女	忙店村	2018 年 10 月 2 日
046	WCX	男	76 岁	村民	1 儿 1 女	忙店村	2018 年 10 月 2 日
047	WHJ	男	70 岁	村民	1 儿	忙店村	2018 年 10 月 3 日
048	WJC	男	68 岁	村民	2 儿	忙店村	2018 年 10 月 3 日
049	WDP	男	64 岁	村民	1 儿 1 女	忙店村	2019 年 2 月 8 日
050	LM	女	38 岁	村民 / 外出打工者	1 女	忙店村	2019 年 2 月 8 日
051	WJC	男	46 岁	村民 / 外出打工者	1 儿	忙店村	2019 年 2 月 8 日
052	WJL	男	48 岁	村民	1 儿	忙店村	2019 年 2 月 10 日
053	WXJ	男	50 岁	村民	1 女	忙店村	2019 年 2 月 10 日
054	SW	男	56 岁	村民	1 儿	公义村	2019 年 7 月 16 日
055	CJW	男	58 岁	村民	1 儿	公义村	2019 年 7 月 16 日
056	ZWW	女	62 岁	村民	1 儿 1 女	公义村	2019 年 7 月 18 日
057	CLL	女	52 岁	村民	1 儿 1 女	公义村	2019 年 7 月 18 日
058	SZ	女	42 岁	村民	1 女	公义村	2019 年 7 月 19 日
059	JS	女	45 岁	村民	1 儿 1 女	公义村	2019 年 7 月 19 日
060	XBJ	男	46 岁	村干部	2 儿	公义村	2019 年 7 月 20 日
061	ZJH	男	38 岁	村干部	1 儿	公义村	2019 年 7 月 20 日
062	ZGX	女	40 岁	村民	2 女	李孝河村	2019 年 10 月 2 日
063	HLX	女	29 岁	教师	1 女	李孝河村	2019 年 10 月 2 日
064	ZW	男	30 岁	医生	2 儿	李孝河村	2019 年 10 月 3 日

编码	访谈对象	性别	年龄	职业	子女情况	访谈地点	访谈时间
065	MXQ	女	54 岁	村民	1 女	李孝河村	2019 年 10 月 4 日
066	CPP	女	51 岁	村民	1 女	李孝河村	2019 年 10 月 5 日
067	DXC	女	55 岁	村民	1 儿	李孝河村	2019 年 10 月 5 日
068	HB	男	69 岁	村民	1 儿 1 女	平桥村	2019 年 11 月 5 日
069	WGZ	男	78 岁	村民	2 儿 2 女	平桥村	2019 年 11 月 5 日
070	LXH	男	61 岁	村民	1 儿	平桥村	2019 年 11 月 6 日
071	MQ	男	56 岁	村民	1 儿	平桥村	2019 年 11 月 6 日
072	ZL	男	55 岁	村民	2 女	彭城村	2017 年 10 月 3 日
073	MYP	女	68 岁	村民	1 儿 1 女	彭城村	2017 年 10 月 3 日
074	ZQ	男	65 岁	村民	无子女	彭城村	2017 年 10 月 4 日
075	ZXL	女	56 岁	村民	1 女	彭城村	2017 年 10 月 5 日
076	ZXJ	女	53 岁	村民	1 女	殷家岭村	2018 年 4 月 15 日
077	CML	女	48 岁	村民	1 儿	殷家岭村	2018 年 4 月 16 日
078	CCQ	男	50 岁	村民	1 儿	殷家岭村	2018 年 4 月 20 日
079	ZJ	男	38 岁	村干部	1 女	殷家岭村	2018 年 4 月 20 日
080	JZJ	男	33 岁	村民	1 儿 1 女	殷家岭村	2018 年 4 月 22 日
081	SJF	男	35 岁	村民	无子女	殷家岭村	2018 年 4 月 22 日
082	HBG	男	42 岁	村干部	1 儿	殷家岭村	2019 年 1 月 20 日
083	HFQ	女	46 岁	村民	1 儿	殷家岭村	2019 年 1 月 20 日
084	GJJ	女	48 岁	村民	1 女	殷家岭村	2019 年 1 月 21 日
085	GC	男	50 岁	村民	2 女	殷家岭村	2019 年 1 月 22 日
086	YL	女	43 岁	村民	1 儿 1 女	殷家岭村	2019 年 1 月 22 日
087	YGG	男	44 岁	村民	1 女	柏洋村	2019 年 6 月 20 日
088	LXW	女	43 岁	村干部	1 儿	柏洋村	2019 年 6 月 20 日
089	CC	男	23 岁	村民	无子女	柏洋村	2019 年 6 月 21 日

续表

编码	访谈对象	性别	年龄	职业	子女情况	访谈地点	访谈时间
090	LWK	女	38 岁	村民	无子女	柏洋村	2019 年 6 月 22 日
091	ZZM	男	46 岁	村干部	1 儿	宏村	2019 年 12 月 20 日
092	ZLX	男	41 岁	村干部	1 儿	宏村	2019 年 12 月 20 日
093	LHF	男	23 岁	学生	无子女	宏村	2019 年 12 月 21 日
094	LHK	男	21 岁	学生	无子女	宏村	2019 年 12 月 21 日
095	ZCS	女	28 岁	村民	1 女	宏村	2019 年 12 月 22 日
096	ZYH	女	30 岁	教师	1 女	宏村	2019 年 12 月 22 日
097	MCY	女	31 岁	村民	无子女	宏村	2019 年 12 月 22 日
098	XM	女	50 岁	村民	1 儿	宏村	2019 年 12 月 22 日
099	ZHM	男	60 岁	村民	1 儿 1 女	里村	2020 年 5 月 2 日
100	WYF	男	65 岁	村民	2 女	里村	2020 年 5 月 2 日
101	WL	女	40 岁	村民	1 女	里村	2020 年 5 月 5 日
102	ZZM	男	40 岁	村干部	1 女	里村	2020 年 5 月 5 日
103	ZL	男	38 岁	村干部	1 儿	里村	2020 年 5 月 5 日

附录二

访谈提纲（老年人）

（一）基本信息

性别：　　　　　　　　　　年龄：

籍贯：　　　　　　　　　　婚姻状况：

文化程度：　　　　　　　　（前）职业：

子女数量：（　子　女）　　目前居住情况：

（二）日常生活

1. 您和子女住在一起吗？如果不住在一起，子女多久回家一次？

2. 您的收入来源是什么？子女平时给您生活费吗？一个月给多少钱？

3. 如果您生病了，子女会带您去医院吗？会照顾您吗？

4. 您和子女关系怎么样？会经常聊天吗？

5. 家庭内部的重要事情子女会跟您商量解决吗？

（三）孝观念

1. 您觉得您的子女孝顺吗？有没有不满意的地方？您是怎么处理的？

2. 您心目中孝子贤媳的标准是什么？

3. 和以前比，您觉得现在年轻人的孝道观念发生了哪些变化？

（四）未来安排

1. 您打算怎么养老？去养老院还是和子女住在一起？
2. 您最担心的养老问题是什么？有没有想过解决的办法？

附录三
访谈提纲（年轻人）

访谈编号：

（一）基本信息

性别：   年龄：

籍贯：   婚姻状况：

文化程度：   （前）职业：

子女数量：（   子   女）   目前居住情况：

（二）日常生活

1. 您和父母住在一起吗？如果不住在一起，多久回家一次？

2. 您的家庭经济情况怎么样？平时给父母生活费吗？一个月给多少钱？

3. 您和父母关系怎么样？

4. 遇到重要事情会跟您的父母商量吗？

5. 如果和父母意见不一致，您会怎么处理？

（三）孝观念

1. 您觉得孝顺父母是自己应尽的义务吗？

2. 您觉得自己孝顺吗？您觉得怎么做才算是孝顺？

3. 您觉得不孝顺父母，会产生哪些后果？

（四）未来安排

1. 您打算以后怎么安排父母养老？

2. 您觉得给父母养老送终有没有困难问题，准备怎么解决？

附录四
访谈提纲（村干部）

访谈编号：

（一）基本信息

性别：   年龄：

籍贯：   婚姻状况：

文化程度：   职务：

子女数量：（   子   女）   目前居住情况：

（二）基本情况

1. 村里的总体概况、历史文化、村貌村风情况；

2. 村里的经济情况，家庭收入与村民职业情况、外出打工、经商与读书进城情况；

3. 村里的人口情况、老人的数量、居住情况；

4. 村里老人的福利状况及村里的养老模式。

（三）乡风民俗

1. 村里的孝风孝史、村规民约、礼俗传统。

2. 村里的礼俗传统有哪些被保留下来？

3. 村里的孝纠纷及解决途径（过去及现在）。

(四) 孝文化建设

1. 村里围绕孝文化做了哪些工作?

2. 村里推行孝文化建设,您认为有哪些困难?

3. 与过去相比,乡风有没有得到改善?

(五) 政策落实

1. 计划生育、丧葬风俗等国家政策的推行情况。

2. 国家的养老保障政策落实及推行情况。

(六) 未来打算

1. 村里未来的规划是什么?村里打算以后怎么开展孝文化建设?

2. 您觉得未来村里孝文化建设面临的最大困难是什么?您准备怎么解决?

备注:上述访谈提纲只是简单罗列了访谈的基本问题。在访谈的过程中,课题组会根据乡村历史文化、访谈对象的特征、谈话的氛围及乡村的实际情况对访谈问题进行相应调整。

参考文献

（一）史料类

［1］陈立.白虎通疏证［M］.吴则虞，点校.北京：中华书局，1994.

［2］班固.汉书［M］.颜师古，注.北京：中华书局，1962.

［3］颜之推.颜氏家训［M］.郑永安，编著.昆明：云南人民出版社，2012.

［4］范晔.后汉书［M］.北京：中华书局，2007.

［5］王聘珍.大戴礼记解诂［M］.王文锦，点校.北京：中华书局，1983.

［6］汪受宽.孝经译注［M］.上海：上海古籍出版社，1998.

［7］吕维祺.孝经本义（影印本）［M］.北京：商务印书馆，1939.

［8］曹庭栋.孝经通释［M］.济南：齐鲁出版社，1997.

［9］董仲舒.春秋繁露［M］.上海：上海古籍出版社，1989.

［10］许慎.说文解字［M］.北京：中华书局，1963.

［11］阮元校刻.十三经注疏（清嘉庆刊本）［M］.北京：中华书局，2012.

［12］长孙无忌，等.唐律疏议［M］.刘俊文，点校.北京：中华书局，1983.

［13］朱熹.朱熹集［M］.郭齐，尹波，点校.成都：四川教育出版社，1996.

［14］夏文华.忠经孝经：白话精解［M］.北京：北京燕山出版社，1991.

［15］张载.张载集［M］.北京：中华书局，1978.

［16］张永雷.汉书·武帝纪［M］.刘丛，译注.北京：中华书局，2009.

［17］杨伯峻.孟子译注［M］.北京：中华书局，2008.

［18］蔡沈.书经集传［M］.上海：上海古籍出版社，1987.

［19］陈澔.礼记集说［M］.万久富，整理.南京：凤凰出版社，2010.

［20］孔安国.古文孝经孔氏传.（清）永瑢，等，纂修·钦定四库全书·经部六·孝经类（总182册）［M］.台湾商务印书馆影印文渊阁本，1986.

［21］欧阳修，宋祁.新唐书·列女传（卷205）［M］.北京：中华书局，1975.

［22］程颢，程颐.二程集［M］.王孝鱼，点校.北京：中华书局，1981.

［23］王守仁.王阳明全集［M］.吴光，等，编校.上海：上海古籍出版社，1992.

［24］黎靖德.朱子语类［M］.王星贤，点校.北京：中华书局，1986.

［25］田涛，郑秦点校.大清律例·刑律（卷30）［M］.北京：法律出版社，1999.

［26］王晓明.吕氏春秋通诠［M］.南昌：江西人民出版社，2010.

［27］郑玄.礼记正义［M］.孔颖达，疏，龚抗云，整理.北京：北京大学出版社，2000.

［28］刘昫.旧唐书［M］.北京：中华书局，1975.

［29］程树德.论语集释［M］.程俊英，蒋见元，点校.北京：中华书局，1990.

［30］释契嵩.孝论［M］.台北：明文书局，1981.

（二）中文著作类

［1］习近平总书记系列重要讲话读本［M］.北京：中共中央宣传部，2016.

［2］马克思恩格斯选集［M］.北京：人民出版社，1995.

［3］马克思恩格斯文集［M］.北京：人民出版社，2009.

［4］毛泽东选集（第1—4卷）［M］.北京：人民出版社，1991.

［5］邓小平文选（第1—3卷）［M］.北京：人民出版社，1993.

［6］江泽民文选（第1—3卷）［M］.北京：人民出版社，2006.

［7］胡锦涛文选（第1—3卷）［M］.北京：人民出版社，2016

［8］费孝通.乡土中国　生育制度［M］.北京：北京大学出版社，1998.

［9］费孝通.江村经济［M］.北京：商务印书馆，2007.

［10］肖群忠.孝与中国文化［M］.北京：人民出版社，2001.

［11］贺雪峰.新乡土中国［M］.桂林：广西师范大学出版社，2003.

［12］贺雪峰.乡村社会关键词——进入21世纪的中国乡村素描［M］.济南：山东人民出版社，2010.

［13］陆益龙.后乡土中国［M］.北京：商务印书馆，2011.

［14］杜赞奇.文化、权力与国家：1900—1942年的华北农村［M］.王福明，译.南京：江苏人民出版社，1995.

［15］保罗·康纳顿.社会如何记忆［M］.上海：上海人民出版社，2000.

［16］齐格蒙特·鲍曼.共同体［M］.欧阳景根，译.南京：江苏人民出版社，2003.

［17］本尼迪克特. 文化模式［M］. 王炜，译. 北京：社会科学文献出版社，2009.

［18］朱岚. 中国传统孝道思想发展史［M］. 北京：国家行政学院出版社，2011.

［19］李山. 社区文化治理的理论逻辑［M］. 北京：高等教育出版社，2017.

［20］周军. 中国现代化与乡村文化构建［M］. 北京：中国社会科学出版社，2012.

［21］王璐璐. 新乡土伦理——社会转型期的中国乡村伦理问题研究［M］. 北京：人民出版社，2016.

［22］李宗桂. 传统与现代之间——中国文化现代化的哲学省思［M］. 北京：北京师范大学出版社，2011.

［23］干春松. 制度化儒家及其解体［M］. 北京：中国人民大学出版社，2012.

［24］崔大华. 儒学的现代命运——儒家传统的现代阐释［M］. 北京：人民出版社，2012.

［25］衣俊卿. 现代化与日常生活批判［M］. 北京：人民出版社，2005.

［26］梁漱溟. 乡村建设理论［M］. 上海：上海世纪出版集团，2006.

［27］斐迪南·滕尼斯. 共同体与社会［M］. 林荣远，译. 北京：商务印书馆，2010.

［28］阎云翔. 礼物的流动：一个中国村庄中的互惠原则与社会网络［M］. 李放春，刘瑜，译. 上海：上海人民出版社，2000.

［29］阎云翔. 私人生活的变革：一个中国村庄里的爱情、家庭与亲密关系（1949—1999）［M］. 上海：上海书店出版社，2006.

［30］阎云翔. 中国社会的个体化［M］. 上海：上海译文出版社，2012.

［31］马克斯·韦伯. 经济与社会［M］. 北京：商务印书馆，1997.

［32］姚磊. 场域视野下民族传统文化传承的实践逻辑［M］. 北京：人民出版社，2016.

［33］肖波. 中国孝文化概论［M］. 北京：人民出版社，2012.

［34］陈文玲. 村庄的记忆、舆论与秩序［M］. 北京：北京大学出版社，2016.

［35］毕诚. 中国古代家庭教育［M］. 北京：商务印书馆，1997.

［36］陈功. 社会变迁中的养老和孝观念研究［M］. 北京：中国社会出版社，2009.

［37］孟德拉斯. 农民的终结［M］. 李培林，译. 北京：社会科学文献出版社，2005.

［38］王天鹏. 孝道之网：客家孝道的历史人类学研究［M］. 北京：中国社会科学出版社，2015.

［39］李亦园. 人类的视野［M］. 上海：上海文艺出版社，1997.

［40］崔人华.儒学引论［M］.北京：人民出版社，2002.

［41］戴维·英格里斯.文化与日常生活［M］.张秋月，周雷亚，译.北京：中央编译出版社，2009.

［42］盖伊·彼得斯.政治科学中的制度理论：新制度主义［M］.王向民，等译.上海：上海人民出版社，2015.

［43］风笑天.社会研究方法［M］.4 版.北京：中国人民大学出版社，2013.

［44］李文玲.儒家孝伦理与汉唐法律［M］.北京：法律出版社，2012.

［45］托尼·本尼特.文化、治理与社会［M］.上海：东方出版中心，2016.

［46］福柯.规训与惩罚［M］.刘北成，杨远婴，译.北京：生活·读书·新知三联书店，2012.

［47］阿雷恩·鲍尔德温.文化研究导论［M］.董兴华，译.昆明：云南人民出版社，1988.

［48］莫里斯·弗里德曼.中国东南的宗族组织［M］.刘晓春，译.上海：上海人民出版社，2000.

［49］爱德华·希尔斯.论传统［M］.傅铿，等译.上海：上海人民出版社，1991.

［50］明恩溥.中国乡村生活［M］.陈午晴，等译.北京：中华书局，2007.

［51］马歇尔·萨林斯.文化与实践理性［M］.赵丙祥，译.上海：上海人民出版社，2002.

［52］彼得·M.布劳.社会生活中的交换与权力［M］.李国武，译.北京：商务印书馆，2012.

［53］斯科特.农民的道义：东南亚的反叛与生存［M］.程立显，译.北京：译林出版社，2001.

［54］黑格尔.小逻辑［M］.贺麟，译.北京：三联书店，1954.

［55］胡塞尔.纯粹现象学通论［M］.北京：商务印书馆，1996.

［56］莫里斯·哈布瓦赫.论集体记忆［M］.毕然，郭金华，译.上海：上海人民出版社，2002.

［57］保罗·康纳顿.社会如何记忆［M］.纳日碧力戈，译.上海：上海人民出版社，2000.

［58］李培林.村落的终结：羊城村的故事［M］.北京：商务印书馆，2003.

［59］王沪宁.当代中国村落家族文化［M］.上海：上海人民出版社，1991.

［60］王铭铭.村落视野中的文化与权力：闽台三村五论［M］.北京：三联书店，

1997.

　　［61］王铭铭，王斯福.乡土社会的秩序、公正与权威［M］.北京：中国政法大学出版社，1997.

　　［62］曹锦清.黄河边的中国：一个学者对乡村社会的观察与思考［M］.上海：上海文艺出版社，2004.

　　［63］谢迪斌.破与立的双重变奏——新中国成立初期乡村社会道德秩序的改造与建设［M］.长沙：湖南人民出版社，2009.

　　［64］王先明.变动时代的乡绅——乡绅与乡村社会结构变迁［M］.北京：人民出版社，2009.

　　［65］黄宗智.华北的小农经济与社会变迁［M］.北京：中华书局，2000.

　　［66］黄宗智.长江三角洲小农家庭与乡村发展［M］.北京：中华书局，2000.

　　［67］黄宗智.中国乡村研究［M］.北京：商务印书馆，2003.

　　［68］许烺光.祖荫下：中国乡村的亲属·人格与社会流动［M］.台北：南天书局，2001.

　　［69］梁漱溟.中国文化要义［M］.上海：上海人民出版社，2011.

　　［70］李银河.生育与村落文化［M］.北京：文化艺术出版社，2003.

　　［71］陆学艺.中国农村现代化道路研究［M］.南宁：广西人民出版社，2001.

　　［72］陆学艺.“三农论”——当代中国农业、农村、农民研究［M］.北京：社会科学文献出版社，2002.

　　［73］罗荣渠.现代化新论——世界与中国的现代化进程［M］.北京：商务印书馆，2009.

　　［74］王春光.中国农村社会变迁［M］.昆明：云南人民出版社，1996.

　　［75］孙立平.传统与变迁——国外现代化及中国现代化问题研究［M］.哈尔滨：黑龙江人民出版社，1992.

　　［76］刘燕舞.农民自杀研究［M］.北京：社会科学文献出版社，2014.

　　［77］余英时.中国思想传统的现代诠释［M］.南京：江苏人民出版社，1989.

　　［78］余英时.现代儒学的回顾与展望［M］.北京：三联书店，2004.

　　［79］叶光辉，杨国枢.中国人的孝道——心理学的分析［M］.重庆：重庆大学出版社，2009.

　　［80］肖群忠.中国孝文化研究［M］.台北：五南图书出版股份有限公司，2002.

　　［81］王玉德.《孝经》与孝文化研究［M］.武汉：湖北长江出版集团，2009.

［82］林安弘.儒家孝道思想研究［M］.台北：文津出版社，1992.

［83］徐梓.蒙学读物的历史透视［M］.武汉：湖北教育出版社，1996.

［84］韦政通.儒家与现代中国［M］.上海：上海人民出版社，1990.

［85］张祥龙.家与孝：从中西间视野看［M］.北京：三联书店，2017.

［86］杜维明著.儒家思想新论——创造性转换的自我［M］.曹幼华，单丁，译.南京：江苏人民出版社，1996.

［87］罗义俊.理性与生命——当代新儒学文萃［M］.上海：上海书店，1994.

［88］徐复观.中国思想史论集［M］.上海：上海书店出版社，2004.

［89］吴虞.吴虞集［M］.成都：四川人民出版社，1985.

［90］梁启超.梁启超全集［M］.北京：北京大学出版社，1999.

［91］陈少峰.中国伦理学史［M］.北京：北京大学出版社，1996.

［92］钱穆.中国文化导论［M］.北京：中国青年出版社，1989.

［93］郭于华.仪式与社会变迁［M］.北京：社会科学文献出版社，2000.

［94］邓伟志，徐新.家庭社会学导论［M］.上海：上海大学出版社，2006.

［95］翟学伟.人情、面子与权力的再生产［M］.北京：北京大学出版社，2005.

［96］王先明.变动时代的乡绅——乡绅与乡村社会结构变迁［M］.北京：人民出版社，2009.

（三）中文期刊

［1］李祖杨.现代文明与孝伦理［J］.道德与文明，2001（6）：39-44.

［2］张践.儒家孝道观的形成与演变［J］.中国哲学史，2000（3）：74-79.

［3］常学智.庙宇型民间信仰的道德教化功能研究——基于湖南地区的田野调查［J］.中华德文化研究，2012（9）：1-5.

［4］扈海鹏.乡村社会："秩序"与"文化"的提问［J］.社会纵横，2009（7）：77-82.

［5］韩秉方.论民间信仰的和谐因素［J］.中国宗教，2010（2）：19-22.

［6］刘君达.试论中华民族孝的传统美德的批判与继承［J］.学术论坛，1984（5）：86-88.

［7］窦广平，周建超.习近平传统文化观的四维解读［J］.江海学刊，2018（3）：127-132.

［8］张继梅.文化自觉与文化传承［J］.齐鲁学刊，2013（4）：63-66.

［9］费孝通.从反思到文化自觉和交流［J］.读书，1998（11）.

［10］费孝通.关于"文化自觉"的一些自白［J］.学术研究，2003（7）：2-6.

［11］李萍，童建军.论文化自觉的三个维度［J］.道德与文明，2011（5）：7-11.

［12］陈明文.民间信仰传统文化再造中的功能转换——以湖南株洲炎帝陵为例［J］.湖南行政学院学报，2019（1）：100-107.

［13］高长江.民间信仰：文化记忆的基石［J］.世界宗教研究，2017（4）：100-113.

［14］钟涨宝，李飞，冯华超."衰落"还是"未衰落"？孝道在当代社会的自适应变迁［J］.学习与实践，2017（11）：89-95.

［15］罗国杰."孝"与中国传统文化和传统道德［J］.道德与文明，2003（3）：79-80.

［16］马永庆.孝文化对农村家庭道德建设的意义［J］.齐鲁学刊，2006（3）：37-40.

［17］罗元文.中国农村老年人口的养老问题研究［J］.甘肃社会科学，2008(6)：5-9.

［18］杨清哲.解决农村养老问题的文化视角——以孝文化破解农村养老困境［J］.科学社会主义，2013（1）：107-109.

［19］王翠.孝文化的历史回眸与当代建构［J］.孔子研究，2013（6）：97-103.

［20］任超，朱启臻.农村社区"孝"文化传承路径探讨——基于黑龙江省 N 市 T 村孝文化传承调查［J］.广西民族大学学报（哲学社会科学版），2015（5）：8.

［21］张分田.价值重建时代传统"孝"文化之再检视［J］.天津社会科学，2015（1）：164-174.

［22］汤一介."孝"作为家庭伦理的意义［J］.北京大学学报（哲学社会科学版），2009（7）：11-13.

［23］怀默霆.中国家庭中的赡养义务：现代化的悖论［J］.中国学术，2011（4）：255-277.

［24］费孝通.反思·对话·文化自觉［J］.北京大学学报（哲学社会科学版），1997（3）：15-22.

［25］魏英敏.论"孝"的古代意义与现代价值［J］.江苏社会科学，2005（4）：112-115.

［26］吴锋.论孝传统的形成及现代际遇［J］.孔子研究，2001（4）：89-98.

［27］肖群忠.传统孝道与当代养老模式［J］.西北师大学报（社会科学版），2000（2）：98-100.

［28］肖群忠.论现代新儒家对孝道的弘扬发展［J］.齐鲁学刊，2000（4）：94-99.

［29］肖群忠.孝道观念在国人生活及民俗中的影响渗透［J］.西北师大学报（社会科学版），1998（3）：85-89.

［30］任超.农村社区"孝"文化传承路径探讨——基于黑龙江省 N 市 T 村孝文化传承调查［J］.广西师范大学学报，2014（5）：2-8.

［31］刘锐，阳云云.空心村问题再认识——农民主位的视角［J］.社会科学研究，2013（3）：102-108.

［32］王德福.论熟人社会的交往逻辑［J］.云南大学学报（哲学社会科学版），2013（3）：79-85.

［33］郑震.空间：一个社会学的概念［J］.社会学研究，2010（5）：167-191.

［34］易小明.道德内化概念及其问题［J］.伦理学研究，2011（5）：42-46.

［35］吴发科.道德的内化表征及表象外显形式探析［J］.思想教育研究，2002（1）：19-21.

［36］赵旭东，孙笑非.中国乡村文化的再生产——基于一种文化转型观念的再生产［J］.南京农业大学学报（社会科学版），2017（1）：125-133.

［37］郑萍.村落视野中的大传统与小传统［J］.读书，2005（7）：11-19.

［38］熊跃根.成年子女对照顾老人的看法——焦点小组访问的定性资料分析［J］.社会学研究，1998（5）：72-83.

［39］姚远.对中国家庭养老弱化的文化诠释［J］.人口研究，1998（5）：48-50.

［40］李山.文化空间治理：作为文化政治的行动策略［J］.学习与实践，2014（12）：103-110.

［41］李山.中国农村文化政策 70 年：话语形态及其演变脉络［J］.湖北民族学院学报（哲学社会科学版），2019（3）：11-17.

［42］曹普.20 世纪 70 年代以来的中国文化体制改革［J］.当代中国史研究，2007（5）：99-107.

［43］李霞.日常生活世界的主体性意义结构［J］.齐鲁学刊，2011（4）：98-102.

［44］王露璐.中国乡村伦理研究论纲［J］.湖南师范大学社会科学学报，2017（3）：1-7.

［45］何建华.乡村文化的道德治理功能［J］.伦理学研究，2018（4）：93-97.

［46］季卫斌.缺失抑或转化：后乡土社会孝道的嬗变［J］.江汉大学学报（社会科学版），2016（2）：77-80.

［47］陆益龙.后乡土中国的基本问题及其出路［J］.社会科学研究，2015（1）：

116–123.

　［48］唐琼，戴平安.农村孝道文化的衰落与重建［J］.湖北社会科学，2010（10）：
107–109.

　［49］卉昕，王萍.当代农村孝道流失的社会原因探析［J］.东北农业大学学报（社
会科学版），2010（3）：109–111.

　［50］贺才乐，胡志群.中国传统孝德及其现代转型探讨［J］.理论与改革，2010
（5）：112–114.

　［51］任鹏，娄成武.孝文化视角下当代中国价值观念的冲突及其调适［J］.东北大
学学报（社会科学版），2014（3）：274–279.

　［52］王红.孝与非孝：现代家庭孝道教育的两难处境——从近代孝道之争说起
［J］.新疆社会科学，2018（5）：156–161.

　［53］金小燕.儒家孝道的当代境遇——理论和现实的碰撞［J］.湖北民族学院学报
（哲学社会科学版），2015（2）：162–167.

　［54］丁秋玲，张劲松.改革开放40年来乡村孝文化变迁过程的认同与振兴［J］.
学习论坛，2018（10）：81–85.

　［55］张云英.论孝文化缺失对农村家庭养老的影响［J］.安徽农业大学学报（社会
科学版），2010（1）：57–62.

　［56］郑土有.孝：中华传统文化的核心范畴［J］.民俗研究，2015（2）：36–40.

　［57］赵炎才.中国传统孝文化的历史特征透析［J］.南京社会科学，2009（6）：
14–20.

　［58］张云英.论孝文化缺失对农村家庭养老的影响［J］.安徽农业大学学报（社会
科学版），2010（1）：57–62.

　［59］范丽敏.论"差序格局"社会结构下的"大传统""小传统""超传统"［J］.
济南大学学报（社会科学版），2017（5）：21–27.

　［60］张荣华.文化史研究中的大、小传统关系论［J］.复旦学报（社会科学版），
2007（1）：73–82.

　［61］赵爽.农村家庭代际关系的变化：文化与结构结合的路径［J］.青年研究，
2010（1）：47–53.

　［62］刘博.精英历史变迁与乡村文化断裂——对乡村精英身份地位的历史考察与现
实思考［J］.青年研究，2008（4）：44–49.

　［63］陈柏峰.代际关系变动与老年人自杀——对湖北京山农村的实证研究［J］.社

会学研究，2009（4）：157–176.

[64] 郭于华. 代际关系中的公平逻辑及其变迁——对河北农村养老事件的分析 [J]. 中国学术，2001（4）：221–254.

[65] 曾庆捷. 乡村中的国家与社会关系：理论范式与实践 [J]. 南开学报（哲学社会科学版），2018（3）：52–61.

[66] 纪丽萍. 变迁视阈中的现代性与中国乡村文化 [J]. 理论月刊，2013（5）：176–179.

[67] 卞丽娟，王康宁. 儒家孝道的原生精神探微 [J]. 山东社会科学，2018（4）：188–192.

[68] 肖群忠. 传统孝道的传承、弘扬与超越 [J]. 社会科学战线，2010（3）：1–8.

[69] 潘剑锋. 论孝道在我国农村养老中功能弱化的原因及其防范对策 [J]. 湖南社会科学，2009（3）：59–62.

[70] 王勇. 孝道、孝行与孝文化 [J]. 湖北社会科学，2006（4）：129–131.

[71] 朱岚. 论传统孝道的文化生态根源 [J]. 西北民族学院学报（哲学社会科学版），2001（1）：99–110.

[72] 谷树新. 传统孝道的现代化 [J]. 兰州学刊，2006（1）：89–91.

[73] 王向清，杨真真. 我国农村地区孝道状况分析及其振兴对策 [J]. 北京大学学报（哲学社会科学版），2017（2）：84–92.

[74] 李琬予，寇彧，李贞. 城市中年子女赡养的孝道行为标准与观念 [J]. 社会学研究，2014（3）：216–240.

[75] 郝亚光. 孝道嬗变：农村老人家庭地位的式微——以农业生产社会化为分析视角 [J]. 道德与文明，2011（1）：118–121.

[76] 龙静云. 日常生活中孝德的践履与核心价值观的落实 [J]. 中州学刊，2017（1）：81–87.

[77] 钟涨宝，路佳，韦宏耀. "逆反哺"？农村父母对已成家子女家庭的支持研究 [J]. 学习与实践，2015（10）：92–103.

[78] 杨善华，吴愈晓. 我国农村的"社区情理"与家庭养老现状 [J]. 探索与争鸣，2003（2）：23–25.

[79] 穆光宗. 老龄人口的精神赡养问题 [J]. 中国人民大学学报，2004（4）：124–129.

[80] 刘汶蓉. 孝道衰落？成年子女支持父母的观念、行为及其影响因素 [J]. 青年

研究，2012（2）：22-32，94.

［81］刘函池.新时代中国传统孝道思想的转化与传承——基于全国公民孝道观念的调查［J］.思想教育研究，2019（2）：126-131.

［82］成伯清.自我与启蒙：儒家精神的现代转化［J］.学海，2018（5）：44-50.

［83］狄金华，郑丹丹.伦理沦丧抑或是伦理转向——现代化视域下中国农村家庭资源的代际分配研究［J］.社会，2016（1）：186-212.

［84］肖群忠."孝道"养老的文化效力分析［J］.理论视野，2009（1）：51-54.

［85］郑晨.论当代社会变迁中的"孝文化"——寻找传统文化和现代社会的契合点［J］.开放时代，1996（6）：79-82.

［86］李翔海."孝"：中国人的安身立命之道［J］.学术月刊，2010（4）：29-36.

［87］陈晓平.公德私德研究［J］.开放时代，2001（12）：66-76.

［88］魏英敏.关于国民道德建构的思考［J］.北京大学学报（哲学社会科学版），1997（2）：25-30.

［89］张静.道德权利与中国农村养老保障问题研究［J］.伦理学研究，2017（1）：88-91.

［90］荆世群.中华传统孝道的基本观念与双重情怀［J］.道德与文明，2016（5）：99-102.

［91］胡安宁.老龄化背景下子女对父母的多样化支持：观念与行为［J］.中国社会科学，2017（3）：77-95.

［92］曾振宇，张文科.以理论孝：儒家孝道正当性的哲学辩护［J］.管子学刊，2011（2）：45-50.

［93］刘义，邝良锋.孝的初源载体、衍生及现代转向［J］.孔子研究，2017（1）：83-92.

［94］王涤.关于中国现代新孝道文化特点及其功能作用的探析［J］.人口研究，2004（3）：76-81.

［95］孙慧明.传统孝道在老龄化社会遇到的挑战与对策［J］.前沿，2011（23）：202-204.

［96］米莉，顿德华.传统孝文化的时代价值及实现机制［J］.人民论坛，2020（4）：140-141.

（四）硕士博士论文

［1］李山.社区文化治理——个体化社会的社区重建之道［D］.武汉：华中师范大学，2015.

［2］任超.中国农村孝文化传承研究——以下宅村为个案［D］.北京：中国农业大学，2015.

［3］廖小平.伦理的代际之维——伦理分析的一个新视角［D］.长沙：湖南师范大学，2003.

［4］刘铁芳.生命与教化——现代性道德教化问题审理［D］.长沙：湖南师范大学，2003.

［5］康岚.反馈模式的变迁——代差视野下的城市代际关系研究［D］.上海：上海大学，2009.

［6］邓斌.乡村治理中正式与非正式制度的关系研究——基于K市两个村庄的分析［D］.昆明：云南大学，2016.

［7］刘华荣.儒家教化思想研究［D］.兰州：兰州大学，2014.

［8］柴文华.现代新儒家文化观研究［D］.哈尔滨：黑龙江大学，2003.

［9］何日取.近代以来中国人孝道观念的嬗变［D］.南京：南京大学，2013.

［10］刘芳.社会转型期的孝道与乡村秩序——以鲁西南的H村为例［D］.上海：上海大学，2013.

（五）网站

［1］柿林村：历史文化耀四明［J/OL］.余姚网，http://zjyy.wenming.cn/wmcj/wmcz/201812/t20181229_2974077.shtml.

［2］孙家寨村委会主任付宏伟：留住乡愁，传承"孝道"［J/OL］.凤凰网，http://hebei.ifeng.com/a/20190122/7179296_0.shtml.

［3］江苏连云港马山村：家训家风播散孝善文化［J/OL］.中国文明网，http://www.wenming.cn/xj_pd/bjsqjy/hzym/mtbd/201607/t20160729_3559701.shtml.

（六）英文文献

［1］Lew，S.C.，Choi，W.Y.，Wang，H.S.. *Confucian Ethics and the Spirit of Capitalism in Korea：The Significance of Filial Piety*［M］.Lynne Rienner Publishers，2011.

［2］Wang, J.. *The Common Good and Filial Piety*: *A Confucian Perspective*［M］. The Common Good: Chinese and American Perspectives. Springer Netherlands, 2014.

［3］Li, X., Zou, H., Liu, Y.. The Relationships of Family Socioeconomic Status, Parent-Adolescent Conflict, and Filial Piety to Adolescents' Family Functioning in Mainland China［J］. *Journal of Child and Family Studies*, 2014, 23（1）.

［4］Fan, R.. Confucian Filial Piety and Long Term Care for Aged Parents［J］. *Hec Forum An Interdisciplinary Journal on Hospitals Ethical & Legal Issues*, 2006, 18（1）: 1–17.

［5］Kwang-Kuo Hwang. Filial Piety and Loyalty: Two Types of Social Identification in Confucianism［J］. *Asian Journal of Social Psychology*, 2（1）: 163–183.

［6］Deutsch, F.M.. Filial Piety, Patrilineality, and China's One-Child Policy［J］. *Journal of Family Issues*, 2006, 27（3）: 366–389.

［7］Chou Rita Jing-Ann. Filial Piety by Contract? The Emergence, Implementation, and Implications of the "Family Support Agreement" in China［J］. *Gerontologist*, 2010（1）: 1.

［8］Leung Janet T.Y., Shek Daniel, T.L.. Family Functioning, Filial Piety and Adolescent Psycho-Social Competence in Chinese Single-Mother Families Experiencing Economic Disadvantage: Implications for Social Work［J］. *British Journal of Social Work*, 2015（6）: 6.

［9］Cheng, S.T., Chan, A.C.. Filial piety and psychological well-being in well older Chinese［J］. *J. Gerontol B. Psychol Sci. Soc. Sci.*, 2006, 61（5）: 262.

［10］Guo, Qiyong. Special Topic: Filial Piety: The Root of Morality or the Source of Corruption［J］. *Dao*, 2007, 6（1）: 21–37.

［11］C.K. Cheung, J.J. Lee, C.M. Chan. Explicating filial piety in relation to family cohesion［J］. *Journal of Social Behavior & Personality*, 1994, 9（3）: 565–580.

［12］Huang, Q., Zhang, X., Guo, P., et al.. Relationship between self-rated filial piety and depressive symptoms among the elderly［J］. *Zhonghua Liuxingbingxue Zazhi*, 2015, 36（6）: 612.

后 记

当我在电脑屏幕前敲下这行字的时候，内心似有千言万语，却又不知从何说起。回想起 2017 年 6 月得知自己获批国家社科基金青年项目时那一刻的激动和兴奋喜悦之情无以言表，可当我开始着手进行研究时才真正体会到学术研究的艰辛、自己理论功底的浅薄。为了避免文本叙述的"宏大叙事"，3 年里，我走访调研了江苏、安徽、山东、浙江、福建、四川、河南 7 个省份 20 个乡村，运用人类学的田野调查方法，对村民们的日常生产生活、精神面貌、乡风民俗、代际关系等方面进行了细致观察。感谢纯朴、善良的村民们，你们毫无保留地给我提供了大量的素材，正是这些材料构成了本书写作的第一手资料。

本书稿的完成还要感谢淮阴工学院的领导和同事们，3 年来，他们的支持关心让我拥有了充足的研究时间。感谢李山、汤海英、洪坤、张文亚、石磊、陈伯伦等好友的鼓励与支持，帮助我梳理思路，给我提供大量鲜活的素材。最后感谢我的家人，在我田野调查和写作期间，他们毫无怨言地承担了所有的家事，让我能够全身心地投入课题研究中。

书稿完成之际，正值新冠肺炎疫情肆虐我华夏大地，全国上下同心同德，共同抗疫，谱写了一曲荡气回肠的抗疫壮歌。疫情终将结束，唯有精神永存，愿祖国山河无恙，国泰民安！愿世界携手，战胜疫情，走向美好未来！